注册监理工程师继续教育培训选修课教材

机电安装工程

（第二版）

中国建设监理协会机械分会　组织编写

中国建筑工业出版社

图书在版编目（CIP）数据

机电安装工程/中国建设监理协会机械分会组织编写．—2版．—北京：中国建筑工业出版社，2012.11
（注册监理工程师继续教育培训选修课教材）
ISBN 978-7-112-14843-1

Ⅰ.①机… Ⅱ.①中… Ⅲ.①机电设备-建筑安装-监理工作 Ⅳ.①TU85

中国版本图书馆 CIP 数据核字（2012）第 260214 号

本书是根据《注册监理工程师管理规定》（建设部令第 147 号）《关于印发〈注册监理工程师继续教育暂行办法〉的通知》（建市监函［2006］62 号）的要求，及中国建设监理协会《关于报送注册监理工程师继续教育选修课培训大纲的通知》（中建监协［2011］08 号）的要求，由中国建设监理协会机械分会组织有关单位编写的，面向机电安装工程专业注册监理工程师的新一轮继续教育培训选修课教材。

本书共分四章，第一章介绍近几年新颁布的机电安装工程监理主要政策法规和标准规范，重点介绍新老标准的差别、相关的强制性标准条文及监理的重点；第二章介绍机电安装工程（机械工程、电子工程）的监理重点；第三章介绍几项有代表性的机电安装工程相关的新技术；第四章介绍机电安装工程监理案例分析。

* * *

责任编辑：郦锁林 毕凤鸣
责任设计：李志立
责任校对：党 蕾 陈晶晶

注册监理工程师继续教育培训选修课教材
机 电 安 装 工 程
（第二版）
中国建设监理协会机械分会 组织编写
*
中国建筑工业出版社出版、发行（北京西郊百万庄）
各地新华书店、建筑书店经销
北京红光制版公司制版
北京建筑工业印刷厂印刷
*
开本：787×1092 毫米 1/16 印张：13¼ 字数：318 千字
2012 年 12 月第二版 2012 年 12 月第一次印刷
定价：**36.00** 元
ISBN 978-7-112-14843-1
（22925）

本书编委会

本书编写单位

组 织 单 位：中国建设监理协会机械分会
主 审 单 位：京兴国际工程管理公司
主 编 单 位：北京兴电国际工程管理有限公司
副主编单位：北京华兴建设监理咨询有限责任公司（机械工程部分）
北京希达建设监理有限责任公司（电子工程部分）
参 编 单 位：郑州中兴工程监理有限公司

前　言

本书是根据《注册监理工程师管理规定》（建设部令第147号）和《关于印发〈注册监理工程师继续教育暂行办法〉的通知》（建市监函［2006］62号）的要求，及中国建设监理协会《关于报送注册监理工程师继续教育选修课培训大纲的通知》（中建监协［2011］08号）的要求，由中国建设监理协会机械分会组织有关单位编写，面向机电安装工程专业注册监理工程师的新一轮继续教育培训选修课教材。

按照建设部“关于印发《工程监理企业资质标准》的通知”（建市［2007］131号）有关专业工程类别的划分，机电安装工程包括机械工程、电子工程、轻纺工程（轻工工程、纺织工程）、船舶工程、兵器工程和其他工程。本教材偏重于机械工程、电子工程的内容。

本书共分四章，第一章介绍近几年新颁布的机电安装工程监理主要政策法规和标准规范，重点介绍新老标准的差别、相关的强制性标准条文及监理的重点；第二章介绍机电安装工程（机械工程、电子工程）的监理重点；第三章介绍几项有代表性的机电安装工程相关的新技术；第四章介绍机电安装工程监理案例分析。

本书在编写过程中，考虑到大部分机电安装专业的注册监理工程师，同时也在从事民用或其他专业建设工程的机电设备的安装工程监理或项目管理，因此本教材在政策法规、标准规范、机电安装工程监理特点、新技术及案例分析等章节，也兼顾了这部分监理工程师的需要，使教材具有一定的通用性，从而更大限度地满足机电安装工程监理工程师业务素质和执业水平的培训要求。

本书除作为机电安装工程注册监理工程师继续教育选修课教材外，还可供从事机电安装工程的工程建设、监理、设计、施工、工程项目管理或总承包等单位的工程技术人员和管理人员参考。

本书由中国建设监理协会机械分会关建勋会长、周志红秘书长负责组织。全书由张铁明、房文清主编，李明安主审。江鲁、张陈为机械工程部分的副主编，安志星、姜玉勤为电子工程部分的副主编。

全书共四章，第一章第一节、第二节之一至四由龚仁燕编写，第二节之五至八由王立、王鸿明、姜玉勤、张旭、杨光明编写；第二章第一节由张陈编写，第二节由王立、张岗民、赵秋华、温继革、王鸿明、贺志勇编写；第三章第一节由袁文宏、王自振、许远超编写，第二节由周荣德编写，第三节由贺志勇编写，第四节由陈镏编写；第四章案例一由李振文、崔树成、朱丽影、冯卫闯、刘丽莎编写，案例二由江鲁、李欣云编写，案例三由周荣德编写，案例四由刘建荣编写，案例五由王鸿明、孟庆伟编写，案例六由杜设安、谢伟喆编写，案例七由童庆、邵奇峰编写，案例八由王鸿明、赵秋华编写。

在本书的编写过程中得到所有参编单位的有关领导的指导和大力支持，在此向他们表示衷心感谢。

由于本书编者的水平有限，书中难免存在不妥或错误之处，因此，衷心希望广大监理工作者和监理培训机构的教师们提出宝贵意见，以便不断地修改完善。

本书编委会

目　录

第一章　机电安装工程监理主要政策法规和标准规范

工程建设有关法律法规和政策、标准规范是工程监理的重要依据。随着我国法制建设的不断完善和社会经济、科学技术的迅速发展，工程建设相关法律法规和政策、标准规范也在不断地完善、更新。监理工程师必须及时学习和掌握相关的法律法规和政策、标准规范，才能做好监理工作。

本章第一节仅以《特种设备安全监察条例》(2009修订版)为例，讲解机电安装工程监理工程师在学习相关法律法规时应着重掌握的内容。

近几年，机电安装工程相关的标准规范普遍进行了修订，本章第二节着重介绍近几年修订发布的机电安装工程较通用的标准规范，对其他相关专业标准规范，仅简要介绍新颁标准与原标准的差别、相关的强制性条文及监理控制重点。

第一节　《特种设备安全监察条例》(2009年修订版)

2003年6月1日国务院颁布实施了《特种设备安全监察条例》(以下简称“条例”)。2009年1月14日经国务院第46次常务会议通过，公布了《国务院关于修改〈特种设备安全监察条例〉的决定》(以下简称新《条例》)，自2009年5月1日起施行。

新“条例”共八章103个条款。新“条例”共修改变动47个条款，其中新增加29个条款，删除3个条款，修改15个条款。

新“条例”主要增加了以下三方面内容：一是在特种设备安全监督管理的基础上，增加了高耗能特种设备节能监管的内容，实现特种设备安全性与经济性相结合。二是监管设备上，增加了场(厂)内专用机动车辆一大类特种设备。三是增加了特种设备事故预防与调查处理，规定了特种设备事故分级与调查处理、应急准备等内容。

新“条例”调整的主要内容：一是将移动式压力容器充装、特种设备无损检测的安全监察纳入条例调整范围；二是鼓励实行责任保险制度；三是加大违法行为的处罚力度。

一、新《条例》的适用范围

新“条例”所称特种设备是指涉及生命安全、危险性较大的锅炉、压力容器(含气瓶，下同)、压力管道、电梯、起重机械、客运索道、大型游乐设施和场(厂)内专用机动车辆。

特种设备的生产(含设计、制造、安装、改造、维修)、使用、检验检测及其监督检查，应当遵守本条例，但本条例另有规定的除外。

军事装备、核设施、航空航天器、铁路机车、海上设施和船舶以及矿山井下使用的特种设备、民用机场专用设备的安全监察不适用本条例。

房屋建筑工地和市政工程工地用起重机械、场（厂）内专用机动车辆的安装、使用的监督管理，由建设行政主管部门依照有关法律、法规的规定执行。

二、特种设备的安全监察管理

国务院特种设备安全监督管理部门负责全国特种设备的安全监察工作，县以上地方负责特种设备安全监督管理的部门对本行政区域内特种设备实施安全监察。

特种设备生产、使用单位应当建立健全特种设备安全、节能管理制度和岗位安全、节能责任制度。

特种设备检验检测机构，应当依照本条例规定，进行检验检测工作，对其检验检测结果、鉴定结论承担法律责任。

特种设备生产、使用单位和特种设备检验检测机构，应当接受特种设备安全监督管理部门依法进行的特种设备安全监察。

国家鼓励实行特种设备责任保险制度，提高事故赔付能力。

三、监理工程师需要掌握的主要内容

（一）特种设备的生产

特种设备生产单位对其生产的特种设备的安全性能和能效指标负责，不得生产不符合安全性能要求和能效指标的特种设备，不得生产国家产业政策明令淘汰的特种设备。

（1）压力容器的设计单位应当具备下列条件：

1）有与压力容器设计相适应的设计人员、设计审核人员；

2）有与压力容器设计相适应的场所和设备；

3）有与压力容器设计相适应的健全的管理制度和责任制度。

（2）锅炉、压力容器中的气瓶（以下简称气瓶）、氧舱和客运索道、大型游乐设施以及高耗能特种设备的设计文件，应当经国务院特种设备安全监督管理部门核准的检验检测机构鉴定，方可用于制造。

（3）锅炉、压力容器、电梯、起重机械、客运索道、大型游乐设施及其安全附件、安全保护装置的制造、安装、改造单位，应当具备下列条件：

1）有与特种设备制造、安装、改造相适应的专业技术人员和技术工人；

2）有与特种设备制造、安装、改造相适应的生产条件和检测手段；

3）有健全的质量管理制度和责任制度。

（4）电梯的安装、改造、维修，必须由电梯制造单位或者其通过合同委托、同意的依照本条例取得许可的单位进行。电梯制造单位对电梯质量以及安全运行涉及的质量问题负责。

（5）电梯的制造、安装、改造和维修活动，必须严格遵守安全技术规范的要求。电梯制造单位委托或者同意其他单位进行电梯安装、改造、维修活动的，应当对其安装、改造、维修活动进行安全指导和监控。

（6）电梯安装单位在电梯安装施工过程中应当服从建筑施工总承包单位对施工现场的安全生产管理，应当遵守施工现场的安全生产要求，落实现场安全防护措施。电梯井道的土建工程必须符合建筑工程质量要求。

(7) 电梯的安装、改造、维修活动结束后，电梯制造单位应当按照安全技术规范的要求对电梯进行校验和调试，并对校验和调试的结果负责。

(8) 锅炉、压力容器、电梯、起重机械、客运索道、大型游乐设施的安装、改造、维修以及场（厂）内专用机动车辆的改造、维修竣工后，安装、改造、维修的施工单位应当在验收后30日内将有关技术资料移交使用单位，高耗能特种设备还应当按照安全技术规范的要求提交能效测试报告。使用单位应当将其存入该特种设备的安全技术档案。

(二) 特种设备的使用

(1) 特种设备在投入使用前或者投入使用后30日内，特种设备使用单位应当向直辖市或者设区的市特种设备安全监督管理部门登记。登记标志应当置于或者附着于该特种设备的显著位置。

(2) 特种设备使用单位对在用特种设备应当至少每月进行一次自行检查，并作出记录。

(3) 特种设备使用单位应当对在用特种设备的安全附件、安全保护装置、测量调控装置及有关附属仪器仪表进行定期校验、检修，并做记录。

(4) 特种设备使用单位应当按照安全技术规范的定期检验要求，在安全检验合格有效期届满前1个月向特种设备检验检测机构提出定期检验要求。未经定期检验或者检验不合格的特种设备，不得继续使用。

(5) 特种设备不符合能效指标的，特种设备使用单位应当采取相应措施进行整改。

(6) 电梯、客运索道、大型游乐设施等为公众提供服务的特种设备运营使用单位，应当设置特种设备安全管理机构或者配备专职的安全管理人员；其他特种设备使用单位，应当根据情况设置特种设备安全管理机构或者配备专职、兼职的安全管理人员。

(7) 电梯、客运索道、大型游乐设施的运营使用单位应当将电梯、客运索道、大型游乐设施的安全注意事项和警示标志置于易为乘客注意的显著位置。

(8) 电梯投入使用后，电梯制造单位应当对其制造的电梯的安全运行情况进行跟踪调查和了解，对电梯的日常维护保养单位或者电梯的使用单位在安全运行方面存在的问题，提出改进建议，并提供必要的技术帮助。发现电梯存在严重事故隐患的，应当及时向特种设备安全监督管理部门报告。电梯制造单位对调查和了解的情况，应当进行记录。

(9) 锅炉、压力容器、电梯、起重机械、客运索道、大型游乐设施、场（厂）内专用机动车辆的作业人员及其相关管理人员（以下统称特种设备作业人员），应当按照国家有关规定经特种设备安全监督管理部门考核合格，取得国家统一格式的特种作业人员证书，方可从事相应的作业或者管理工作。

(10) 特种设备使用单位应当对特种设备作业人员进行特种设备安全、节能教育和培训，保证特种设备作业人员具备必要的特种设备安全、节能知识。

特种设备作业人员在作业中应当严格执行特种设备的操作规程和有关的安全规章制度。

(三) 特种设备的检验检测

(1) 特种设备使用单位设立的特种设备检验检测机构，经国务院特种设备安全监督管理部门核准，负责本单位核准范围内的特种设备定期检验工作。

（2）检验检测人员从事检验检测工作，必须在特种设备检验检测机构执业，但不得同时在两个以上检验检测机构中执业。

（3）特种设备检验检测机构和检验检测人员对涉及的被检验检测单位的商业秘密，负有保密义务。

（4）特种设备检验检测机构和检验检测人员对检验检测结果、鉴定结论负责。

（四）特种设备事故分级

（1）有下列情形之一的，为特别重大事故：一是特种设备事故造成30人以上死亡，或者100人以上重伤（包括急性工业中毒，下同），或者1亿元以上直接经济损失的；二是600MW以上锅炉爆炸的；三是压力容器、压力管道有毒介质泄漏，造成15万人以上转移的；四是客运索道、大型游乐设施高空滞留100人以上并且时间在48h以上的。

（2）有下列情形之一的，为重大事故：一是特种设备事故造成10人以上30人以下死亡，或者50人以上100人以下重伤，或者5000万元以上1亿元以下直接经济损失的；二是600MW以上锅炉因安全故障中断运行240h以上的；三是压力容器、压力管道有毒介质泄漏，造成5万人以上15万人以下转移的；四是客运索道、大型游乐设施高空滞留100人以上并且时间在24h以上48h以下的。

（3）有下列情形之一的，为较大事故：一是特种设备事故造成3人以上10人以下死亡，或者10人以上50人以下重伤，或者1000万元以上5000万元以下直接经济损失的；二是锅炉、压力容器、压力管道爆炸的；三是压力容器、压力管道有毒介质泄漏，造成1万人以上5万人以下转移的；四是起重机械整体倾覆的；五是客运索道、大型游乐设施高空滞留人员12h以上的。

（4）有下列情形之一的，为一般事故：一是特种设备事故造成3人以下死亡，或者10人以下重伤，或者1万元以上1000万元以下直接经济损失的；二是压力容器、压力管道有毒介质泄漏，造成500人以上1万人以下转移的；三是电梯轿厢滞留人员2h以上的；四是起重机械主要受力结构件折断或者起升机构坠落的；五是客运索道高空滞留人员3.5h以上12h以下的；六是大型游乐设施高空滞留人员1h以上12h以下的。除前款规定外，国务院特种设备安全监督管理部门可以对一般事故的其他情形做出补充规定。

（五）法律责任

新《条例》中的“四方责任”主要是指生产、使用单位、检验检测机构、监管部门和政府四个部门的责任。主要包括以下几个方面的法律责任：

（1）生产单位未经许可擅自从事特种设备设计、制造等活动的法律责任。

（2）特种设备生产、使用单位从事特种设备生产、使用活动的，违反规定的安全义务的法律责任。

（3）发生重大特种设备安全事故时，使用单位主要负责人不立即抢救，在事故调查处理期间擅离职守、逃匿，或者对事故隐瞒不报、谎报、拖延不报的法律责任。

（4）特种设备作业人员违规操作或者发现不安全因素未及时报告的法律责任。

（5）检验检测机构的责任强调了检验检测机构和检验检测人员的责任，确保检验检测机构的独立性和检验检测结果、鉴定结论的公正性。

（6）监管部门的责任：监管部门依法履行特种设备安全监察职责。政府的责任：各级政府应督促、支持特种设备安全监督管理部门依法履行职责，对安全监察中遇到的重大问题予以协调、解决。

第二节　机电安装工程监理主要相关标准规范

一、《工业安装工程施工质量验收统一标准》GB 50252—2010

本标准根据原建设部（建标【2004】67号）的要求，经广泛调查研究，认真总结实践经验，参考有关国际标准和国外先进标准，并在广泛征求意见的基础上，进行修订。本标准于2010年1月10日发布，自2010年7月1日起实施。其中第5.0.6条为强制性条文，必须严格执行。

本标准主要技术内容包括：总则、术语、基本规定、施工质量验收的划分、施工质量的验收、施工质量验收的程序及组织等。

本次修订的主要技术内容包括：

（1）重新编写了第二章术语一章。

（2）增加了基本规定一章。

（3）在施工质量验收的划分中，增加了检验项目应根据项目的特点确定检验抽样方案，可设置检验批的规定。

（4）删除了优良等级的评定，质量验收只认定为合格与不合格。

（5）将原标准的检验项目调整为主控项目和一般项目。

（6）修改了质量验收的程序，增加了工程监理的内容。

（7）将原标准附录的质量检验评定表修改为工程质量验收记录。

（8）删除了原标准工业安装工程分项工程和分部工程名称表。

根据“验评分离、强化验收、完善手段、过程控制”的指导思想，将原规范名称《工业安装工程质量检验评定统一标准》修改为《工业安装工程施工质量验收统一标准》。

（一）总则

本章共5个条款。对编制本标准的宗旨、适用范围、施工质量验收的基本要求等内容做出了规定。

本标准中所指的工业安装工程，是指工业设备、工业管道、电气装置、自动化仪表、防腐蚀、绝热和工业炉砌七个专业，它是根据当前安装工程质量验收国家标准的设置而划分的。本标准适用于上述七个专业的施工质量验收，并应与上述各专业安装工程施工质量验收规范配合使用。这七个专业的安装工程施工质量验收规范，是工业安装工程施工质量验收的重要依据，近几年均进行了修订，如《工业金属管道工程施工质量验收规范》GB 50184—2011，《工业设备及管道绝热工程施工质量验收规范》GB 50185—2010，《建筑防腐工程施工质量验收规范》GB 50224—2010，《自动化仪表工程施工质量验收规范》GB 50131—2007，《工业炉砌筑工程质量验收规范》GB 50309—2007，《电气装置安装工程施工及验收规范》GB 50147—2010至GB 50149—2010等。机电安装专业的监理人员应认真学习、掌握。

（二）术语

本章中第2.0.3条～第2.0.5条即“主控项目、一般项目、验收”的内容及含义与

《建设工程施工质量验收统一标准》GB 50300—2001 中的术语相统一、协调。

（三）基本规定

本章共 9 个条款。主要内容及监理工作控制点如下：

（1）要求施工现场要有健全的质量管理体系，它是施工单位质量管理体系的组成部分，项目监理部要对其进行审查。

（2）设计文件是施工的依据，要督促施工单位严格按设计文件的要求施工。

（3）施工质量的控制和检验要严格执行国家、行业和企业的标准、规范。

（4）对安装工程施工质量的检验做出规定：

1）安装工程采用的设备材料和半成品，应按各专业施工质量验收规范的规定进行检验。

2）各专业工程应根据相应的施工规范对施工过程进行质量控制，并按工序进行质量检验。

3）相关专业之间应进行施工工序交接检验。

4）各专业工程应根据相应的施工规范进行最终检验和试验。

（5）安装工程施工质量的验收：

1）安装工程施工质量的验收应在施工单位自行检验的基础上进行。

2）隐蔽工程应在隐蔽前由施工单位通知有关单位（建设单位、设计单位、监理单位等）进行验收。

3）检验项目的质量应按主控项目和一般项目进行检验和验收。

4）施工质量的检验方法、检验数量、检验结果记录应符合各专业工程施工质量验收规范的规定。

（四）施工质量验收的划分

本章分 8 节，共计 21 个条款。主要内容及监理工作控制点如下：

1. 一般规定

工业安装工程施工质量验收应划分为单位工程、分部工程和分项工程，如图 1-1 所示。

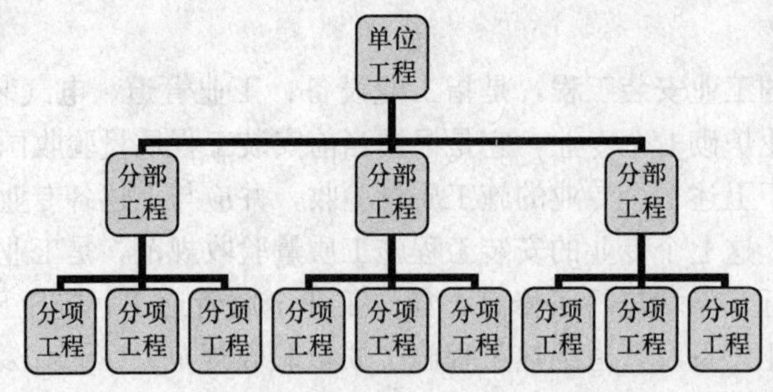

图 1-1　工业安装工程施工质量验收的划分

2. 划分的基本要求

（1）单位工程：按工业厂房、车间（工号）或区域划分。较大的单位工程可划分为若干个子单位工程。

（2）分部工程：按设备、管道、电气装置、自动化仪表、防腐蚀、绝热、工业炉砌筑等专业划分。较大的分部工程可划分为若干个子分部工程。

(3) 分项工程：应符合有关专业施工质量验收规范的规定，本标准规定了各专业工程分项工程的划分原则。

(五) 施工质量的验收

本章共6个条款，其中第5.0.6条为强制性条文。本章对检验项目、分项工程、分部（子分部）工程和单位（子单位）工程质量验收合格条件做出规定。特别强调了当检验项目的质量不符合相应专业质量验收规范的规定时，应进行的处理规定。监理工程师应特别注意对通过返修后仍不能满足安全使用要求的分部（子分部）工程、单位（子单位）工程，严禁判定为验收通过。

(六) 施工质量验收的程序及组织

本章共6个条款。主要内容及监理工作控制点如下：

1. 验收的顺序

工业安装工程质量验收应按分项工程、分部工程、单位工程依次进行。

2. 验收的组织

分项工程、分部（子分部）工程、单位（子单位）工程验收的验收程序及组织详见表1-1。

施工质量验收的程序及组织 **表 1-1**

验收程序	验收条件	组 织 者	参加单位/参加人
分项工程验收	施工单位自检合格	建设单位专业技术负责人/监理工程师	施工单位专业技术质量负责人
分部（子分部）工程验收	各分项工程验收合格	建设单位专业技术负责人/总监理工程师	施工、监理、设计等有关单位项目负责人及技术负责人
单位（子单位）工程验收	各分部工程验收合格/质控资料齐备	建设单位项目负责人	施工、监理、设计单位项目负责人

3. 质量验收记录表格

(1) 施工现场质量管理检查记录：由施工单位填写，建设单位项目负责人（总监理工程师）进行检查，并做出检查结论。

(2) 分项工程质量验收记录：分项工程质量由建设单位专业技术负责人（监理工程师）组织施工单位专业技术质量负责人进行验收，表中检验项目的质量检验记录由施工单位质量检验员填写。

(3) 分部（子分部）工程质量验收记录：分部（子分部）工程质量由建设单位项目负责人（总监理工程师）组织施工、监理、设计等有关单位项目负责人及技术负责人进行验收，并由各方签署验收结论。

(4) 单位（子单位）工程质量验收记录：单位（子单位）工程质量由建设单位项目负责人组织施工、监理、设计等有关单位项目负责人进行验收，检查记录由施工单位填写，验收结论由建设（监理）单位填写。

(5) 单位（子单位）工程质量控制资料检查记录：检查意见和检查人由建设（监理）单位填写，结论由双方共同商定，由建设单位填写。

二、《机械设备安装工程施工及验收通用规范》及相关专业规范的修订概况

《机械设备安装工程施工及验收通用规范》GB 50231—2009 及相关专业标准（GB 50270—2010～GB 50278—2010）是根据原建设部《关于印发〈二〇〇二～二〇〇三年度工程建设国家标准制定、修订计划〉的通知》（建标【2003】102 号文）的要求，分别由中国机械工业建设总公司和国家机械工业安装工程标准定额站会同有关单位共同对原规范《机械设备安装工程施工及验收通用规范》GB 50231—98 及相关专业规范（GB 50270—98～GB 50278—98）进行修订而成。

（一）本次修订工作的原则

（1）贯彻执行国家有关的法律、法规和政策，合理利用资源，充分考虑社会效益和经济效益。

（2）“强制性条文”，是涉及工程建设质量、安全、卫生、环保和国家需要控制的工程建设标准。

（3）纳入标准的“新技术、新工艺、新设备、新材料”应有有关权威部门认可的完整鉴定材料，且经实践检验行之有效，做到“有根有据”。

（4）积极采用国际标准和国外先进标准，采用时经过认真分析论证，并且符合我国国情。认真了解机械设备制造技术条件和制造标准，正确选择其中与安装施工有关的检验项目。使机械设备安装工程在交工验收时，机械设备制造、安装施工和使用三方面对安装工程质量能统一协调一致，从而使机械设备顺利投入生产，发挥投资的效益。

（5）对原规范的条款认真分析，并根据我国现有安装技术水平及发展，机械产品结构调整情况，取消淘汰过时落后的施工技术、施工工艺和机械产品，增加先进的施工技术、施工工艺和新的机械产品，满足工程建设的需要。

（6）不得列入非技术性、手册性、指导性、科普性知识等内容。

（7）本次规范的修订，按“统一、协调、简化、优选”的原则严格把关。注意了本规范与国家法律法规以及其他相关规范（标准）之间的协调。

（8）本次规范的修订，充分发扬民主，对有争议的技术问题在调查研究或专题讨论的基础上，经过充分协商、力求统一，务求所修订的规范有利于促进技术进步和发展，符合我国工程建设的实际和需要。

（二）机械设备安装系列规范修订的重点内容

机械设备安装系列规范分为两大部分，即按安装工序编制的条文和按设备类型编制的条文，前者为“通用规范”，后者为“各类机械设备安装规范”。

在《机械设备安装工程施工及验收通用规范》（简称“通用规范”）GB 50231—2009 中修订的重点内容有：增加安装施工中的新技术、新材料和新工艺，淘汰过时落后的东西。增加现场装配机件的品种及其技术规定，取消淘汰品种的技术规定。原规范在执行中，工程质量、技术要求和规定不明确的地方，修订时将其明确和便于操作执行。

在“各类机械设备安装规范”（简称“安装规范”）GB 50270～GB 50278—2010 中修订的重点内容有：首先选择列入“安装规范”的设备类型和范围，由于机械设备种类繁多，“安装规范”不可能全部列入，选择时列入规范的设备类型应具备三个条件：

（1）产品有系列型谱；

（2）产品有制造技术条件和制造标准；

（3）产品的结构在安装施工中具有代表性。

修订规范时，按以上三个条件重新选择各类机械设备列入“安装规范”，淘汰原规范中已经不生产的设备类型。

在确定设备类型的基础上，按其产品制造技术条件和制造标准，与研究所和主导设备制造厂协商确定列入“安装规范”的具体检验项目。即与安装施工有关的安装水平度、过渡性的预调精度、几何精度和运动精度、试运转检验项目。在选择和确定有关检验项目时，遵守以下原则：

（1）由于安装施工原因，可能影响机械设备的某些几何精度和运动精度发生变化时，则该项精度检验列入“安装规范”之内。如现场组装床身导轨在垂直平面内的直线度和工作台移动在垂直平面内的直线度等检验项目均列入“安装规范”之内。

（2）需要在现场组装和调整的检验项目列入“安装规范”。如开式齿轮副的中心距，齿轮的啮合迹线，接触面积和接触斑点等。

（3）涉及机械设备运行中，人身和设备的安全事项列入“安装规范”。如运动行程的调整和制动、紧急限位、主传动机的运行方向等。

（4）机械设备在投入生产使用前，必须进行的几何精度和运动精度的检验项目。通过该项检验是否合格，才能鉴别在使用中产品质量是否得到保证的检验项目。如当发生超差时在现场可以由安装施工单位进行调整至合格范围的检验项目，列入“安装规范”；无法在现场由安装施工单位进行调整至合格范围的检验项目，不列入，存在问题由机械设备制造单位去负责处理，目的是为保证设备顺利投入生产。

（5）国家劳动、消防、公安、环保等规定必须进行的检查项目，列入“安装规范”。如起重机运输机械的负荷和超负荷试运转，大型风机的振动、噪声测量等。

（6）与安装施工无关，没有直接影响质量的检验项目，不列入。如整体出厂的设备，变速箱中齿轮副的啮合资料完整线检查等。同类设备整体和解体出厂其检验项目亦不同。

（7）安装施工现场和施工没有条件进行的机械产品制造标准规定的检验项目或性能试验等，不列入“安装规范”。如起重机升降重物的变速和制动加（减）速度等。

总之“安装规范”中的检验项目是检验安装施工质量的好坏，与机械设备制造质量好坏不一样，应通过与设备制造研究所和主导制造厂协商确定。

（三）本次修订并正式发布实施的机械设备安装工程系列规范

机械设备安装工程系列规范，见表1-2

机械设备安装工程系列规范 **表1-2**

序号	规范编号	规 范 名 称	发布时间	实施时间
1	GB 50231—2009	《机械设备安装工程施工及验收通用规范》	2009.3.19	2009.10.1
2	GB 50270—2010	《输送设备安装工程施工及验收规范》	2010.5.31	2010.12.1
3	GB 50271—2009	《金属切削机床安装工程施工及验收规范》	2009.2.23	2009.10.1
4	GB 50272—2009	《锻压设备安装工程施工及验收规范》	2009.3.19	2009.10.1
5	GB 50273—2009	《锅炉安装工程施工及验收规范》	2009.3.19	2009.10.1

续表

序号	规范编号	规 范 名 称	发布时间	实施时间
6	GB 50274—2010	《制冷设备、空气分离设备安装工程施工及验收规范》	2010.7.15	2011.2.1
7	GB 50275—2010	《风机、压缩机、泵安装工程施工及验收规范》	2010.7.15	2011.2.1
8	GB 50276—2010	《破碎、粉磨设备安装工程施工及验收规范》	2010.5.31	2010.12.1
9	GB 50277—2010	《铸造设备安装工程施工及验收规范》	2010.7.15	2011.2.1
10	GB 50278—2010	《起重设备安装工程施工及验收规范》	2010.5.31	2010.12.1

三、《机械设备安装工程施工及验收通用规范》GB 50231—2009

本规范是机械设备安装工程施工的通用性技术规定和技术要求。它是以金属切削机床、锻压设备、铸造设备、破碎粉磨设备、起重设备、连续输送设备、风机、压缩机、泵、气体分离设备、制冷设备和工业锅炉安装工程为基础，同时考虑到冶金设备、化工设备、纺织和轻工设备安装工程，将其共同性的技术要求编制为本规范。各类机械的专业技术和特殊要求，本规范未包括，由有关部门、按专业设备的类别另行规定。在监理工作中应根据各专业设备安装的具体要求进行检查和验收。

本规范共八章，24节，9个附录。本规范修订的主要内容包括：

（1）章节结构的调整，使修订后的规范章、节名称和机械产品类型的划分，与机械产品的系列型谱的分类标准相统一，名称和条文内容相一致，工序的衔接及配合更加合理。

（2）增加了新品种、新技术，如减振垫、密封胶、成型密封、胀紧连接套、安全联轴器、超越离合器、新型水基碱性和酸性清洗剂等。充实了高强螺栓，液压、气动、润滑管道的焊接及试压和试运转等条文的技术内容。

其中以黑体字标志的条文为强制性条文，必须严格执行。

（一）总则

本章内容是整个规范总的指导和控制原则，也是监理工作的总的控制原则。本章共有8个条款，其中第1.0.5条、第1.0.6条为强制性条文（原规范1.0.4条～1.0.7条为强条）。主要内容及监理工作控制点如下：

1. 本规范的适用范围（第1.0.2条）

本规范是机械设备安装工程施工的通用性技术规定和技术要求。它是以金属切削机床、锻压设备、铸造设备、破碎粉磨设备、起重设备、连续输送设备、风机、压缩机、泵、气体分离设备、制冷设备和工业锅炉安装工程为基础，同时考虑到冶金设备、化工设备、纺织和轻工设备安装工程，将其共同性的技术要求编制为本规范；所以对机械、冶金、化工、纺织、轻工等各部门的各类机械设备安装工程都是适用的。各类机械的专业技术和特殊要求，由有关部门、按专业设备的类别另行规定。

机械设备安装工程的技术性范围（第1.0.3条），是从机械设备开箱起至空负荷试运转合格、办理交工验收手续为止；条文中对必须带负荷才能试运转的机械设备可至负荷试运转，主要是指如风机、泵、压缩机、锅炉、起重、连续输送设备等，空负荷和负荷试运转的具体划分及其试运转的技术规定，在各类机械设备安装规范中均有明确的规定。

2. 施工依据及设计变更的控制（第1.0.4条）

强调机械设备安装工程施工的依据是设计文件，这也是监理工作的主要依据之一。施工单位和个人均无权修改变更原设计施工图样。施工中如发现工程设计不合理和不符合实际之处，应及时提出修改建议，并经有关部门研究决定，作出变更设计或修改设计通知后，方能按变更或修改后的设计施工。

3. 机械设备、零部件和主材要求（第 1.0.5 条，为强制性条文）

规定了机械设备、零部件和所有主材均必须符合设计和其产品标准的规定，并应有合格证明；主材、标准件和加工件等的质量必须符合其产品标准，同时还应有出厂合格证；对拆迁的机械设备、使用过的机械设备，其施工及验收则由建设单位和施工单位另行商定。

4. 计量和检测器具、仪器、仪表和设备的控制（第 1.0.6 条，为强制性条文）

机械设备安装中使用的各种计量和检测器具、仪器、仪表和设备，必须符合国家现行有关标准的规定，其精度等级应满足被检测项目的精度要求。安装前应对安装过程中使用的计量与检测器具进行检查，其鉴定合格证明应在有效期内，检定检测单位应是国家法定检测计量单位，资质有效。

5. 机械设备安装过程及验收控制（第 1.0.7 条款）

强调在机械设备安装工程施工过程中，施工单位应健全质量管理制度，严格工序自检、互检、专业检查，做好质量检查记录。要加强隐蔽工程的中间验收，并做好记录。隐蔽验收不合格，不得进行下道工序。强调必须认真做好安装工序的质量检查与实测记录，同时作为工程验收的依据。

（二）施工条件

本章编制的目的是防止机械设备安装工程不按科学的程序，在不具备基本条件的情况下而盲目施工，给工程质量造成严重的影响。本章共有 5 个条款（原规范共 11 个条款），其中第 2.0.4 条 3 款为强制性条文。本章章名将原规范中的“施工准备”改为“施工条件”，使章名与条文内容更加吻合。主要内容及监理工作控制点如下：

1. 对设计图样和技术文件的规定（第 2.0.1 条）

明确设备安装就位前必须具备工艺平面位置图和标高图，以有效避免主要设备和辅助设备之间以及产品在生产机械设备之间的工艺流程中发生混乱。基础施工图也是机械设备安装必需的图纸，图中应确定设备地脚螺栓位置、深度、垫铁的位置、安装纵横基准线的平面位置等。

2. 机械设备的开箱检查（第 2.0.2 条）

（1）机械设备开箱应在监理组织下，由建设单位、监理单位、施工单位、设备供货单位有关人员共同对到场设备进行检查、验收，并做好记录。检查和记录的内容包括：

1）箱号、箱数、包装情况；

2）机械设备名称、型号和规格；

3）装箱清单、技术文件（含使用说明书、合格证明书）及专用工具；

4）机械设备有无缺损件、表面有无损坏和锈蚀；

5）其他需要记录的事项。

（2）涉及安全、卫生、环保的设备应具有相应资质等级的检测单位的检测报告，如压力容器、消防设备、生活供水设备等。

（3）凡使用的新材料、新产品，应由具备鉴定资格的单位或部门出具鉴定证书，同时要具有产品质量标准和试验要求，使用前应按其质量标准和试验要求进行试验或检验。新材料、新产品还应提供安装质量、维修、使用和工艺标准等相关技术文件。

(4) 进口材料和设备等应有商检证明（国家认证委员会公布的强制性认证［CCC］产品除外），中文版的质量证明文件、性能检测报告以及中文版的安装、维修、使用、试验要求等技术文件。

3. 机械设备基础的验收（第 2.0.3 条）

(1) 机械设备基础的质量，应符合现行国家标准《混凝土结构工程施工质量验收规范》GB 50204—2002 的有关规定，并应有验收资料和记录。机械设备基础位置和尺寸应按《混凝土结构工程施工质量验收规范》GB 50204—2002 中表 2.0.3 的规定进行复检。对有工艺要求的成组设备基础的验收还须遵守各专业设备基础验收的要求。

(2) 机械设备基础或地坪有防震隔离要求时，应按工程设计要求施工完毕，并验收合格。(此条为新增内容)

(3) 对需进行预压的基础，应督促承包商按设计规定方法进行预压。否则不得进行基础验收和设备安装。

(4) 如果安装时需利用建筑结构作为起吊、搬运设备的承力点，应对建筑结构的承载能力进行核算，必要时应经设计单位的同意方可利用。设计文件中规定可以利用的承力点除外，但也应在安装前向设计人员核实承力点可以承受的荷载和拟起吊、搬运设备的重量。

(5) 基础施工出现地质异常情况，应及时向建设单位反映，由建设单位通知设计单位，同时暂停基础施工，待设计出具处理意见后再行施工。

4. 安装工程施工现场条件（第 2.0.4 条）

安装工程施工现场应符合下列要求：施工的临时建筑、道路、安装用水、电、气、(蒸) 汽、照明、消防设施、厂房条件、场地条件满足机械设备安装的需要；主要材料和机具、劳动力按已经批准了的施工组织设计或施工方案或者是合同文件规定进场和检验。

对厂房内有恒温、恒湿要求的设备安装，需在厂房内的恒温、恒湿达到设计要求后，再安装有恒温、恒湿要求的机械设备（此条为强制性条文）。

(三) 放线、就位、找平和调平

本章共 7 个条款（原规范共 8 个条款），主要就机械设备安装前的放线就位工作中的测量基准和检验标准作了规定。机械设备的就位和找正调平，是机械设备安装的第一项工作，是整个安装工作的基础，在监理工作中是非常重要的工序控制环节，是监理工作的重点之一，监理工作尤其要注意。主要内容及监理工作控制点如下：

(1) 机械设备安装前，应按施工图与有关建筑物的基准线，如轴线、边缘线和标高线，划定安装的基准线。以后所有机械设备安装的平面位置和标高，均应以所划定的基准线为准进行测量，而不能以梁、柱、墙的实际中心、边缘线或标高为准去进行测量。否则会给安装工作造成较大影响。(第 3.0.1 条)

(2) 对互相有连接、衔接或排列关系的设备，应划定共同的安装基准线。必要时，应按设备的具体要求，埋设一般的或永久性的中心标板或基准点。(第 3.0.2 条)

(3) 设备的找正、调平的测量位置，当机械设备技术文件无规定时，宜在下列部位中选择：

1) 机械设备的主要工作面；

2）支承滑动部件的导向面；

3）轴颈或外露轴的表面；

4）部件上加工精度较高的表面；

5）机械设备上应为水平或铅垂的主要轮廓面；

6）连续运输设备和金属结构宜选在主要部件的基准面的部位，相邻两测点间距离不宜大于6m。

（4）各专业机械设备有特殊的测量部位要求时，应按相关专业验收规范执行。

（四）地脚螺栓、垫铁和灌浆

本章共21个条款（原规范共24个条款）。主要内容及监理工作控制点如下：

（1）安装地脚螺栓前，预留孔内的杂物应清除；地脚螺栓表面油污和氧化皮应清除；螺纹部分应涂少量油脂。（第4.1.1条）

（2）应在预留孔中的混凝土达到设计强度的75%以上时方可拧紧地脚螺栓，各螺栓的拧紧力应均匀。（第4.1.1条）

（3）地脚螺栓光杆部分和基础板应刷防锈漆。（第4.1.2条）

（4）安设胀锚螺栓的基础混凝土强度不得小于10MPa。（第4.1.3条）

（5）找正调平机械设备用的垫铁应按各类机械设备安装规范、设计或随机技术文件的要求放置，如无规定时，宜按本规范附录A的规定制作和使用。

（6）原规范4.2.2条中第四款关于计算垫铁面积的公式有误，本次根据我国法定计量单位标准重新做了更正，本条6款Q2的计算公式中的0.785由π/4进行转换计算。

（7）预留孔灌浆前，灌浆处应清洗洁净；灌浆宜采用细石混凝土，其强度应比基础或地坪的混凝土强度高一级；灌浆时应捣实，不应使地脚螺栓倾斜和影响设备的安装精度。

（五）装配

本章分8节，共计80个条款（原规范共9节，81个条款）。包括基本规定、连接与紧固、联轴器装配，离合器、制动器装配、滑动轴承装配、滚动轴承装配、传动带、链条和齿轮装配，密封件装配等通用性技术规定，是机械设备安装过程中的基本装配内容。本规范所指的装配是指在安装施工现场的装配和组装，与机械设备制造单位的装配不同。主要内容及监理工作控制点如下：

（1）出厂已装配好的零件、组合件，均不应拆卸后重新装配。

（2）装配前，督促施工单位对需要装配的零部件配合尺寸、相关精度等进行复验，并作记录。

（3）检查安装单位的施工记录，督促安装单位的质量检查措施的落实，加强工序验收和中间隐蔽验收并作好安装检查与验收记录。对有不符合要求或其他异常现象，则应及时进行处理，不允许安装施工人员自行修配。相关部分的装配验收质量标准按规范规定执行。

（4）对机械设备清洗工作中使用的酸、碱、加热、易燃、易爆物品，应督促施工单位采取相应措施，并指派专人进行负责检查落实。对不符合安全生产规定的，不允许进行上述安装工作。

（5）特别强调当进行清洗处理时，应按具体情况及清洗处理方法采取相应的劳动保护和防火、防毒、防爆等安全措施。对清理出的油污、杂物及废清洗剂，不得随意乱倒，应

按环保的有关规定妥善处理。（第 5.1.2 条后半部为新增内容）

（6）相关部分的装配质量标准按规范的相关条款规定执行。

（六）液压、气动和润滑管道的安装

本章分 5 节，共计 36 个条款（原规范分 3 节，共计 31 个条款）。内容为：管子的准备、管道的焊接、管道安装、管道的酸洗、冲洗与吹扫、管道的压力试验与涂漆。

本章所指的液压、气动和润滑管道是各类机械设备附属或配套的液压、气动和润滑管道；即设备随机带来的或专为该设备配套的液压站、润滑泵站、冷却水泵站和气动的压缩空气站等至设备主体的管道工程。这些管道工程的安装与厂区工业管道工程性质要求不完全相同。主要内容及监理控制点如下：

（1）对液压、气动和润滑系统的管子及管路附件均应进行检查验收并做好记录，其材质、规格及数量应符合设计的要求。其质量证明材料应符合相关规定且真实有效。施工中应防止发生错用或乱用。

（2）管路加工除设计有明确规定外，一般采用机械方法切割。

（3）液压、润滑系统的管子，应采用机械常温弯曲；气动系统的管子宜采用机械常温弯曲。对大直径、厚壁的管子采用热弯时，弯制后应保持管内的清洁度要求。

（4）焊接工人须持证操作，其操作应符合操作工艺规程的规定。在监理巡视中应注意对焊接工人的操作状况进行检查，发现问题及时进行纠正。

（5）原规范将“管道焊接和安装”两方面的条文合在一起，现将管道的焊接单独列为 6.2 节；在原规范条文内容的基础上，增加了常用管子坡口的形式，法兰焊接的要求、对接焊的位置规定、焊缝的外观和无损探伤检查等内容；分别修订为第 6.2.1～6.2.6 条的内容，其中第 6.2.2 条法兰连接在管路中应用很广，其中第 3 款特别提出“除特殊要求外，法兰螺栓孔中心线不得与管子的铅垂、水平中心线相重合。”

（6）管道焊接应符合下列要求：

1）焊接前，应按母材的化学成分、力学性能、使用的工作压力、温度和介质等正确选用焊条、焊丝和焊接工艺，并制定焊接作业指导书。

2）液压、润滑钢管焊接时，必须用钨极氩弧焊或钨极氩弧焊打底，压力大于 21MPa 时，应同时在管内通入 5L/min 的氩气；其他管路焊接宜采用钨极氩弧焊或钨极氩弧焊打底。

3）焊条、焊丝应按规定烘干，使用中应保持焊条、焊丝的干燥。

4）焊前预热及焊后热处理温度，应符合设计或焊接作业指导书及焊前试验的规定。

5）定位焊缝焊完后，应清除焊渣，对定位焊进行检查，并应在去除其缺陷后进行焊接。

6）严禁用管路作为焊接地线。（此款为强制性条文）

（7）焊缝外观质量标准应符合第 6.2.5 条中表 6.2.5 的规定。焊缝的无损检测抽检数量和焊缝质量，应符合设计或随机技术文件的规定。按规定抽检的无损检测焊缝不合格时，应加倍抽检该焊工的焊缝数量，当仍不合格时，应对其全部焊缝进行无损检测。

（8）原规范中没有管道试压，现参照国家现行标准《重型机械通用技术条件　配管》JB/T 5000.11 增加第 6.5.1 节。规定管道压力试验应在管路冲洗合格后进行。管道的试验压力和试验介质，应符合表 6.5.1 的规定。

(9) 管道的焊接、安装、酸洗、冲洗、吹扫和管道的压力试验和涂漆质量验收标准按规范相关条款规定执行。

(七) 试运转

本章分8节，共计25个条款（原规范共9个条款）。内容包括：试运转的条件、电气和操作控制系统调试、润滑系统调试、液压系统调试、气动、冷却系统调试、加热系统调试、机械设备动作试验、整机空负荷试运转。

本次修订时，将试运转共同性的内容编入“通用规范”第7章试运转之中，充实了有关内容，增加了适用性和可操作性。执行中各类机械设备试运转时的共性部分，按本规范第7章试运转的规定执行，各类机械设备安装工程施工及验收规范中不再重复，仅将各类机械设备的特有具体技术要求规定明确，如空负荷和负荷试运转的程度等规定。本章主要内容及监理控制点如下：

(1) 审批机械设备总的试运转方案和各系统试运转方案；没有试运转方案或试运转方案没有进行审批，不得进行设备试运转；

(2) 审查参与机械设备试运转管理人员和操作工人的资质，不允许没有相关设备试运转资质的人员参与设备试运转工作；

(3) 核查机械设备试运转前各项试运转条件，并做好记录。条件不具备的不得进行设备试运转工作；

(4) 督促参与调试的管理人员和操作工人严格按设备试运转方案和规范规定步骤和内容进行设备试运转，同时加强试运转各环节的检查、测量和复试工作，确认无误后才能进行下个步骤的试运转工作；

(5) 各专业类机械设备试运转工作除遵守本规范通用规定外，还应遵守各相应专业验收规范的具体操作要求和验收标准。

(八) 工程验收

本章共2个条款（原规范3个条款），分别对工程验收时应具备的资料、验收手续的办理作出了规定。监理工程师在机械设备安装竣工后应协助建设单位组织工程验收。并在工程验收合格后及时协助建设单位与施工单位办理工程验收手续。

工程验收时，应具备下列资料：

(1) 竣工图或按实际完成情况注明修改部分的施工图；

(2) 设计修改的有关文件；

(3) 主要材料、加工件和成品的出厂合格证、检验记录或试验资料；

(4) 重要焊接工作的焊接质量评定书、检验记录、焊工考试合格证复印件；

(5) 隐蔽工程质量检查及验收记录；

(6) 地脚螺栓、无垫铁安装和垫铁灌浆所用混凝土的配合比和强度试验记录；

(7) 试运转各项检查记录；

(8) 质量问题及其处理的有关文件和记录；

(9) 其他有关问题。

四、机械设备安装工程相关专业规范（GB 50270～GB 50278）介绍

新修订的机械设备相关专业安装工程施工及验收规范有9个，本节以五个通用设备的

专业规范为例，简要介绍新颁标准与原标准的差别、相关的强制性条文及监理控制的重点。

（一）《锅炉安装工程施工及验收规范》GB 50273—2009

本规范共10章，16节。其中第1.0.3、5.0.3（4）、6.3.2（2、3、7）、6.3.3（2、4）、6.3.4（2、4）、10.0.2条款为《强制性条文》，共计10条，涉及安装、主要部件、安全措施、试验、验收等内容。

（1）本次修订的主要内容：

1）修改了适用范围，适用于工业、民用、区域供热锅炉的安装工程施工及验收。蒸汽锅炉额定工作压力由小于或等于2.5MPa修改为小于或等于3.82MPa，热水锅炉额定出水压力大于0.1MPa。包括了有机热载体锅炉和电加热锅炉。本规范不适用于铸铁锅炉、交通运输车用和船用锅炉、核能锅炉、电站锅炉的安装工程施工及验收。

2）增加了"取源泉部件"、"鳞片式炉排、链带式炉排和横梁式炉排"和"锅炉漏风试验"等技术内容。

3）对锅炉本体砌筑和绝热层施工有特殊要求的作出了具体规定。

（2）监理工程师应按下列强制性条款对施工方进行监督管理，并对安装工程质量进行控制：

1）在锅炉安装前和安装过程中，当发现受压部件存在影响安全使用的质量问题时，必须停止安装，并报告建设单位（第1.0.3条）。同时，研究解决办法，使隐患得到及时处理，防止继续施工造成更大损失。

2）试压系统的压力表不应少于2只。额定工作压力大于或等于2.5MPa的锅炉，压力表的精度等级不应低于1.6级。额定工作压力小于2.5MPa的锅炉，压力表的精度等级不应低于2.5级。压力表应经过校验并合格，其表盘量程应为试验压力的1.5～3倍。（第5.0.3条第4款）

3）蒸汽锅炉安全阀的安装和试验应符合下列要求：

①蒸汽锅炉安全阀的整定压力应符合规范中表6.3.2的规定。锅炉上必须有一个安全阀按表6.3.2中较低的整定压力进行调整；对有过热器的锅炉，按较低压力进行整定的安全阀必须是过热器上的安全阀。（第6.3.2条第2款）

②蒸汽锅炉安全阀应铅垂安装，其排汽管管径应与安全阀排出口径一致，其管路应畅通，并直通至安全地点，排汽管底部应装有疏水管。省煤器的安全阀应装排水管。在排水管、排汽管和疏水管上，不得装设阀门。（第6.3.2条第3款）

③蒸汽锅炉安全阀经调整检验合格后，应加锁或铅封。（第6.3.2条第7款）

4）热水锅炉安全阀的安装和试验应符合下列要求：

①热水锅炉安全阀的整定压力应符合规范中表6.3.3的规定。锅炉上必须有一个安全阀按表6.3.3中较低的整定压力进行调整；（第6.3.3条第2款）

②热水锅炉安全阀检验合格后，应加锁或铅封。（第6.3.3条第4款）

5）有机热载体炉安全阀的安装应符合下列要求：

①气相炉最少应安装两只不带手柄的全启式弹簧安全阀，安全阀与筒体连接的短管上应装设一只爆破片，爆破片与锅筒或集箱连接的短管上应加装一只截止阀。气相炉在运行时，截止阀必须处于全开位置；（第6.3.4条第2款）

②安全阀检验合格后，应加锁或铅封。(第6.3.4条第4款)

6）采取射线探伤或超声波探伤，当探伤结果为不合格时，除对不合格焊缝进行返修外，尚应对该焊工所焊的同类焊接接头增做不合格数的双倍复检。当复检仍有不合格时，应对该焊工焊接的同类焊接接头全部做探伤检查。

7）锅炉未办理工程验收手续前，严禁投入使用。(第10.0.2条)

8）现场组装的锅炉安装工程验收，应具备29类资料。

9）整体出厂的锅炉安装工程验收，应具备19类资料。

10）在组织锅炉安装工程验收前，监理应全面核验所有资料的真实、完整和合格。

(二)《起重设备安装工程施工及验收规范》GB 50278—2010

本规范共10章，4节。其中第1.0.3、2.0.3、4.0.2条为强制性条文，共计3条。

本规范主要内容及监理工作控制点：

(1) 本规范适用范围：适用于电动葫芦、梁式起重机、桥式起重机、门式起重机和悬臂起重机安装工程的施工及验收。

(2) 对大型、特殊、复杂的起重设备的吊装或在特殊、复杂环境下的起重设备的吊装，必须制定完善的吊装方案。当利用建筑结构作为吊装的重要承力点时，必须进行结构的承载核算，并经原设计单位书面同意。(第1.0.3条，本条为强制性条款)

(3) 第2.0.3条为新增内容，依据现行国家标准《起重机械安全规程》GB/T 6067和现行的起重机标准制定。为强制性条文，属于安全性要求。钢丝绳和链条是起重机的重要承载构件，也是起重机上的易损件，其安装的质量直接影响起重机的使用安全，影响钢丝绳和链条的使用寿命，故必须严格要求，目的是防止断绳、断链及脱落事故的发生。钢丝绳开盘时，应沿着绳盘圆周的切线方向进行，以防止在钢丝绳中产生扭劲。

(4) 第4.0.2条为新增内容，为强制性条文，属于安全性要求。电动葫芦运行小车为上开口的悬挂结构，螺柱上的调整垫和螺柱套既是墙板的定位零件，也是电动葫芦的承载零件，压紧后与螺柱共同承载着电动葫芦和荷载的总重。螺母未拧紧、螺母的锁件装配不正确或遗漏均可能引发葫芦脱落事故。制定此条的目的是防止小车脱落事故的发生。

(5) 第7.0.1条为新增内容，依据国家现行标准《电动葫芦门式起重机》JB/T 5663制定。

电动葫芦门式起重机以其结构简单，成本低廉，起重量适中，转场方便而得到用户的青睐，用途越来越广，修订时将其收入本章，扩大了本规范的覆盖面。

(6) 明确起重机试运转前的检查内容。通过检查，了解起重机是否具备试运转的条件，消除存在的隐患，使试运转工作能顺利进行下去。如果在检查中发现了问题，则应及时处理。未经检查或检查未通过，均不能进行试运转的下一步工作。

(7) 明确起重机动载试验的内容、方法及应达到的要求，以验证起重机各机构和制动器的功能。起重机各机构的动载试验应先分别进行，而后做联合动作的试验。作联合动作的试验时，同时开动的机构不得超过2个。

(三)《输送设备安装工程施工及验收规范》GB 50270—2010

本规范共13章，9节。其中第3.0.10、12.4.2条款为强制性条文，共计2条。

本规范主要内容及监理工作控制点：

(1) 本规范适用于带式输送机、板式输送设备（包括板式给料机)、垂直斗式提升机、螺旋输送机、辊子输送机、悬挂输送机、振动输送机、埋刮板输送机、气力输送设备、矿井提升机和绞车共十二大类输送设备的安装。

(2) 明确输送设备施工前应检查的项目及内容：

1) 工程设计文件和随机的技术文件均应齐全；

2) 产品合格证应包括驱动装置的试车合格证；

3) 对钢丝绳的检验要求根据国家标准《起重机械用钢丝绳检验和报废实用规范》GB 5972 的有关规定制定；

4) 对钢结构构件进行复检。

(3) 因逆止器不能正常工作时，会造成机械倒转和卡滞，引起物料阻塞和人身设备安全事故。故规定带式逆止器的工作包角不应小于 70°；滚柱逆止器的安装方向必须与滚柱逆止器一致，安装后减速器应运转灵活。(第 3.0.10 条此条为强制性条文)

(4) 因制动力矩达不到要求易造成设备失控下滑，从而引起人身和设备安全事故，故规定了制动力矩的调整要求。(第 12.4.2 条此条为强制性条文)

(5) 因原规范第 12 章架空索道的内容与现行国家标准《架空索道工程技术规范》50127—2007 的内容重复，故取消“架空索道”的内容。

(四)《制冷设备、空气分离设备安装工程施工及验收规范》GB 50274—2010

本规范共 4 章，20 节。其中第 2.1.10、3.1.4 (1)、3.1.9、3.1.10、3.13.5 (7) 条(款) 为强制性条文，共计 5 条。

本规范主要内容及监理工作控制点：

(1) 本规范适用于活塞式、螺杆式、离心式压缩机为主机的压缩式制冷设备，溴化锂吸收式制冷机组和组合冷库；低温法制取氧、氮和稀有气体的空气分离设备。

(2) 制冷设备及管路的阀门，均应经单独压力试验和严密性试验合格后，再正式装至其规定的位置上；试验压力应为公称压力的 1.5 倍。

(3) 制冷机组冷却水套及其管路，应以 0.7MPa 进行水压试验，保持压力 5min 应无泄漏现象。

(4) 为防止污染，保护环境，规定在制冷剂充灌和制冷机组试运转过程中，严禁向周围环境排放制冷剂。(第 2.1.10 条强制性条文)

(5) 为保护人民生命和财产安全，有利于安全生产运行，防止发生燃烧或爆炸事故，规定与氧或富氧介质接触的设备、管路、阀门和各忌设备均应进行脱脂处理。(第 3.1.4 条第 1 款为强制性条文)

(6) 氧气管道中的切断阀，宜采用明杆式截止阀、球阀及蝶阀，严禁使用闸阀，以防止因闸阀关闭状态判断错误发生重大安全事故。(第 3.1.9 条为强制性条文)

(7) 为避免发生因管道系统静电火花产生爆炸事故，规定氧气管道必须设置防静电接地。每对法兰或螺纹连接间的电阻值超过 0.03Ω 时，应设置导线跨接。(第 3.1.10 条为强制性条文)

(8) 为避免发生雷击事故，规定液氧容器安置在室外时，必须设置防静电接地和防雷击装置。(第 3.13.5 条第 7 款为强制性条文)

(五)《风机、压缩机、泵安装工程施工及验收规范》GB 50275—2010

本规范共 5 章，23 节。其中第 2.3.6 (3)、3.1.1 (5)、4.7.1 (2) 条 (款) 为强制

性条文，共计 3 条。

本规范主要内容及监理工作控制点：

（1）本次修订中增加了防爆通风机、消防排烟通风机和旋涡泵、齿轮泵、转子式泵、潜水泵等的安装技术规定及安全、环保的技术规定。

（2）本规范适用于下列风机、压缩机、泵安装工程的施工及验收：

1）离心通风机、离心鼓风机、轴流通风机、轴流鼓风机、罗茨和叶氏鼓风机、防爆通风机、消防排烟通风机；

2）容积式的往复活塞式、螺杆式、滑片式、隔膜式压缩机，轴流压缩机和离心压缩机；

3）离心泵、井用泵、隔膜泵、计量泵、混流泵、轴流泵、旋涡泵、螺杆泵、齿轮泵、转子式泵、潜水泵、水轮泵、水环泵、往复泵。

（3）对整体出厂的风机搬运和吊装时，绳索不得捆缚在转子和机壳上盖及轴承上盖的吊耳上。

（4）为保证试运转的安全性，规定轴流通风机启动后调节叶片时，电流不得大于电动机的额定电流值；轴流通风机运行时，严禁停留于喘振工况内。（第 2.3.6 条第 3 款为强制性条文）

（5）压缩机安装前的清洗和检查，是安装时必须严格进行的常规项目，各零部件的材质和工作机理对清洗工作的要求非常严格。清洗检查时，应督促施工单位采取劳动保护、防火、防毒、防爆等安全措施。为避免引起设备爆炸，压缩机或压力容器内部严禁使用明火查看。（第 3.1.1 条第 5 款为强制性条文）

（6）对防爆通风机除应符合相应类型的风机安装要求外，尚应符合下列要求：

1）转动件和相毗邻的静止件不应产生碰擦；外露传动件加的防护罩应固定牢固和可靠接地，其接地电阻不应大于规定值，且与传动件不应产生碰擦。

2）防爆通风机所配备的防爆型电机及其附属电器部件，应符合现行国家标准《爆炸性环境用防爆电气设备》GB 3836 的有关规定。

（7）对轴流式消防排烟通风机，其电动机动力引出线应有耐高温隔离套管或采用耐高温电缆。

五、电子工程监理主要相关标准规范概述

（一）电子工程建设标准体系的总体构成

电子工程建设标准体系由综合标准、电子工业工程建设标准和电子系统工程建设标准三部分组成。电子工业工程建设标准和电子系统工程建设标准按标准属性分为基础标准、专业（系统）通用标准和专业（系统）专用标准三类子标准。内涵如下：

基础标准，包括术语、符号、计量单位、图形、基本分类、基本原则等。

专业（系统）通用标准，适用于本专业的通用性标准。

专业（系统）专用标准，是适用于某一具体对象的标准。

电子工程建设标准体系纵向按照工程建设的程序排列，包括：勘察、规划、设计、施工、安装、验收、运营维护及管理等。

(二) 电子工程建设标准简要介绍

1. 电子工程建设综合标准

电子工程建设综合标准包括管理、环境、安全卫生和节能等方面，主要标准见表1-3。

电子工程建设综合标准　　表1-3

标准名称	主要内容	编号或备注
电子工程建设标准管理规定	电子工程建设标准编制的管理体制、组织等规定	在编
电子工程环境保护设计规范	电子工程建设项目环境保护准则，预防、消除、或限制各类污染物对人和环境影响的措施	在编
电子工业职业安全卫生设计规范	为保障生产安全和职工的安全、卫生，在项目选址、选择工艺与设备、生产安全等方面的具体规定	GB 50523—2010
电子工程节能设计规范	电子工程建设项目各专业应采取的相关节能技术措施	GB 50710—2011

2. 电子工业工程建设标准

电子工业工程包括电子元件、半导体器件、显示器件、电子终端产品、电子专用材料等领域的科研、生产和系统联试等所需的工艺环境、建筑和配套设施的建设，涵盖了勘察、规划、设计、施工、安装及验收等阶段。电子工业工程建设除了采用国家有关房屋建筑和工业建筑相关专业的标准外，还需要大量具有电子工业工程特色、与国际接轨的工艺环境技术、净化空调技术、高纯水技术、高纯气及大宗气体技术、防微振技术等工程建设标准，见表1-4。

电子工业工程建设标准　　表1-4

标准名称	主要内容	备注
电子工业工程建设术语	工程建设规划、咨询、设计、项目管理及承包等方面的术语和词语	在编
电子工业工程设计文件编制深度规定	一般设计要求，各专业设计和措施等要求	修订
电子工业洁净厂房设计规范	规定了洁净厂房总体设计、工艺设计、洁净建筑、空气净化、高纯水、高纯气体、高纯化学品、给水排水、电气设计、生命安全系统、噪声控制、微振控制、静电防护与接地等各专业的设计要求	GB 50472—2008
洁净室施工及验收规范	总则、建筑装饰、净化空调系统、高纯物质供应系统、给水排水、电气设施、生命安全系统、噪声治理设施、防微振、静电防护和工程验收的程序、内容和标准等	GB 50591—2010
微电子生产设备安装工程施工及验收规范	集成电路和薄膜液晶等微电子工艺设备的安装及验收要求	GB 50467—2008
电子工业纯水系统设计规范	纯水指标、工艺流程、设备与材料质要求、站房选址与设计要求、火灾危险性类别、废水处理等	GB 50685—2011

续表

标准名称	主 要 内 容	备 注
电子工业纯水系统安装与验收规范	电子工业纯水系统安装与验收要求	在编
电子工业气体纯化系统设计规范	气体纯化系统的各专业设计要求	在编
电子工业特种气体系统设计规范	特殊气体装置与管道以及生命安全系统的设计要求	
氢气站设计规范	总平面布置、工艺系统、设备选择、工艺布置、建筑结构、电气及仪表控制、防雷及接地、给水排水及消防、采暖通风、氢气管道等	GB 50177—2005
氢气加氢站设计规范	加氢站的各专业设计要求	
废弃电器电子产品处理工程设计规范	废弃电子电器产品处理厂设计、施工验收及运营管理规定；废弃电子电器产品的接收、贮存和运输规定；废弃电子电器产品的拆解、处理、处置工程建设及设施要求	GB 50678—2011
电波暗室工程技术规范	电波暗室的及施工及验收规定	
电子工业防微振工程技术规范	电子工业工程防微振设计、振动测试分析以及防微振工程施工和验收规范	
电子工程防静电设计规范	防静电环境质量标准和防静电措施	GB 50611—2010
防静电地面施工及验收规范	防静电地面的施工和验收标准	SJ/T 31469—2002
建筑物电子信息系统防雷技术规范	建筑物电子信息系统防雷设计、施工及验收要求	GB 50343—2004

3. 电子系统工程建设标准

电子系统工程是指以电子产品构成的应用系统为主体的建设或改造项目，近年来电子系统工程在我国建设项目中所占的比例越来越大，电子系统工程已经成为许多大、中型建设项目的重要组成部分，电子系统性能与其安装、使用环境建设的关系越来越密切。

电子系统工程建设从工程过程角度包括工程地质勘察、工程设计、施工和验收等阶段；从工程管理角度包括项目管理、质量管理和风险管理等。从工程技术角度讲，不同的电子系统或设备因其自身的特点，对其安装、使用的环境有特定的技术要求，对工程的建设过程也需要相应的规范。

电子系统工程建设标准体系包括：雷达专业、无线电导航专业、计算机信息系统专业、音频视频专业、天线馈线专业、遥控遥测专业和工业自动控制专业。

(1) 雷达工程建设标准

雷达工程建设标准，见表 1-5。

雷达工程建设标准 **表 1-5**

标准名称	主要内容	备注
雷达名词术语	雷达名词术语	GB/T 3784—1983
电气简图用图形符号	电气简图用图形符号	GB/T 4728
电气设备用图形符号	电气设备用图形符号	GB/T 5465
船用导航雷达电气及机械安装要求	船用导航雷达电气及机械安装要求	GB/T 14555—1993

(2) 无线电导航工程建设标准

无线电导航专业包括航空近程导航系统、飞机着陆引导系统（仪表着陆系统（ILS）、微波着陆系统（MLS））、卫星导航系统、空中交通管制卫星导航系统等，主要标准见表1-6。

无线电系统工程建设标准 **表 1-6**

标准名称	主要内容	备注
导航术语	导航术语	
航空无线电导航台和空中交通管制雷达站设置场地规范	航空无线电导航台和空中交通管制雷达站设置场地的要求。	MH/T 4003—1996
航空无线电导航站电磁环境要求	无线电导航站台对周围电磁波的要求。	GB 6364—1986
仪表着陆系统选址要求	仪表着陆系统地面设备（包括航向信标台、下滑信标台和指点信标台）的设置地点和场地环境要求。	SJ 20837—2002

(3) 计算机应用系统工程建设标准

与计算机应用系统工程相关的标准有以下几个方面：

1) 基础标准：词汇、图形符号、字符集和编码、中文通用标准、电子数据交换（EDI）等。

2) 软件和软件工程标准：软件工程标准、软件工程过程、软件工程方法、软件工程工具、程序设计语言、软件质量及测试认证、应用支撑软件标准、操作系统、数据库、多媒体和图形图像、地理、气象、水文等。

3) 计算机网络标准：协议标准、设备标准。

4) 计算机设备和接口标准：主机、外设、存储设备及媒体、总线与接口、耗材等。

5) 系统安全：物理安全、设备安全、场地安全、信息安全标准、密码算法标准、信息安全技术标准、信息安全管理标准等。

6) 其他标准：可靠性标准、环境标准、电磁兼容标准。

计算机应用系统工程建设标准，见表1-7。

计算机应用系统工程建设标准 **表 1-7**

标准名称	主要内容	备注
信息技术　词汇　第1部分　基本术语	计算机信息处理领域相关的概念、术语、定义，并明确这些条目之间的关系	GB/T 5271.1—2000
数据处理　词汇　第20部分　系统开发	计算机及信息处理系统生成周期，需求分析、系统设计、质量保证等方面的概念术语和简明定义等内容	GB/T 5271.20—1994

续表

标准名称	主 要 内 容	备 注
软件工程术语	软件开发、使用维护、科研、教学和出版等方面的相关术语	GB/T 11457—95
电子数据交换术语	电子数据交换所用的基本术语及定义	GB/T 14915—94
电子信息系统机房设计规范	电子信息系统机房的位置及设备布置、环境要求、建筑与结构、空气调节、电气技术、电磁屏蔽、网络布线、机房监控与安全防范、给水排水、消防等	GB 50174—2008
电子信息系统机房施工及验收规范	电子信息系统机房各专业施工安装、综合测试、工程质量验收与交接要求等	GB 50462—2008
电子信息系统机房环境检测标准	电子信息系统机房环境检测标准	在编
电子会议系统工程施工与质量验收规范	电子会议系统工程施工与质量验收要求	在编

（4）音视频工程建设标准

音视频系统工程涵盖扩声系统、电子会议系统、电视会议系统、特殊实验室、有线电视系统、大屏幕显示系统和应用电视系统工程等。在电子行业信息化应用水平不断提高的今天，音视频技术已经深入政务、电信、交通、教育、金融、娱乐等众多领域，从听觉和视觉方面为人类提供更加直接、便利的信息。音视频技术的发展也从模拟时代进入到了网络数字时代。

扩声系统工程已经制定和正在修订的标准有：《厅堂扩声特性测量方法》、《厅堂、体育场馆扩声系统听音评价方法》、《厅堂扩声系统设计规范》、《体育馆声学设计及测量规程》、《厅堂、体育场馆扩声系统验收规范》等。视频系统工程类已有标准：《民用闭路监视电视系统工程技术规范》、《有线电视系统工程技术规范》、《电视和声音信号的电缆分配系统》、《有线电视广播系统技术规范和彩色电视图像质量主观评价方法》等，主要标准见表1-8。

视频工程建设标准 **表1-8**

标准名称	主 要 内 容	备 注
扩声系统的图符代号及制图规则	建设工程领域扩声系统中的图形、符号和制图统一规则	WH-T 19—2003
电视和声音信号的电缆分配系统图形符号	建设工程领域电视和声音信号的电缆分配系统中的图形、符号统一规则	SJ 2708—1986
音频、视频和视听设备及系统词汇	建设工程领域视听、视频系统中的符号、标识统一规则	GB/T 9002—1996
应用电视术语	建设工程领域应用电视系统中术语的名称、对应的英文名称、定义或解释	GB/T 15466—1995
声学名词术语	声学和有关声学的常用的和基础的名词、术语的解释以及对应的英文名称	GB T 3947—1996

续表

标准名称	主 要 内 容	备 注
民用建筑隔声设计规范	各类民用建筑隔声技术设计的原则、要求和实现方法	GBJ 118—88
厅堂、体育场馆扩声系统设计规范	厅堂、体育场馆扩声系统工程设计的原则、要求和实现方法	
厅堂、体育场馆扩声系统验收方法	厅堂、体育场馆扩声系统工程验收的原则、要求和实现方法	
厅堂扩声系统声学特性指标	厅堂扩声系统声学特性指标	GYJ 25—86
厅堂扩声特性测量方法	厅堂扩声系统声学特性测量方法	GB/T 4959—95
有线电视系统工程技术规范	有线电视系统工程设计、施工和验收的原则、要求和实现方法	GB 50200—94
有线电视广播系统技术规范	有线电视广播系统工程设计、施工和验收的原则、要求和实现方法	GY/T 106—96
30MHz～1GHz 声音和电视信号的电缆分配系统：验收规则	30MHz～1GHz 声音和电视信号的电缆分配系统验收的原则、要求和实现方法	SJ 2846—1988
共用天线电视系统设计安装调试验收规程	共用天线电视系统工程设计安装调试验收的原则、要求和实现方法。	川 Q1037—1987
市县级有线广播电视网设计规范	市县级有线广播电视网系统工程验收的原则、要求和实现方法	GY 5063—1998
民用闭路监视电视系统工程技术规范	民用闭路监视电视系统设计、施工和验收的依据、原则和实现方法	GB 50198—2011
剧场建筑设计规范	剧场建筑工程设计的依据、原则和实现方法	JGJ/57—2000
体育馆声学设计及测量规程	体育馆声学设计及测量的原则、要求和实现方法	JGJ/T 131—2000，J42—2000
扩声、会议系统安装工程施工及验收规范	各类厅、堂和公共建筑的扩声、会议系统安装工程施工及验收	GY 5055—2008

(5) 天线馈线工程建设标准

随着我国电子工业的迅猛发展，天线馈线工程作为电子设备重要且特殊的组成部分，已在雷达、通信、导航、遥感、遥测遥控等领域越来越广泛地使用，天线的类型也随着技术的发展和应用范围的扩展不断增加，典型的如抛物面天线、相控阵天线、短波、超短波通信的螺旋天线、振子天线、缝隙天线等，主要标准见表 1-9。

天线馈线工程建设标准 **表 1-9**

标 准 名 称	主 要 内 容	备 注
天线术语	天线系统的基本术语	QJ 1947—1990
电视和调频声广播接收天线术语、分类、主要性能、通用技术要求	电视和调频声广播线极化接收天线的术语定义、分类、主要性能和通用技术要求	SJ/T 2561—1984
国内卫星通信地球站天线（含馈源网络）和伺服系统设备技术要求	地球站天线（含馈源网络）和相应伺服系统的技术要求	GB/T 12401—1990

续表

标 准 名 称	主 要 内 容	备 注
卫星通信地球站无线电设备测量方法		GB/T 1129—1989
天线测试方法	天线馈线系统的电性能指标测试、验收要求	SJ/T 2534.1～16
航天天线测试方法	航天天线测试方法	QJ 1729A—1996
雷达天线分系统性能测试方法 增益	雷达天线分系统性能测试方法 增益	GJB 3262—1998
雷达天线分系统性能测试方法—方向图	雷达天线分系统性能测试方法—方向图	GJB 3310—1998
航天电子电气产品安装通用技术条件	天线馈线系统安装技术标准	
导弹天线安装要求	天线馈线系统安装技术标准	
军用地面雷达通用技术条件 验收规则	天线馈线工程的验收标准	
邮政通信设备安装工程验收规范	邮政通信设备安装工程验收规范	YD 5052—1998

六、《洁净室施工及验收规范》GB 50591—2010

（一）主要内容

本规范有17章、8个附录，其中强制性条文8条。

（二）强制性条文

（1）产生化学、放射、微生物等有害气溶胶或易燃、易爆场合的观察窗，应采用不易破碎爆裂的材料制作。

（2）在回、排风口上安装有高效过滤器的洁净室及生物安全柜等设备，在安装前应用现场检漏装置对高效过滤器扫描检漏，并应确认无漏后安装。回、排风口安装后，对非零泄露边框密封结构，应再对其边框扫描检漏，并确认无漏；当无法对边框扫描检漏时，必须进行生物学等专门评价。

（3）当在回、排风口上安装动态气流密封排风装置时，应将正压接管与接嘴牢靠连接，正压表应安装于排风装置近旁目测高度处。排风装置中的高效过滤器应在装置外进行扫描检漏，并应确认无漏后再安入装置。

（4）当回、排风口通过的空气含有高危险性生物气溶胶时，在改建洁净室拆装其回、排风过滤器前必须对风口进行消毒，工作人员人身应有防护措施。

（5）用于以过滤生物气溶胶为主要目的、5级或5级以上洁净室或者有专门要求的送风末端高效过滤器或其末端装置安装后，应逐台进行现场扫描检漏，并应合格。

（6）医用气体管道安装后应加色标。不同气体管道上的接口应专用，不得通用。

（7）可燃气体和高纯气体等特殊气体阀门安装前应逐个进行强度和严密性试验。管路系统安装完毕后应对系统进行强度试验。强度试验应采用气压试验，并应采取严格的安全措施，不得采用水压试验。当管道的设计压力大于0.6MPa时，应按设计文件规定进行气压试验。

（8）生物安全柜安装就位之后，连接排风管道之前，应对高效过滤器安装边框及整个滤芯面扫描检漏。当为零泄漏排风装置时，应对滤芯面检漏。

（三）主要的分项工程

建筑结构、建筑装饰、风系统、气体系统、水系统、化学物料供应系统、配电系统、自动控制系统、设备安装、消防系统、屏蔽设施、防静电设施。

1. 建筑结构

本章条目 11 条，规定了洁净室结构施工和验收要求。要点有：

（1）洁净室宜采用清水混凝土精细施工，应随捣随抹光，一次性达到建筑设计标高。

（2）砌体施工质量控制等级应满足现行国家标准《砌体结构工程施工质量验收规范》GB 50203—2011 要求。

2. 建筑装饰

本章条目 46 条，规定了洁净室地面、墙面、吊顶、门窗工程以及各种管线、照明灯具、净化空调设备、工艺设备等与建筑结合部位缝隙密封作业的施工和验收要求。

3. 风系统

本章条目 77 条，规定了洁净室风管系统制作、安装等工序的施工和验收要求。要点有：

（1）洁净室风系统施工安装应遵循不产尘、不积尘、不受潮和易清洁的原则。

（2）以成品供货的风管应包装运输，并应具有材质、强度和严密性的合格证明，非金属风管应提供防火及卫生检测合格证明。

（3）风系统管材制作应有专用场地，其房间应清洁，已封闭。工作人员应穿干净工作服和软性工作鞋。

（4）卷筒板材或平板材在制作时应使用无毒性的中性清洗液并用清水将表面清洗干净，应无镀锌层粉化现象。不覆油板材可用约 40℃的温水清洗，晾干后应用不掉纤维的长丝白色纺织材料擦拭干净。

（5）不锈钢板材焊接时，焊缝处应用低浓度的清洁剂擦净。

（6）风管和部件制作完毕应擦拭干净，并应将所有开口用塑料膜包口密封。

（7）风管和部件应在安装时拆卸封口，并应立即连接。当施工停止或完毕时，应将端口封好，若安装时封膜有破损，安装前应将风管内壁再擦拭干净。

（8）擦拭风管内表面应采用不掉纤维的长丝白色纺织材料。

（9）风阀、消声器等部件安装时应清除内表面的油污和尘土。

（10）风管安装人员应穿戴清洁工作服、手套和工作鞋。

（11）送风末端过滤器或送风末端装置应在系统新风过滤器与系统中作为末端过滤器的预过滤器安装完毕并可运行、对洁净室空调设备安装空间和风管进行全面彻底清洁、对风管吹 12h 之后安装。

（12）空吹完毕后应再次清扫、擦净洁净室，然后立即安装亚高效过滤器或高效过滤器或带此种过滤器的送风末端装置。

（13）送风末端过滤器或其送风末端装置不得在安装前拆下包装。

（14）5 级以下以过滤非生物气溶胶为主要目的的洁净室的送风过滤器或其末端装置安装后应现场进行扫描检漏，检漏比例不得低于 25%。扫描高效过滤器现场检漏方法可按附录 E 的方法执行。

（15）高效和亚高效过滤器安装过程中，室内不得进行带尘、产尘作业，安装完毕后应用塑料膜将出风面封住，暂时不上扩散板等装饰件。

4. 气体系统

本章条目 25 条，规定了洁净室气体系统（包含工作压力一般不高于 1MPa 洁净的和高纯的永久气体、特种气体、医用气体、可燃气体、惰性气体）输送管道以及真空管道等的施工与验收要求。要点有：

（1）气体系统管道材质及附件的选用应与洁净室洁净度等级和输送气体性质相适应。

（2）成品管外包装和相应管端头的管帽、堵头等封闭措施应有效、无破损。

（3）氧气管道及附件，安装前应按相关规定方法进行脱脂，脱脂应在远离洁净室的地点进行，并做好操作人员的安全和换进保护工作。

（4）不锈钢管道应按现行国家标准《现场设备、工业管道焊接工程施工规范》GB 50236 的要求采用氩弧焊接连接，焊接时管内应充氩气保护，直至焊接、吹扫、冷却完毕后停止充气。

（5）穿过维护结构进入洁净室的气体管道，应设套管，套管内管材不应有焊缝或接头，管材与套管间应用不燃材料填充并密封，套管两端应有不锈钢盘型封盖。

（6）高纯气体管道的安装，除应符合以上有关条款外，还应符合下列规定：

1）经脱脂或抛光处理的不锈钢管，安装前应采取保护措施防止二次污染。

2）管道预制、分段组装作业，不得在露天环境中进行。

3）分段预制或组装的管段完成后两端应用膜、板等封闭。

4）高纯气体管道为无缝钢管时，应采用成插式硬钎焊焊接。焊接紫铜管时应按现行国家标准《磷铜钎料》GB/T 6418 要求选用磷铜钎料；焊接紫铜与黄铜时宜按现行国家标准《银基钎料》GB 10046 要求，选用 HL304 含银量为 50％的银基钎料。管内应通入与工艺气体同等纯度的氮气作为保护气体并吹除，不宜用沾水纺织材料擦拭。

5）高纯气体管道如无法避免用螺纹连接时，宜在铜与铜、铜与铜合金附件外螺纹上均匀挂锡，非氧气管道宜采用聚四氟乙烯带缠绕管口螺纹。

6）不锈钢管、铜管应冷弯，弯管半径宜大于等于 5 倍管材外经，管壁不得起皱。

7）高纯气体管道为聚偏二氟乙烯（PVDF）管时，应采用自动或半自动热焊机焊接连接。两管对接面错边不应大于 1mm。不同壁厚的管子不得对焊，热焊接连接时应采取保护环境和人员安全的措施。

8）管道系统支架间距应小于普通气体管道的支架间距，并应采用吊架、弹簧支架、柔性支撑等固定方式。应按现行国家标准《工业金属管道工程施工规范》GB 50235 的要求在不锈钢与碳钢支架之间垫入不锈钢或氯离子含量不超过 50×10^{-6}（50ppm）的非金属垫层。

9）洁净室内高纯气体与高干燥气体管道应为无坡度敷设，不考虑排水功能，终端应设放气管。

（7）气体管道各项试验合格后，应使用与洁净室洁净度级别匹配的洁净无油压缩空气或高纯氮气吹扫管内污物，吹扫气流流速应大于 20m/s，直至末端排出气体在白纸上无污痕为合格。

（8）管道吹扫合格后，应再以实际输送的气体，在工作压力下，对管道系统进行吹除，应无异常声音和振动为合格。输送可燃气体的管道在启用之前，应用惰性气体将管道内原有气体置换。

5. 水系统

本章条目 24 条，规定了洁净室的工艺用水系统、空调用水系统和局部生活用水系统的给水与排水系统的施工与验收要求。要点有：

(1) 洁净区的给水管道应涂上醒目的颜色，或用挂牌方式注明管道内水的种类、用途、流向等。

(2) 纯水和高纯水管道、管件、阀门安装前应清除油污和进行脱脂处理。

(3) 纯化水与高纯水管道、管件的预制、装配工作应在洁净环境内进行，工作人员应穿洁净工作服，戴手套上岗。

(4) 纯化水与高纯水管件安装前后和停顿工作时，应充高纯惰性气体保护并应以洁净塑料袋封口，一旦发现封袋破损应及时检查处理。

(5) 纯水、高纯水管道系统压力试验合格后，应在系统运转前进行自来水冲洗，冲洗速度宜大于 2m/s，直至冲洗前后水质相同。冲洗后应再用 10％双氧水进行后级循环消毒 4h 以上，然后用反渗透处理的水冲洗直至前后水质符合设计要求。

6. 化学物料供应系统

本章条目 11 条，规定了洁净室中使用的具有爆炸性、易燃性、剧毒性和腐蚀性的酸、碱、有机溶剂等化学物料储存供应设备、输送系统管路的安装施工及验收要求。

7. 配电系统

本章条目 15 条，规定了洁净室配电系统线路与设备装置的施工及验收要求。要点有：

(1) 洁净区用电线路与非洁净区线路应分开敷设；主要工作（生产）区与辅助工作（生产）区线路应分开敷设；污染区线路与洁净区线路应分开敷设；不同工艺要求的线路应分开敷设。

(2) 穿过维护结构的电线管应加设套管，并用不收缩、不燃烧材料将套管封闭。进入洁净室的穿线管口应采用无腐蚀、不起尘和不燃材料封闭。有易燃易爆气体的环境，应使用矿物绝缘电缆，并应独立敷设。

(3) 洁净室所用 100A 以下的配电设施与设备安装距离不应小于 0.6m，大于 100A 时不应小于 1m。

(4) 洁净室的配电盘（柜）、控制显示盘（柜）、开关盒宜采用嵌入式安装，与墙体之间的缝隙应采用气密构造，并应与建筑装饰协调一致。

(5) 配电盘（柜）、控制盘（柜）的检修门不宜开在洁净室内，如必须设在洁净室内，应为盘、柜安装气密门。

(6) 盘（柜）内外表面应平滑，不积尘、易清洁，如有门，门的关闭应严密。

(7) 洁净环境灯具宜为吸顶安装。吸顶安装时，所有穿过吊顶的孔眼应用密封胶密封，孔眼结构应能克服密封胶收缩的影响。当为嵌入式安装时，灯具应与非洁净环境密封隔离。单向流静压箱底面上不得有螺栓、螺杆穿过。

(8) 洁净室内安装的火灾检测器、空调温度和湿度敏感元件及其他电气装置，在净化空调系统试运行前，应清洁无尘。在需经常用水清洗或消毒的环境中，这些部件、装置应采取防水、防腐蚀措施。

8. 自动控制系统

本章条目 18 条，规定了洁净室的自动控制系统的施工验收要求。要点有：

(1) 直接安装在管道上的设备、仪表，宜在管道吹扫后和压力试验前安装，当必须与管道同时安装时，在管道吹扫前应将其拆下。

(2) 仪表盘、柜、操作台安装时应将其内外擦拭清洁，相临两盘、柜、台之间的缝隙应不大于 2mm，并密封。

(3) 洁净室自控设备管线的施工应满足建筑装饰的要求，应可随时进行清洁处理。

9. 设备安装

本章条目 44 条，规定了净化设备、生物安全柜、工艺设备、空调及冷热源设备的施工和验收要求。要点有：

(1) 设备在现场开箱之前，应在较清洁的环境内保存，并应注意防潮。

(2) 设备应在指定的非受控环境拆除外包装（生物安全柜除外），但不得拆除、损坏内包装。设备内包装应在搬入口前室的受控环境中先按从顶部至底部方向采用净化吸尘器吸尘、清洁后再拆除。设备的外层包装膜应按从顶部到底部的顺序剥离。

(3) 设备运到现场拆开内包装，应核查装箱文件、配件、设备外观，并应填写开箱验收记录，然后应向监理工程师报验。设备开箱检查完毕后应立即开始安装。

(4) 有风机的净化设备当其风机底座与箱体软连接时，搬运时应将底座架起固定，就位后放下。

(5) 净化设备安装应在建筑内部装饰和净化空调系统施工安装完成，并进行全面清扫、擦拭干净之后进行，但与维护结构相连的设备或其排风、排水管道必须与围护结构同时施工时，与围护结构应圆弧过渡，曲率半径不应小于 30mm，连接缝应采用密闭措施，做到严密清洁。

(6) 设备或其管道的送、回、排风（水）口在设备或其管道安装前。

(7) 安装后至洁净室投入运行前应封闭。

(8) 带风机的气闸室或空气吹淋室与地面之间应垫隔振层，缝隙应用密封胶密封。

(9) 带风机的层流罩直接安装在吊顶上时，其箱体与吊顶板接触部位应有隔振垫等防振措施，缝隙应用密封胶密封。

(10) 凡有风机的设备，安装完毕后风机应进行试运行，试运行时叶轮旋转方向应正确，试运行时间按设备的技术文件要求确定，当无规定时，不应少于 1h。

(11) 安装空调设备时应对设备内部进行清洗、擦拭、除去尘土、杂物和油污。

10. 消防系统

本章条目 19 条，规定了防排烟系统、防火门窗、应急照明及疏散指示标志的施工和验收要求。要点有：

消防应急标志灯和照明灯宜采用嵌入式安装并与安装面平齐，四周应密封。

11. 屏蔽设施

本章条目 22 条，规定了屏蔽室的施工和验收要求。

12. 防静电设施

本章条目 34 条，规定了各种防静电地面和管道系统防静电设施的施工和验收要求。

13. 工程检验

本章条目 36 条，规定了洁净室工程调试、工程验收、使用验收时的检验和委托方

（用户）要求的单项性能测定，以及日常例行检验和监测施工验收要求。要点有：

(1) 检验时洁净室的占用状态区分如下：工程调整测试应为空态，工程验收的检验和日常例行检验应为空态或静态，使用验收的检验和监测应为动态。当有需要时也可请建设方（用户）和检验方协商确定检验状态。

(2) 工艺设备运行而无人的静态检验，适用于自动操作、自动生产和不需要人或不能有人在场的稳定环境。

(3) 工艺设备不运行且无人的静态检验，适用于现场为手动操作、管理的环境。

(4) 测洁净度级别时检验人员应保持最低数量，必须穿洁净工作服，测微生物浓度时必须穿无菌服、戴口罩。测定人员应位于下风向，尽量少走动。

(5) 检验报告包括委托检验报告和鉴定检验报告，报告中应包括被检验对象的基本情况即建设方（用户）、施工方、施工时间、竣工时间和占用状态，还应包括检验机构名称、检验人员、检验仪器名称、检验仪器编号和标定情况、检验依据和检验起止时间，根据需要提出的意见和解释，给出符合或不符合规范要求的结论。如检验方法对标准方法有偏差或增减，检验报告应对偏差、增减以及特殊条件作出说明。

14. 验收

本章条目27个，规定了洁净室分项验收、竣工验收和性能验收要求。要点有：

(1) 洁净室验收应按工程验收和使用验收两方面进行，洁净室的工程验收应按分项验收、竣工验收和性能验收三阶段进行。

(2) 竣工验收应包含设计符合性确认、安装确认和运行确认。

(3) 安装确认后应进行空态或静态条件下的运行确认，因进行带冷（热）源的系统正常联合试运转，并不应少于8h。系统中各项设备部件和自动控制环节联动运转应协调，动作正确，无异常现象。

(4) 联合试运转的记录应有施工方负责人签名，运行确认应由建设方或监理方对联合试运转结果进行确认。

(5) 应通过洁净室综合性能全面评定进行性能检验和性能确认，并应在性能确认合格后实现性能验收。

(6) 综合性能全面评定检验进行之前，应对被测环境和风系统再次全面彻底清洁，系统应连续运行12h以上。

(7) 综合性能检验应有建设方委托有工程质检资质的第三方承担。

(8) 当建设方要求进行洁净室使用验收时，应有建设方、施工方协商制定使用验收方案，在“工艺全面运行，操作人员在场”的动态条件下由建设方组织进行。

七、《电子信息系统机房施工及验收规范》GB 50462—2008

（一）主要内容

本规范有14章、9个附录，其中强制性条文5条。

(1) 对改建、扩建工程的施工，需改变原建筑结构时，应进行鉴定和安全评价，结果必须得到原设计单位或具有相应设计资质单位的确认。

(2) 正常状态下外露的不带电的金属物必须与建筑物等电位网连接。

(3) 管道防火阀和排烟防火阀必须具有产品合格证及国家主管部门认定的检测机构出

具的性能检测报告。

(4) 管道防火阀和排烟防火阀的安装应牢固可靠、启闭灵活、关闭严密。阀门的驱动装置动作应正确、可靠。

(5) 电磁屏蔽室屏蔽效能的检测应由国家认可的机构进行；检测的方法和技术指标应符合现行国家标准《电磁屏蔽室屏蔽效能测量方法》GB/T 12190 的有关规定或国家相关部门制定的检测标准。

(二) 主要分项工程

供配电系统、防雷接地系统、空气调节系统、给水排水系统、综合布线监控与安全防范系统、消防系统、室内装饰装修、电磁屏蔽。

1. 供配电系统

本章条目 27 个，规定了机房供配电系统电气装置、配线敷设、照明装置和施工验收要求。要点有：

(1) 开关、插座应按设计位置安装，接线应正确、牢固。不间断电源插座应与其他电源插座有明显的形状或颜色区别。

(2) 隐蔽空间内安装电气装置时应留有维修路径和空间。

(3) 特种电源配电装置应有永久的、便于观察的标志，并应注明频率、电压等相关参数。

(4) 蓄电池组的安装应符合设计产品及产品技术文件要求。蓄电池组重量超过楼板载荷时，在安装前应按设计采取加固措施。对于含有腐蚀性物质的蓄电池，安装前应采取防护措施。

(5) 电缆敷设前应进行绝缘测试，并应在合格后敷设。机房内电缆、电线的敷设，应排列整齐、捆扎牢固、标志清晰，端接处长度应留有适当富余量，不得有扭绞、压扁、和保护层断裂等现象。在转弯处，敷设电缆的弯曲半径应符合规定。电缆接入配电箱、配电柜时，应捆扎规定，不应对配电箱产生额外应力。

(6) 隔断墙内穿线管与墙面板应有间隙，间隙不宜小于 10mm。安装在隔断墙上的设备或装置应整齐固定在附加龙骨上，墙板不得受力。

(7) 电缆桥架、线槽和保护管的敷设应符合设计要求和现行国家标准有关规定。在活动地板下敷设时，电缆桥架或线槽底部不宜紧贴地面。

(8) 供配电系统分项工程主要检查内容见表 1-10。

供配电系统分项工程主要检查内容 **表 1-10**

序号	检查内容
1	电气装置、配件及其附属技术文件是否齐全
2	电气装置的型号、规格、安装方式是否符合设计要求
3	线缆的型号、规格、敷设方式、相序、导通性、标志、保护等是否符合设计要求，已经隐蔽的应检查相关的隐蔽工程记录
4	照明装置的型号、规格、安装方式、外观质量及开关动作的准确性与灵活性是否符合设计要求

(9) 供配电系统分项工程主要测试内容见表 1-11。

供配电系统分项工程主要测试内容　　表 1-11

序号	测 试 内 容
1	电气装置与其他系统的联锁动作的正确性、响应时间及顺序
2	电线、电缆及电气装置的相序的正确性
3	电线、电缆及电气装置的电气绝缘值应符合要求
4	柴油发电机组的启动时间，输出电压、电流及频率
5	不间断电源的输出电压、电流、波形参数及切换时间

2. 防雷与接地系统

本章条目 13 个，规定了防雷与接地装置、接地线和施工验收要求。要点有：

(1) 电子信息系统机房应进行防雷与接地装置和接地线的安装及验收。

(2) 电子信息系统机房防雷与接地系统施工及验收除应执行本规范外，尚应符合现行国家标准《建筑物电子信息系统防雷技术规范》GB 50343 和《建筑电气工程施工质量验收规范》GB 50303 的有关规定。

(3) 浪涌保护器安装应牢固，接线应可靠。安装多个浪涌保护器时，安装位置、顺序应符合设计和产品说明书的要求。

(4) 接地线不得有机械损伤；穿越墙壁、楼板时应加装保护套管；在有化学腐蚀的位置应采取防腐措施；在跨越建筑物伸缩缝、沉降缝处，应弯成弧状，弧长宜为缝宽的 1.5 倍。

(5) 接地端子应做明显标记，接地线应沿长度方向用油漆刷成黄绿相间的条纹进行标记。

(6) 接地线的敷设应平直、整齐。转弯时，弯曲半径应符合规定。接地线的连接宜采用焊接，焊接应牢固、无虚焊，并应进行防腐处理。

(7) 防雷与接地系统分项工程主要的验收检测内容见表 1-12。

防雷与接地系统分项工程主要的验收检测内容　　表 1-12

序号	测 试 内 容
1	检查接地装置的结构、材质、连接方法、安装位置、埋设间距、深度及安装方法应符合设计要求
2	对接地装置的外露接点应进行外观检查，已封闭的应检查施工记录
3	验证浪涌保护器的规格、型号应符合设计要求，检查浪涌保护器安装位置、安装方式应符合设计要求或产品安装说明书的要求
4	检查接地线的规格、敷设方法及其与等电位金属带的连接方法应符合设计要求
5	检查等电位联接金属带的规格、敷设方法应符合设计要求
6	检查接地装置的接地电阻值应符合设计要求

3. 空气调节系统

本章条目 28 个，规定了空调设备安装、风管制作和施工验收要求。要点有：

(1) 电子信息系统机房的空气调节系统应包括分体式空气调节系统设备与设施的安装、风管与部件制作及安装、系统调试及施工验收。

(2) 电子信息系统机房其他空气调节系统的施工及验收，应按现行国家标准《通风与空调工程施工质量验收规范》GB 50243 的有关规定执行。

（3）施工验收

空气调节系统施工验收内容及方法应按现行国家标准《通风与空调工程施工质量验收规范》GB 50243 的有关规定执行。

施工交接验收时，施工单位提供的文件除应符合规范规定外，尚应提交《空调系统测试记录表》。

4. 给水排水系统

本章条目 13 个，规定了机房内给水和排水管道系统的施工与验收要求。要点有：

（1）给水排水系统应包括电子信息系统机房内的给水和排水管道系统的施工及验收。

（2）电子信息系统机房给水与排水的施工及验收，除应执行本规范外，尚应符合现行国家标准《建筑给水排水及采暖工程施工质量验收规范》GB 50242 的有关规定。

（3）施工验收

给水管道应做压力试验，试验压力应为设计压力的 1.5 倍，且不得小于 0.6MPa。空调加湿给水管应只做通水试验，应开启阀门、检查各连接处及管道，不得渗漏。

排水管应只做通水试验，流水应畅通，不得渗漏。

施工交接验收时，施工单位提供的文件除应符合《建筑给水排水及采暖工程施工质量验收规范》GB 50242 第 3.3.3 条的规定外，还应提交管道压力试验报告和检漏报告。

5. 综合布线

本章条目 14 个，规定了机房内的线缆敷设、配线设备和接插件的安装与验收要求。要点有：

（1）综合布线应包括电子信息系统机房内的线缆敷设、配线设备和接插件的安装与验收。

（2）综合布线施工及验收除应执行本规范外，尚应符合现行国家标准《建筑与建筑群综合布线系统工程验收规范》GB/T 50312 的有关规定。

（3）保密网布线的施工单位与人员的资质应符合国家有关保密的规定。

（4）综合布线工程施工验收主要内容见表 1-13。

综合布线工程施工验收主要内容 **表 1-13**

序号	验收内容	序号	验收内容
1	配线柜的安装及配线架的压接	4	线缆的标识
2	走线架、槽的安装	5	系统测试
3	线缆的敷设		

（5）综合布线系统检测，应包括表 1-14 所列内容。

综合布线系统主要检测内容 **表 1-14**

序号	检测内容
1	检查配线柜的安装及配线架的压接
2	检查走线架、槽的规格，型号和安装方式
3	检查线缆的规格、型号、敷设方式及标识
4	进行电缆系统电气性能测试和光绳系统性能测试，各项测试应做详细记录，并应填写《电缆及光缆综合布线系统工程电气性能测试记录表》

（6）施工验收

施工交接验收时，施工单位提供的文件除应符合规范规定外，尚应提交《电缆及光缆综合布线系统工程电气性能测试记录表》。

6. 监控与安全防范

本章条目27个，规定了机房内的监控与安全防范系统的安装与验收要求。要点有：

（1）电子信息系统机房内的监控与安全防范应包括环境监控系统、场地设备监控系统、安全防范系统的安装与验收。

（2）环境监控系统应包括对机房正压、温度、湿度、漏水报警等环境的监视与测量。

（3）场地设备监控系统应包括对机房不间断电源、精密空调、柴油发电机、配电箱（柜）等场地设备的监视、控制与测量。

（4）安全防范系统应包括视频监控系统、入侵报警系统和出入口控制系统。

（5）监控与安全防范系统工程施工及验收除应执行规范外，尚应符合现行国家标准《建筑电气安装工程施工质量验收规范》GB 50303 和《安全防范工程技术规范》GB 50348 的有关规定。

（6）监控与安全防范系统施工验收主要内容见表1-15。

监控与安全防范系统施工验收主要内容　　表1-15

序号	验收内容
1	设备、装置及配件的安装
2	环境监控系统和场地设备监控系统的数据采集、传送、转换、控制功能
3	入侵报警系统的入侵报警功能、防破坏和故障报警功能、记录显示功能和系统自检功能
4	视频监控系统的控制功能、监视功能、显示功能、记录功能和报警联动功能
5	出入口控制系统的出入目标识读功能、信息处理和控制功能、执行机构功能

系统检测应按规范进行，并应填写《监控与安全防范系统功能检测记录表》。

施工交接验收时，施工单位提供的文件除应符合规范规定外，尚应提交《监控与安全防范系统功能检测记录表》。

7. 消防系统

本章条目3个，规定了机房内的火灾自动报警与消防联动系统的安装与验收要求。要点有：

（1）火灾自动报警与消防联动控制系统施工及验收应符合现行国家标准《火灾自动报警系统施工及验收规范》GB 50166 的有关规定。

（2）气体灭火系统施工及验收应符合现行国家标准《气体灭火系统施工及验收规范》GB 50263 的有关规定。

（3）自动喷水灭火系统施工及验收应符合现行国家标准《自动喷水灭火系统施工及验收规范》GB 50261 的有关规定。

8. 室内装饰装修

本章条目51个，规定了机房室内装饰装修的施工与验收要求。要点有：

(1) 电子信息系统机房室内装饰装修应包括吊顶、隔断、地面处理、活动地板、内墙和顶棚及柱面处理、门窗制作安装及其他作业的施工及验收。

(2) 室内装饰装修施工宜按由上而下、从里到外的顺序进行。

(3) 室内环境污染的控制及装饰装修材料的选择应按现行国家标准《民用建筑工程室内环境污染控制规范》GB 50325 的有关规定执行。

(4) 各工种的施工环境条件应符合施工材料说明书的要求。

(5) 施工验收:

1) 吊顶、隔断墙、内墙和顶棚及柱面、门窗以及窗帘盒、暖气罩、踢脚板等施工的验收内容和方法，应符合现行国家标准《建筑装饰装修工程质量验收规范》GB50210 的有关规定。

2) 地面处理施工的验收内容和方法，应符合现行国家标准《建筑地面工程施工质量验收规范》GB 50209 的有关规定。防静电活动地板的验收内容和方法，应符合国家现行标准《防静电地面施工及验收规范》SJ/T 31469 的有关规定。

3) 施工交接验收时，施工单位提供的文件应符合规范规定。

9. 电磁屏蔽

本章条目 26 个，规定了机房电磁屏蔽工程的施工与验收要求。要点有:

(1) 电子信息系统机房电磁屏蔽工程的施工及验收应包括屏蔽壳体、屏蔽门、各类滤波器、截止通风波导窗、屏蔽玻璃窗、信号接口板、室内电气、室内装饰等工程的施工和屏蔽效能的检测。

(2) 安装电磁屏蔽室的建筑墙地面应坚硬、平整，并应保持干燥。

(3) 屏蔽壳体安装前，围护结构内的预埋件、管道施工及预留空洞应完成。

(4) 施工中所有焊接应牢固、可靠；焊缝应光滑、致密，不得有熔渣、裂纹、气泡、气孔和虚焊。焊接后应对全部焊缝进行除锈防腐处理。

(5) 安装电磁屏蔽室时不宜与其他专业交叉施工。

(6) 电磁屏蔽施工验收:

1) 验收应由建设单位组织监理单位、设计单位、测试单位、施工单位共同进行。

2) 验收应按规范内容进行，并应填写《电磁屏蔽室工程验收表》。

3) 电磁屏蔽室屏蔽效能的检测应由国家认可的机构进行；检测的方法和技术指标应符合现行国家标准《电磁屏蔽室屏蔽效能测量方法》GB/T 12190 的有关规定或国家相关部门制定的检测标准。

4) 检测后应填写《电磁屏蔽室屏蔽效能测试记录表》。

5) 电磁屏蔽室内的其他各专业施工的验收均应按规范中有关施工验收的规定进行。

6) 施工交接验收时，施工单位提供的文件除应符合规范规定外，还应提交《电磁屏蔽室屏蔽效能测试记录表》和《电磁屏蔽室工程验收表》。

10. 综合测试

本章条目 22 个，规定了机房各方面综合测试要求。要点有:

(1) 电子信息系统机房综合测试条件应符合规范要求。

(2) 测试项目和测试方法应符合现行国家标准《电子计算机场地通用规范》GB/T 2887 的有关规定。电子信息系统机房综合测试要求，见表 1-16。

电子信息系统机房综合测试要求　　表 1-16

内　容	测试仪器符合下列要求	检　测　方　法
温度、湿度	温度测试仪表的分辨率应为0.5℃； 相对湿度测试仪表的分辨率应为3%	测点布置的面积不大于50m² 时，应按规范要求布置，每增加20～50m² 应增加3～5个测点。测点距地面应为0.8m，距墙不应小于1m，并应避开送回风口处
空气含尘浓度	测试仪器应为尘埃粒子计数器，流量在0.1ctm时，分辨率应为1粒	测点布置应符合规范规定
照度	测试仪器应为照度计，量程在20/200/2000lx时，分辨率应为1lx	在工作区内应按2～4m的间距布置测点。测点距墙面应为1m，距地面应为0.8m
噪声	测试仪器应为声级计，量程在30～130dB时，分辨率应为0.1dB	测点布置，在主要操作员的位置上距地面应为1.2～1.5m
电磁屏蔽	屏蔽效能的检测方法应按现行国家标准《屏蔽室屏蔽效能测量方法》GB/T 12190或建设单位所指定国家相关部门制定的检测方法执行	

11. 工程竣工验收与交接

本章条目8个，规定了机房各方面综合测试要求。要点有：

(1) 各项施工内容全部完成并已自检合格后，施工单位应向建设单位提出工程竣工验收申请报告。

(2) 工程竣工验收应由建设单位组织设计单位、施工单位、监理单位、消防及安全等部门进行。

(3) 电子信息系统机房工程竣工验收，应按现行国家标准《建筑工程施工质量验收统一标准》GB 50300划分分部工程、分项工程和检验批，并应按检验批、分项工程、分部工程顺序依次进行。

(4) 电子信息系统机房工程文件的整理归档和工程档案的验收与移交，应符合现行国家标准《建设工程文件归档整理规范》GB/T 50328的有关规定。

(5) 竣工验收的程序与内容

竣工验收应进行综合测试，并应按规范填写《电子信息系统机房综合测试记录表》。

施工单位应提交需审核的竣工资料。竣工资料应包括下列内容：

现场验收应按规范内容进行，并应符合现行国家标准《建筑工程施工质量验收统一标准》GB 50300的有关规定。参加验收的单位在检查各种记录、资料和检验电子信息系统机房工程的基础上对工程质量应做出结论，并应按附录J填写《工程质量竣工验收表》。

参与竣工验收各单位代表应签署竣工验收文件，建设单位项目负责人与施工单位项目负责人应办理工程交接手续。

八、《微电子生产设备安装工程施工及验收规范》GB 50467—2008

微电子生产设备多数为微细加工设备，对储运、搬运、安装、动力配置、工艺环境控制的要求都有别于通用设备和其他专用设备。微电子生产设备的安装工程质量直接影响微电子产品的质量和产量，进而影响电子整机的质量和使用寿命。

（一）主要内容

本规范有5章、5个附录，其中强制性条文8条。

（1）生产设备、电气配管、氨气配管、氧气配管的接地必须与专用接地线可靠连接。

（2）当微电子生产设备的生产和安装同时进行时，二次配管配线应符合下列规定：

1）施工中进行焊接等产烟明火作业时，必须取得建设单位签发的动火许可证及动用消防设施许可证。

2）生产区与安装区之间应采取临时隔离措施。

3）垂直作业时，应采取安全隔离措施，并应设置危险警示标志。

4）洁净度等级高于等于5级的洁净室（区）的人员密度不应大于0.1人/m²，洁净度等级低于5级的洁净室（区）的人员密度不应大于0.25人/m²。

（3）管子从在用配管连接到新安装设备时，必须从一次配管上预留阀门后接至设备相应接口，严禁在一次配管上新开三通接管。

（4）管子从停用配管连接到新安装设备时，应排尽阀后所有管内介质，其中可燃、易爆和助燃介质应排至室外安全场所。

（5）二次配管工作压力不小于0.1MPa的管道应进行压力试验。其中可燃、易爆和助燃性气体管道应进行气密性试验；气密性试验合格后，再次拆卸过的管道必须再次做气密性试验。

（6）二次配管压力试验开始时应测量试验温度，试验温度严禁接近材料脆性转变温度。

（7）输送介质为可燃、易爆和助燃的管道应采用惰性气体进行冲（吹）洗，冲（吹）洗气体的纯度不应低于管网输送介质的纯度。

（8）经返修后仍不能满足安全使用和性能要求的分项工程不得进行验收。

（二）施工条件要求

（1）设备中转库及储存场所：应满足特定的温湿度要求，应清洁、干燥、通风，有效空间高度、门的高度及宽度能满足单体设备最大外包装箱搬入的要求，地面平整且能满足叉车搬运最重设备的荷载要求。

（2）设备储存要求：宜按行、列有序排列，严禁倒置，堆叠高度不得超过4.5m，并应留有设备出库时叉车的通道；存放设备数量多时，宜绘制设备放置平面图，在图上应标出设备名称、型号及存放位置编号；小型精密设备应存放在器材架上；严禁存放腐蚀、易燃、易爆物品，严禁火种接近。

（3）生产设备安装应具备下列文件：

1）生产设备平面布置图。

2）设备清单及设备装箱单。

3）设备搬运路线图。

4）建设单位或设备制造商提供的设备安装、运行、维护技术文件及设备安装技术参数。

5）设备防微振基础、独立基础制作图。

6）活动地板承载能力参数及设备搬运路径上固定地板承载能力参数。

7）生产设备二次配管配线图。

8）施工组织及施工方案。

（4）安装生产设备前洁净厂房应空态验收合格，空调系统应连续正常运行 24h 以上，且照明系统正常工作。

（5）人员净化室应启用，并应有专人按洁净厂房管理制度进行管理。

（6）施工人员应经净化厂房设备安装作业培训，并应取得进入洁净区的通行证。

（7）起重工、焊工、电工等特殊工种应按有关规定持证上岗。

（三）施工准备

（1）微电子生产设备安装工艺流程应符合规范要求，工作流程见图 1-2。

（2）施工人员进入洁净区应在更衣室穿好洁净服、洁净鞋，并应戴好内置式安全帽、

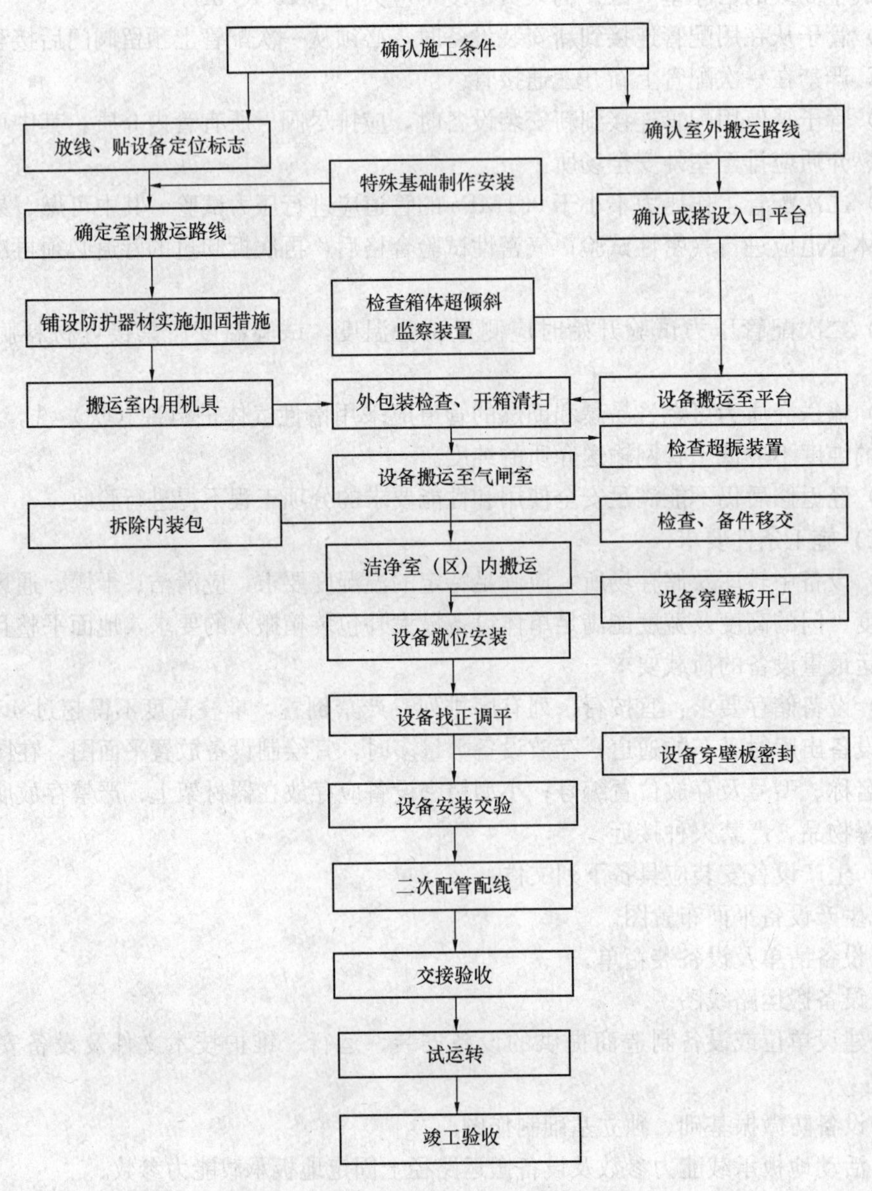

图 1-2　微电子生产设备安装工程施工流程

一次性洁净口罩和一次性洁净手套，经风淋后进入洁净区，严禁从物流通道进入，进出洁净区流程应符合规范要求，进出洁净区流程见图 1-3。

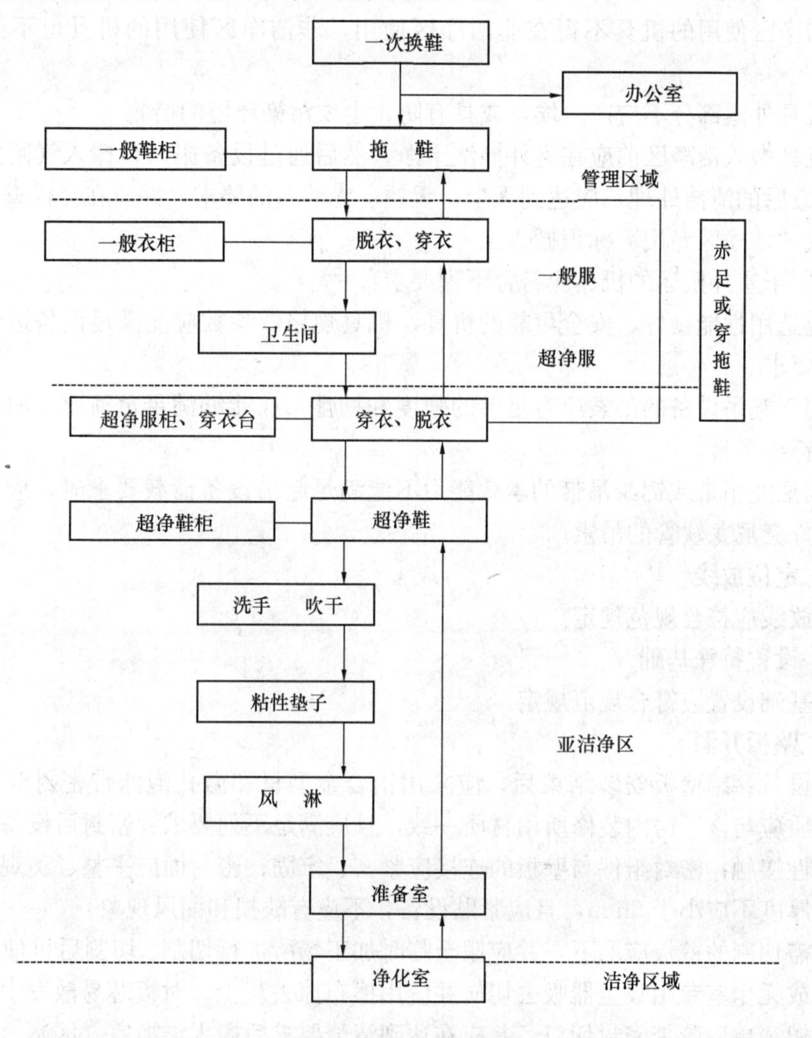

图 1-3　进出洁净区流程

(3) 临时设备搬入平台的搭建应符合规范规定。

(4) 用于洁净室（区）安装设备的材料应符合下列规定：

1) 应无尘、无锈、无油脂，且在使用过程中不应产尘埃。

2) 设备垫板应按设计或设备技术文件要求制作。若无要求时，可用不锈钢板制作；对重量轻、无需调节水平度的非精密设备，也可采用厚度不小于 6mm 的硬 PVC 板制作。

3) 不锈钢膨胀螺栓应有产品合格证书；不锈钢化学锚固螺栓除应有产品合格证书外，还应有使用说明书。

4) 用于制作独立基础和地板加固的碳钢型材应经过热镀锌处理。

5) 用于嵌缝的弹性密封材料的化学成分应经建设单位批准，材料应有注明成分、品种、出厂日期、储存有效期和施工方法的说明书及产品合格证书，不得使用过期产品。

6) 用于管道氩弧焊的保护气体、压力试验的气体以及用于管道吹扫的气体，其纯度不得低于管网本底输送气体的纯度。

（5）用于洁净区安装的机具应符合下列要求：

1）洁净区使用的机具不得在非洁净区使用，非洁净区使用的机具也不得在洁净区使用。

2）机具外露部分不应产生尘埃，或具有防止尘埃污染环境的措施。

3）机具搬入洁净区前应在室外擦洗干净，然后通过设备搬入口搬入气闸室或相当的场所进行最后的清洁处理，应达到无尘、无锈、无油垢的要求，并应在经检查合格后贴上“洁净”或“洁净区专用”标识搬入。

（6）用于室外搬运的机具应符合下列要求：

1）应选用性能良好、安全可靠的机具，机具规格、参数应能满足设备运输负荷及外形尺寸的要求。

2）用于起吊设备的吊索应有足够的强度和韧性，在能够满足负荷要求时，应采用尼龙吊带或锦纶吊带。

3）当尼龙吊带或锦纶吊带的承载能力不能满足起吊设备荷载要求时，应采用较柔软的钢丝绳外套尼龙软管的吊索。

（四）定位放线

定位放线应符合规范规定。

（五）设置特殊基础

特殊基础设置应符合规范规定。

（六）壁板开洞

（1）设备穿越壁板安装结束后，应采用铝合金型材和微孔泡沫带密封壁板洞口的缝隙，其材质应与该厂房内装修所用材质一致，且应满足下列要求：密封后设备与密封组件之间应柔性接触；密封组件与壁板的连接应紧密、牢固；密封面应平整、美观；微孔泡沫密封带的厚度不应小于5mm，且应紧贴设备，不应有缺损和漏风现象。

（2）需切割的壁板应取下，并应搬至临时加工场所进行切割。切割后可使用中央真空清扫系统或无尘室专用吸尘器吸去切屑并应用擦布擦去灰尘。对板芯易散发尘埃的壁板应先用洁净铝箔单面胶带密封切口，并应在达到清洁要求后搬入洁净室（区）。

（七）室外搬运

（1）设备搬运前，建设方、发包方和承包方的责任人员应共同对设备进行检查和确认，对设有监视倾斜装置的箱体还应检查装置是否出现异常，检查后应做好设备开箱检查记录。

（2）设备自厂区中转库或临时存放点至设备搬入平台的室外搬运，应符合下列规定：

1）室外搬运道路应平坦、畅通。

2）吊车支脚不得立在道路外的虚土上，支脚下应无暗沟、埋地管线。

3）捆绑吊索应按箱体上标示的位置进行。

4）使用机械从集装箱深处取出较重设备时，宜采用低速卷扬机将设备拖至箱口，再用叉车取出。

5）用叉车搬运设备时，全过程应平稳，不得产生冲击现象，设备距路面高度应确保不触及路面障碍。

6）用汽车运输时，起步、停车时不得出现冲击现象，不得采用急刹车，车速应均匀，行进应平稳。

7）用手动液压搬运车搬运设备时，起步、停车应缓慢，行车速度应均匀，不得产生太大的振动；两侧应有搬运人员全程扶持和监视设备位移。

8）超精密设备应采用恒温恒湿运输车运输，装卸应迅速，在厂房设备搬入口取出后应迅速搬入洁净室（区），并应符合规范有关规定。

9）遇雨、雪及风力五级以上天气时不得进行室外搬运作业。

10）当搬运设备过程中遇雨、雪时应中止搬运，并应用防雨布保护设备。

（八）设备开箱及吊装

（1）设备开箱应有建设方、设备制造厂家、发包方和承包方的责任人员共同参加，进口设备还应有海关商检代表参加。

（2）设备开箱拆除外包装应在设备搬入平台上进行，且应完整保留内包装。

（3）设备开箱应使用专用开箱器械按开箱程序进行，不得用大锤敲击箱体，在不了解箱体内部情况时不得将撬杠等器械插入箱内，拆下的包装材料应及时收集运离现场。

（4）拆除设备外包装箱后，应及时检查内包装是否完好，对有监视振动装置的精密设备应及时检查其装置，并应填表记录。如发现异常情况还应立即进行影像记录。

（5）设备内包装宜在气闸室拆除。拆除前应先用中央真空清扫系统或无尘室专用吸尘器、洁净布清除内包装表面的尘埃。拆除内包装后，应立即由参加开箱的各方代表共同进行设备的检查和清点，并应填表记录。经检查无异常的设备应迅速搬入洁净室（区）就位。当发现异常时应及时做影像记录并提出处理意见。

（6）在拆除内包装后的作业过程中不得损坏设备的表面及密封面。

（九）室内搬运

（1）设备从搬入平台经气闸室至洁净室（区）安装就位的搬运，应符合下列规定：

1）洁净厂房设备搬入口的尺寸应满足最大件设备搬入要求，入口位置宜靠近最大、最重设备安装处，选用入口数量宜少。

2）沿搬运路线的墙壁、墙角、门框应临时敷设3mm厚的硬PVC板保护，当采用5mm厚的胶合板时应采取防止尘埃产生和扩散的措施。

3）在活动地板上用手动液压搬运车搬运设备时，宜在搬运路线的地板上铺2mm厚的PVC透明软板；也可先铺塑料薄膜后，再铺设3mm厚不锈钢板或4～5mm厚合金铝板。

4）当搬运设备重量超过活动地板的承载能力时，应根据现场实际情况制订加固方案，并应经建设单位确认后加固。加固方案应满足下列要求：加固材料应为不产尘材料；严禁破坏和改变原结构；不得在洁净室（区）采取焊接的方式进行加固；加固过程中不可避免产生微量尘埃时，应在作业前作好围护，在作业时应用中央真空清扫系统或无尘室专用吸尘器清除尘埃；当加固结构妨碍空气垂直层流流型时，应在设备搬运完成后拆除。

5）设备搬入期间所有房门应为关闭状态，在设备搬入过程中，需通过某一门时，可开启该门，设备通过后应立即关闭。当无闭门器时，人员出入应随手关门。

6）厂房设备搬入口的门应只在设备进出的短时间内开启，设备通过后应立即关闭。迎风大于3级时应启用防风门帘，迎风大于5级时应中断作业。

(2) 室内搬运较轻或普通设备时宜采用手动液压搬运车，起步、停放应缓慢，行车速度应均匀，不得产生冲击、振动现象，不得碰撞壁板、门框及其他设施。

(3) 搬运重大、精密设备时，宜采用气垫搬运装置，且应满足规范要求。

(十) 设备安装就位

(1) 在自流坪地面安装设备时，对地面的保护措施应按规范规定执行。

(2) 在活动地板上吊装设备应编制吊装技术方案。

(3) 设备在基础或地板上的固定方法应符合设备技术文件或规范规定。

(4) 需吊装就位的设备，宜采用龙门架、手动葫芦等起重装置。龙门架支脚应设置荷重分散板，并应核对活动地板的承载能力，活动地板的承载能力不能满足要求时应进行加固，加固应按规范规定执行。

(5) 设备定位的基准面、基准线或基准点，对安装基准线的平面位置允许偏差应符合规定。

(6) 设备找正调平的测量基准面、基准线或基准点，应符合设备技术文件或规范规定。

(7) 设备找正调平的基准面、基准线或基准点确定后，设备找正、调平应在选定的测量位置上进行测量，复查、检验时不得改变原测量的基准位置。

(8) 设备找正调平的水平度或铅垂度应符合设备技术文件的要求。

(十一) 二次配管配线

(1) 二次配管配线包括下列内容：

1) 从各种给水、排水系统的一次管道至设备接口之间的配管。

2) 从各种大宗气体系统的一次管道至设备接口之间的配管。

3) 从各种排风、排气系统的一次管道至设备接口之间的配管。

4) 从生产动力终端配电盘至设备电源接口之间的配管配线。

(2) 设备二次配管配线作业应在设备找正调平并验收合格后进行。

(3) 二次配管的主材应符合设计要求。当设计有规定时应按设计采用垫料、填料等辅材；当设计无规定时应采用符合工艺要求、密封性能好、不产尘的垫料、填料等辅材。

(4) 用于二次配管的管材、管件、阀门应有产品合格证及材质证明书，自出厂至安装地点的储运应采用符合气体纯度要求的双层密封包装。

(5) 配管预制作业应在专用的洁净小室内进行，加工件应经洁净处理后搬入洁净室(区) 进行安装。洁净小室的洁净度等级不应低于5级。

(6) 二次配管配线应按施工图施工，管线排列应整齐、美观，走向应合理，维修应方便，不得在设备操作面布设管线。

(7) 当管线穿越吊顶、壁板、地板需开洞时，开洞位置应避开梁、柱、主龙骨、风口。活动地板的管线洞口边线与单块活动地板边沿的距离应大于40mm。开洞应用开孔器，严禁凿或火焰切割。开洞过程中应用中央真空清扫系统或洁净室专用吸尘器不间断地吸除切屑及粉尘。

(8) 管线安装完成后，可采用不锈钢、铝、硬PVC或镀锌密封件封堵洞口空隙，并应用硅胶密封。

(9) 碳钢支架、吊架应采用镀锌材料，切割端面应作防锈处理，安装应牢固可靠，管卡应与管子直径相匹配；不锈钢管与碳钢支架、管卡之间应分别设置隔离垫和隔离套管，隔离垫宜用软质聚四氟乙烯板，套管宜用聚乙烯软管。

（10）从上技术夹层引下的管线，应敷设在生产设备附近的管道竖井内。无竖井时应增设竖井，井壁宜用C形钢做框架，框架应外贴装饰不锈钢板，面板上可安装电气插座、开关箱及气体快速接头。

（11）输送大宗气体、非腐蚀性溶剂的不锈钢管，当采用焊接连接时，应采用钨极氩弧自动焊，钨极氩弧自动焊使用的保护气体纯度应符合规范规定。

（12）进行二次配管配线时，不得在洁净室（区）内进行锯、锉、钻、凿等产尘作业。

（十二）二次配管压力试验

（1）压力试验介质应采用气体，不得采用水压试验，并应符合下列规定：

1）非可燃气体、无毒气体管道的试验介质可采用与一次管网相同的气体或惰性气体。

2）可燃、易爆和助燃性气体管道试验介质应采用惰性气体。

3）试验气体纯度不得低于一次管网气体的纯度。

（2）二次配管气压试验的试验压力应符合下列规定：

1）管道设计压力不大于0.6MPa时，试验压力应为设计压力的1.15倍。

2）管道设计压力大于等于0.6MPa时，应按设计文件规定试压，并应采取安全措施。

3）真空管道试验压力应为0.2MPa。

（3）二次配管压力试验开始时应测量试验温度，试验温度严禁接近材料脆性转变温度。

（4）进行压力试验时应缓慢升压，达到0.2MPa时应暂停升压，并应进行检查，无异常后可继续缓慢升压到试验压力，稳压10min后应将压力降到设计压力。应用中性发泡剂检查，无损坏、无泄漏应判为合格。

（5）气密性试验可在压力试验后连续进行，试验压力应为设计压力，试验时间应持续24h。应用中性发泡剂检查，并应重点检查阀门填料函、法兰及螺纹连接处，无压降、无泄漏应判为合格。

（6）泄漏性试验可结合吹洗一并进行，试验压力应为设计压力，并应重点检查阀门填料函、法兰及螺纹连接处，无泄漏应判为合格。

（7）当设计文件规定以卤素、氦气或其他方法进行泄漏性试验时，应符合现行国家标准《氦泄漏检验》GB/T 15823及相关的技术规定。

（8）二次配管压力试验完成后应脱开设备用惰性气体进行冲（吹）洗。冲（吹）洗气体的纯度不应低于管网输送介质的纯度。除输送介质为可燃、易爆和助燃的管网外，可用管网输送的介质进行冲（吹）洗。

（9）输送介质为可燃、易爆和助燃的管道应采用惰性气体进行冲（吹）洗，冲（吹）洗气体的纯度不应低于管网输送介质的纯度。

（10）二次配管施工完成后，应进行质量检验，并填表记录。

（十三）单机调试及试运转

（1）设备单机调试及试运转应在设备安装和二次配管配线完成，并应经检验合格后进行。设备单机调试及试运转应由建设单位组织实施。当设备安装与单机调试非同一安装单位时，单机调试应由生产厂或供货方进行；当设备安装与单机调试为同一安装单位时，单机调试应由施工单位进行。

(2) 设备试运转应具备下列条件：

1) 设备安装完毕，验收合格。

2) 设备所需各种气体动力配管配线已与设备接通，各种介质的各项参数（包括纯度）符合设备使用要求。

3) 给水、排水、排气、排风已与设备接通。

4) 电气线路相位正确，接线端子连接牢固、可靠，绝缘电阻测试合格。

5) 接地正确，连接牢固、可靠。

6) 房间洁净度、温湿度、照度指标测试合格。

7) 室内各项安全设施和消防设施满足使用要求，且运行正常。

(3) 典型国产集成电路生产设备单机试运转及验收，应按规范的要求进行。进口设备应按设备采购合同技术服务条款执行。

(十四) 工程验收

(1) 微电子生产设备安装工程验收分为交接验收与竣工验收。

(2) 微电子生产设备二次配管配线工程完成后，应对各系统进行检验，合格后应进行交接验收。

(3) 设备交接验收应按每台设备的安装工程及每台设备的配管配线工程各划为一个检验批，并按设备安装工程及设备配管配线工程各划为一个分项工程进行设备交接验收。

(4) 交接验收应在下列阶段进行：

1) 设备找正、调平后，进行设备安装交接验收。

2) 设备配管配线完成后，进行配管配线交接验收。

(5) 交接验收时安装单位应提交下列资料：

1) 微电子生产设备安装工程施工合同。

2) 主要材料合格证或质量保证书。

3) 设备开箱检查记录。

4) 设备安装检验批质量记录及分项工程质量验收记录。

5) 设备配管配线检验批质量记录及分项工程质量验收记录。

6) 管道焊接检验记录。

7) 设备二次配管压力试验、冲（吹）洗记录。

8) 竣工图及设计变更文件。

9) 工程质量事故处理记录。

10) 设备随机技术文件。

(6) 微电子生产设备安装工程质量主控项目，应按表 1-17 的要求和方法检查。

微电子生产设备安装工程质量主控项目　　表 1-17

主控项目	要　求	检 验 方 法
设备安装的平面坐标位置	应符合设计要求	对照图纸用钢尺检查
垫板安装位置	应准确、接触应紧密、无松动现象	目测和用小榔头轻击垫板检查
防位移、防倾倒的压板设置方向	应正确、紧固牢靠	对照设备安装使用说明书目测和用小榔头轻击压板检查

续表

主控项目	要　求	检　验　方　法
特殊基础上平面不平度、安装水平度	应符合要求，调整水平度的螺脚均应与垫板紧密接触	用水平尺和塞尺测量基础上平面不平度；用水平仪测量基础水平度，抽拉垫板检查接触紧密度
设备安装的水平度、垂直度	应符合设备安装使用说明书的要求	用水平仪测量
二次配管的管材、阀门	应符合设计要求，并应有产品合格证和产品质量证明书	查看设计图纸、产品合格证和产品质量证明书
管线布置和走向	应符合设计要求	对照图纸检查
管道的对接	焊缝处及曲管处严禁焊接支管；焊缝距起弯点、支吊架边缘应大于50mm	目测或尺量
管道支吊架间距	应符合设计要求	观察或尺量
二次配管压力试验	应符合规范的合格要求	查看试验记录
二次配管冲（吹）洗	应按规范规定进行，并应用洁净白绸布检查，无污染物应判为合格	查看记录
二次配线的电线电缆规格、型号	应符合图纸要求；绝缘、相序应符合设备技术文件或现行国家标准的有关规定	对照图纸检查，用相应电压等级的兆欧表检查
接地连接	应正确可靠，并应符合现行国家标准的有关规定	目测或测试电阻

（7）微电子生产设备安装工程质量一般项目，可按表1-18的要求和方法检查。

微电子生产设备安装工程质量一般项目　　表1-18

一般项目	要　求	检　验　方　法
设备安装用的垫板表面	应无尘无油，每组不应超过3块	观察或用白绸布擦拭检查
设备跨壁板安装的密封	应严密	目测，必要时进行夜间漏光检查
防微振基础周围与活动地板之间	应柔性接触，嵌入的柔性胶条应牢固	目测与手触检查
管道坡度	应符合设计规定	用水准仪测量
管材、附件和阀门用螺纹连接	螺纹应清洁规整、无断丝乱丝；镀锌件的镀锌层应无损伤、无锈斑；螺纹接口填料应无外露	目测
法兰连接	1）对接应同心、平行、紧密并与管中心垂直；衬垫的材质应符合设计要求，且不应超过1层； 2）螺栓露出螺母的长度应一致，宜为露出3个螺距	目测
不锈钢管与碳钢支吊架、管卡之间的隔离	应无遗漏	目视
阀门安装	1）型号、规格应符合设计要求； 2）进出口方向应正确； 3）手轮朝向应合理	对照图纸检查型号、规格，目测检查安装的正确性

(8) 微电子生产设备交接验收后应进行单机试运转。经调试、试运转，达到设备技术指标后应进行竣工验收。

(9) 设备安装工程竣工验收时，调试单位应提供每台设备的单机试运转记录。

(10) 验收组应对微电子生产设备安装工程的所有工程内容进行全面审核、检查，检查时应做好记录，各项指标符合设计要求应判为合格。审查内容应包括设备安装、配管配线和设备技术指标。

(11) 验收组应对工程质量进行评价，并应提出验收结论，参加验收各单位代表签字。

(12) 微电子生产设备安装工程验收合格后，应竣工验收。

(十五) 相关表格

参见《微电子生产设备安装工程施工及验收规范》GB 50467—2008。

第二章　机电安装工程监理重点

第一节　机械工程监理重点

一、机械工厂的组成和特点

（一）机械工厂的分类

按照国家统计局有关产业划分的规定，我国的机械制造业划分为通用机械、专业机械、交通运输、电器机械及器材，仪器仪表及文化办公机械。可细分为重型、矿山、电工、通用、工程、电力、食品、轻工、纺织、冶金、有色金属、建材、石油、石化、化工、机床、工具、农业、市政、环保、煤炭、交通、港口、铁道、船舶、军工、林业等机械制造。

目前我国机械工厂大致上分为以下几种类型：

（1）按照产品分类的专业生产厂；

（2）按地区、行业集中组织的工艺专业化生产厂；

（3）基础零部件专业生产工厂。

（二）机械工厂部门划分

典型机械工厂大体上可根据其生产功能在厂部和各职能部门下划分成6种部门：生产部门、辅助生产部门、仓储运输部门、公用部门、管理部门、设计开发部门。近年来，也有一些大型企业是按纵向的组织系统来决定部门组成的，即在厂长（总经理）下设几个管理系统，各系统下设车间或部门，一般包括：生产系统、设备动力系统、供应系统、销售系统、设计开发系统、质量保证系统、行政管理系统。

在机械工厂中，不论是按部门还是按系统划分来组织生产，其生产车间的组织形式一般可划分为两种：

一种以部件为基础组织生产，如变速箱车间、发动机车间、油缸车间、履带车间、驾驶室车间等。这种组织形式，特别适用于大批大量类型的生产。

另一种组织形式是以相同工艺来组织车间，如炼钢车间、铸造车间、锻工车间、焊接车间、热处理车间、机械加工车间、涂装（表面处理）车间、装配车间等。这种组织形式是目前机械行业，特别是重型矿山行业所采用的普遍形式，它适用于多品种的单件小批生产，这种组织形式有利于采用成组技术，提高设备负荷。

在机械工厂建设过程中，监理工程师必须根据不同工厂的不同特点，对建设项目进行组织、协调、监督、控制和服务。

（三）机械工厂的特点

一般机械工厂中，机械加工、装配、机修、工具、模具、包装等属一类工作环境。锻压、冲压、铸造、热处理、焊接、涂装、电镀等车间属二类工作环境。在二类工作环境的车间中，其显著特点是生产设备庞大、能源消耗量大、工作环境差等。其车间行车吨位大（如在重型机械工厂中，行车吨位高达600t以上）；设备基础复杂，公用系统配套要求高。因此本节重点介绍二类机械工厂的一些不同特点。

机械工厂二类工作环境车间的特点大致有以下几点：

1. 起重设备吨位大、级差范围广

机械工厂二类工作环境车间的起重设备吨位一般都较大且级差范围广（一类工作环境中的金工、装配车间的起重设备吨位也较大）。一般的机械工厂视不同类型其起重设备从0.5t到数百吨不等。如在一般的摩托车厂、轻工机械厂、机床厂、工具厂等工厂中，起重设备的吨位一般在30t以下。在汽车厂、拖拉机厂、工程机械厂、推土机厂、挖掘机厂、装载机厂、起重机厂、叉车厂等工厂中，起重设备的吨位一般最大不超过150t。在建筑机械厂、机车车辆厂、煤矿机械厂、石油机械厂等机械工厂中，起重设备的吨位最大也不超过300t。而在重型机械设备厂、矿山机械厂工厂中，最大起重设备的吨位已达到750t。

另外，在机械工厂二类工作环境车间中，其起重设备还应根据不同的专业用途选用相应的起重设备。如铸造专用起重机、热处理淬火起重机、涂装防爆起重机等。

2. 设备种类多，安装要求不同

二类机械工厂或车间类涉及的设备较多，如冶炼设备、造型设备或造型线、制芯设备或制芯线、落砂设备、加热设备、锻造设备、涂装设备或涂装线、起重设备、电镀设备等等。故执行的安装与验收规范不同，大多数设备往往工作中有振动、烟尘、废水、废气产生，对厂房材料、基础、地面、环保等方面都提出了较高要求，尤其是生产线的安装和调试更是一项系统性非常高的工作。

3. 基础类型多，尺寸大，结构复杂

在机械工厂中，车间内部有各种特殊构筑物（如各种混凝土平台、斗、坑、沟、柜）和各单项设备的基础、预埋件、预留孔等。对冶炼设备及一些附属特构往往还有防水防爆等特殊要求。对厂房基础有影响，在这些特殊构筑物的建设过程中，监理工程师应根据其不同特点进行严格控制。如：

（1）车间内部隔断、小屋（如车间变电室、试验室、泵房、辅助间等）与厂房柱有关的平台、阁楼、地坑、地沟、烟道、烟囱等坐标位置、大小、标高、深度、形式等是否符合要求。

（2）各种地面轨道及车间内各个区域的地面荷重及对地坪的要求是否合理。

（3）各种设备的基础资料是否齐全（要注意如炉子、机床、造型机、混砂机等设备的基础荷重、振动情况及有关参数、地脚螺栓的位置、数量、受力情况或预留孔尺寸及深度等）。

（4）地沟、地坑等是否满足要求（如坐标位置、数量、深度、人孔、扶梯、栏杆及其内部安装设备的预埋件或预留孔、底面荷重、防水、耐火等特殊要求）。

（5）斗、台特构是否符合要求（如铸造车间、砂处理平台及斗子、冲天炉加料机平台、皮带机及斗式提升机等的坐标位置、各层标高、荷重、柱距、台面安装设备的预埋件、预留孔等）。

4. 公用系统配套要求高，管线种类多，安装复杂机械工厂的公用系统配套要求高，有燃料（电、天然气等）、水、压缩空气、蒸汽、各种气体（氧气、乙炔等）、通风、消防、采暖等管线等。各种管线相互间位置与间距要求，支吊架尤其是固定支吊架、伸缩节安装要求，各类管线与厂房柱墙、起重设备、生产设备、门窗等都产生不同程度的关系。

二、机械工程中特殊土建工程监理重点

机械工程中特殊土建工程一般指特殊设备基础和有特殊要求的建筑地面等。特殊设备基础，主要是大型设备深基坑基础、振动较大的设备基础以及高精度加工设备基础；其结构形式主要有（1）大块式；（2）墙式；（3）构架式。其他还有薄壳式、箱式和地沟式等形式。特殊要求地面主要指耐腐蚀要求较高的地面，如电镀及酸洗车间，以及耐磨要求较高的地面，如履带式工程机械总装线地面等，下面重点介绍特殊设备基础。

（一）机械设备或设备振动对现有厂房结构的影响

（1）厂房内设有不大于 10Hz 的低频机械，其不平衡扰力又较大时，厂房设计应避开机械的扰力频率，使厂房的自振频率与机械设备的扰力频率相差 25%以上。因为目前我国一般单层工业厂房的自振频率约为 1～4Hz，空压站约为 3～6Hz，容易和低频机械设备（大型活塞式压缩机）发生共振。

（2）当厂房内设有锻锤、破碎机等强烈振动的设备时，厂房屋盖结构系统设计时宜考虑附加垂直动荷载。

（3）冲击能量大的落锤基础，应与一般建筑物有相当的距离。

（4）设计锻锤、落锤、破碎机车间，当地质较差时，屋架下弦净空应增加，预留吊车梁标高调整的余地。

（5）金属切削机床车间，对周围有振源的车间或铁路、公路应有必要的距离。否则应采用可靠的隔振措施。

（二）基础的构造与材料要求

设备基础一般用混凝土或钢筋混凝土建造。大块式基础采用强度等级不低于 C15 的混凝土，墙式和构架式基础采用强度等级不低于 C20 的混凝土。二次浇筑的混凝土一般要比基础的混凝土强度等级提高一级。二次浇筑的厚度小于 50mm 时，采用 1∶2 水泥砂浆；厚度大于 50mm 时采用混凝土或细石混凝土。

有防水防油要求的机械设备基础，其混凝土强度等级不低于 C25，并要求振捣密实。防水混凝土应掺有防水剂，必要时也可做防水层，防油可在基础表面涂防油材料。

机械设备基础钢筋，一般采用 HPB235 级或 HRB335 级，不得使用冷轧钢筋。受冲击较大的部位，应尽量采用热轧变形钢筋，并避免采用焊接接头。受力的设备地脚螺栓，如为弯钩式，则埋入混凝土基础的深度不应小于 20 倍螺栓直径；如为锚板式地脚螺栓，不应小于 15 倍螺栓直径，构造螺栓可不受上述限制。地脚螺栓轴线距离基础边不应小于 4 倍螺栓直径。预留孔边距基础边不应小于 100mm，预埋地脚螺柱底面下的混凝土净厚度不应小于 50mm，如为预留孔则不应小于 100mm。如不能满足上述要求时，应采取补救措施。

（三）基础的施工

（1）机械基础施工必须严格遵守现行的施工验收规范，在无特殊困难时，不得留施工

缝。对重要机械设备基础，在浇筑混凝土过程中，应经常检查地脚螺栓和预留孔等位置的准确性，并须特别注意地脚螺栓和预留埋件四周的混凝土要振捣密实。

(2) 如地脚螺栓孔在设计上规定要在机械设备安装完毕后灌浆时，应采用不低于C20细石混凝土浇筑。在浇筑前应仔细清除预留孔内的残余模板和垃圾，并用水冲洗干净。当采用活动螺栓时，螺杆需涂防锈涂料。地脚螺栓预留孔，特别是较深的预留孔，必须解决拆模困难的问题，例如采用预制水泥模板等。受力较大的地脚螺栓孔，宜设计成上口小孔底大的楔形孔。预留孔在施工过程中，上口应设法封闭，防止垃圾或混凝土进入孔中。

(3) 基础施工允许偏差：施工机械设备基础时，其偏差应符合有关规范的规定。

(四) 基础沉降观测

机械设备基础在长期动荷载作用下，可能会发生不均匀沉降而影响生产。为了及时发现问题和便于判断，对大型机械设备或差异沉降敏感的机械设备，在其基础上要设置沉降观测点并按下列几个阶段进行沉降观测：

(1) 基础底板施工完毕后；

(2) 基础全部施工完毕后；

(3) 机械设备安装完毕后；

(4) 试运转期间；

(5) 投产后如发现有问题时。

此外，对于振动较大的机械设备基础，如锻锤、落锤等厂房的柱基础，必要时也应设置沉降观测点。

三、机械工程特殊公用系统及设施监理重点

(一) 机械工程特殊公用系统及设施的基本知识

1. 机械工程特殊公用系统及设施的内容及范围划分

机械工程特殊公用系统及设施系指机械工程中直接为工艺系统服务的、与工业生产密切相关的供热、燃油、燃气及工业气体生产及管道供应系统。

机械工程特殊公用系统按系统划分为生产（储存）站房及输送管道系统两大部分。

机械工程特殊公用系统的生产（储存）站房包括工业锅炉房、热交换站、煤气站、液化气站、丙烷（或丙烯）供应站、天然气调压计量站、压缩空气站、氧气站、乙炔站、二氧化碳站、重油库、工厂供油库、车间供油站、汇流排间等。

2. 机械工程特殊公用系统及设施安装工程的特殊性

机械工程特殊公用系统及设施有下述特点：范围宽泛、内容繁杂；专业技术性强；法律规范众多；同时又要求系统有极高的安全性和可靠性，是直接影响生产安全的核心动力设施。

国家对机械工程特殊公用系统及设施的设计、安装、检验等均有严格的资质要求。监理工程师在工作中要着重从以下几个方面加以控制：

(1) 设计图纸是否合法有效。这包括图纸是否出自有资质的设计单位，是否有有资质的设计人员签字盖章；图纸签字栏是否齐全；是否经过法定的审图单位审查和盖章；

(2) 从施工原材料上严格把关，包括原材料是否符合设计图纸与相关材料技术标准的要求；

（3）施工人员的资质是否符合相关施工内容的要求；

（4）施工工艺与施工设备是否符合施工工程内容的要求；

（5）管道清洗所用介质是否符合相关技术标准要求，其操作程序是否符合规范规定；

（6）另外对一些特殊的公用系统的安装，在施工前图纸会审时还要注意设计图纸是否完整，是否有遗漏。如，对位置的要求，对门、窗的要求，对消防的要求，对浓度报警的要求，对地面的要求，对照明设备的要求等。

（二）燃油、燃气及工业气体生产及管道系统的监理重点

热能供应系统包括工业锅炉安装工程与热力管道系统以及燃油、燃气及工业气体生产及管道系统等内容。本节重点介绍燃油、燃气及工业气体生产及管道系统工程监理工作中的重点。

1. 设备及管道安装工程基础处理

设备的特构基础验收合格后，由于结构专业验收标准与安装要求的差异，对于高速旋转或其内部流体流速较大易于产生振动的设备，一般应在设备安装时二次找平灌浆，这对设备安装的精确度、降低设备的振动、提高设备的使用寿命，均是非常有益的。

架空管道土建支架验收合格后，由于结构专业验收标准与安装要求的差异，应重新校准柱顶标高，以满足《工业金属管道工程施工质量验收规范》GB 50184—2011、《工业金属管道工程施工规范》GB 50235—2010 等对管道对接错边量的要求。

埋地管道应在安装前，对基坑的处理严格按照图纸及验收规范的要求进行验收。

2. 进场设备及材料的验收及管理

进场设备应严格按照设计图纸及国家标准规定的规格、性能、招标文件规定的零部件等级及材料等进行验收，按照设备说明书要求的保存条件进库分类保存。

进场材料应严格按照设计必须具有制造厂的质量证明书，其质量应符合现行国家、行业标准的规定；进场材料在使用前应严格按照设计要求核对其制造标准代号、牌号、规格型号、批号、材料生产单位名称及检验印鉴标志。进场材料应按照规格型号等分类保存。

设备及材料的代用需征得设计人员的书面认可。

3. 设备安装

动力设备范围宽泛、内容繁杂，设备的安装应首先遵循专业的安装工程施工及验收规范，如果没有专业的安装工程施工及验收规范，可遵循《机械设备安装工程施工及验收通用规范》GB 50231—2009，及图纸要求的安装说明和设备说明书的安装要求进行安装验收。

4. 管道加工、焊接、安装及检验

管子的切割要求：不得影响切口的力学性能；切口表面应平整；切口平面倾斜偏差应不大于管径的1%，且不大于3mm；不锈钢、合金钢管切断后必须及时移植原有标记。低温钢管及钛管，严禁使用钢印。

弯管制作：分冷弯及热弯两类方法。弯管宜采用壁厚为正偏差的管子制作，不同材质的管子应按其性能和用途选择适宜的制作方法和热处理方法。

管道焊接、安装是管道系统安装最重要的工序，也是对安装工程的质量及进度影响最大的工序。工程顺利进行的关键在于：足够数量的相应资质的焊接技术人员、焊工及无损检测人员等，合理的焊接工艺、合理的施工组织计划，严格的质量保证制度。

管道加工、焊接、安装及检验等的要求及合格标准，应严格按照图纸、《工业金属管道工程施工质量验收规范》GB 50184—2011 和《现场设备、工业管道焊接工程施工及验收规范》GB 50236 执行。

5. 管道的清洗、吹扫、防腐与绝热

特别注意点：

(1) 不同的管材对水质有不同的要求；

(2) 管道的冲洗、吹扫应采用大流量、高流速；

(3) 氧气极富氧管道必须进行脱脂处理；

(4) 需酸洗、钝化处理的管道其处理液的配方及处理时间应严格按照设计规定，处理后的管道应及时封闭或加以保护；

(5) 不同的防腐及绝热材料对不同的金属材料有不同的影响，其选用应严格按照设计执行。

四、机械工程设备安装工程监理重点

机械工程设备安装工程的监理工作，从安装的过程来看，一般可分为设备开箱验收阶段、安装准备阶段、安装阶段、设备调试与工程验收阶段四个阶段。其中安装准备阶段的监理工作又包括设备基础验收和施工条件核查两个方面的内容。除了在安装阶段内不同种类的设备安装有其特点外，在其他三个阶段一定程度上都存在着某些共同点。相关内容在本书第一章第二节二、《机械设备安装施工及验收通用规范》及相关专业规范的修订概况中已经叙述，为节约篇幅，在本节教材编写中就不再一一叙述了，各种不同设备在设备开箱验收、安装准备阶段、设备调试与工程验收阶段里的特殊的地方可参照相应规范进行掌握。

(一) 工业炉窑安装工程监理重点

1. 工业炉窑的分布

机械工业应用的工业炉有很多类型，在铸造车间（熔炼铁、铜、铝等各种金属）有熔炼金属的熔炼炉；在锻压车间有对金属进行轧制（锻造）前的各种加热炉和锻后消除应力的各种热处理炉；在热处理车间有改善工件性能的各种退火、正火、淬火、回火和时效的热处理炉；在焊接车间有焊前钢板加热炉和焊后热处理炉；在粉末冶金车间有烧结金属的加热炉；在陶瓷烧成车间有各种隧道窑、倒焰窑等。

2. 工业炉窑安装工程监理范围

工业炉窑安装工程监理范围，就是对工业炉窑的各热工系统构成要素的安装全过程而进行的实施监理。即炉窑本体（包括炉子基础、炉膛及耐火砌体、保温层、作业孔与炉口、炉壳与外围加固构件、运转机械）和各种炉窑热工辅助设施（包括燃烧供热系统或电热系统、供风及排烟系统、加排料系统、炉体冷却系统、余热利用系统、工控机及监控系统）安装、调试过程的监理。工业窑炉的炉膛及耐火砌体、保温层的施工是工业炉窑建成后使用好坏的关键因素之一，因此本节重点介绍其安装过程中监理控制的重点。其他部分的安装按《工业炉砌筑工程质量验收规范》GB 50309—2007 执行。相关气体管道、燃油、燃气管道安装参见前节“三、机械工程特殊公用系统监理重点”以及《工业金属管道工程施工规范》GB 50235—2010 和《现场设备、工业管道焊接工程施工规范》GB 50236—

2011 执行。

3. 工业窑炉的炉膛及耐火砌体、保温层的监理重点

（1）砌体尺寸的确定，所有的砌体尺寸都是按砖带有灰缝的规定尺寸计算的，各类砌体计算方法如下：耐火砖、绝热砖砌体：砌体的水平尺寸为 116mm 的倍数；垂直尺寸为 68mm 的倍数；红砖砌体：砌体的水平尺寸按 $250n-10$（mm）计算，式中 n 为 0.5（半砖）的倍数，垂直尺寸为 60mm 的倍数；由耐火砖与红砖共同组成的砌体，由于两者砖层尺寸不同，在确定红砖砌体尺寸时，都要按耐火砖的尺寸计算。

（2）砌体施工的基本要求：被部分砌埋在砌体之内的金属构件（如轨道、炉架、炉门框、砂封刀等），应先安装，后砌砖；砌体的砖缝应泥浆饱满，表面应勾缝；砌砖时用木槌找正，不得用铁锤；不得在砌体上砍凿砖，其加工面不宜朝向炉膛；施工中砌体应防受湿；台车式炉靠近砂封的砌体，表面应砌平整，其水平度必须与轨道水平一致，两侧炉墙及砂封对轨道中心的平行度偏差不大于 3mm。

（3）砌体的膨胀缝留置原则：砌体的膨胀缝须按设计规定留出；若施工图中未做规定时，则按每 2.5m 左右距离留出一条膨胀缝；膨胀缝的宽度，对于黏土质耐火砖及红砖砌体，按每 1m 长砌体留出 5～6mm 计算；砌体内，外层的膨胀缝应互不贯通；砌体上、下层的膨胀缝应互相错开，膨胀缝错开距离不小于 232mm；炉子拱顶两端的膨胀缝，不要留在拱端与墙面的连接处，错砌时膨胀缝离墙面至少应相距 3 个拱环，环砌时膨胀缝至少离墙面 2 个拱环；炉墙、炉底各层膨胀缝均按“弓”形留出，拱顶膨胀缝呈环形留出，所有的膨胀缝尺寸应包括在按砖倍数计算的砌体总尺寸内；留出的膨胀缝应均匀规则，缝内洁净；为了施工方便，缝内可充填纸板或木片，但缝内不得有其他杂物。耐火浇注料等各种现浇耐火砌体的砌筑，其膨胀缝的留取按每 1m 长砌体留出 8～10mm 计算。

（4）拱顶砌筑的基本原则：拱顶砌筑方式（错砌或环砌）按图中指示进行，若图中未注明，则为环砌；拱顶砌筑时必须从两侧拱脚同时向拱中心对称砌筑。拱脚砖必须紧靠拱脚梁，吊挂砖的主要受力部位严禁有各种裂纹，其他部位不得有明显裂纹；错砌拱顶每一拱段的结构示意及名称如图 2-1 所示。

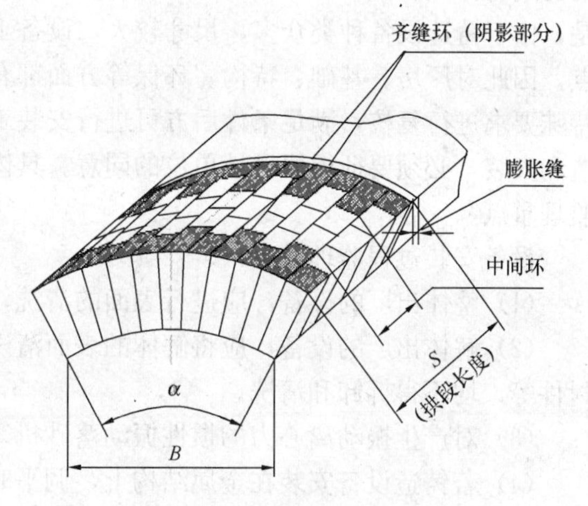

图 2-1　拱顶砌筑方式

管道砌筑时耐火材料和制品的品种、牌号，耐火泥浆的品种、牌号、稠度，砌体砖缝的泥浆饱满度，砖缝厚度以及砌体允许误差和检验方法参见《工业炉砌筑工程质量及验收规范》GB 50309—2007“管道”一节要求执行。

4. 工业炉作业孔与炉口、炉壳与外围加固构件安装监理重点

作业孔与炉口、炉壳与外围加固构件是对工业炉耐火砌体的固定，以确保耐火砌体在高温下的使用性能，都是金属构制件，其监理的主要内容如下。

（1）除设计图中注明外钢结构焊缝均采用 T42-1 焊条连续焊接，焊缝高度等于被焊件

的最小厚度。

(2) 炉架支柱垂直偏差每米允许 1mm，支柱全高垂直偏差不超过 15mm。

(3) 工业炉的横向拉杆与纵向拉杆之间，因受力方向不同，彼此不得焊接。

(4) 包有炉墙钢板的炉架，其炉墙钢板之间的焊接均用连续焊缝，以保证炉子的气密性。

(5) 除图中注明外，拱脚梁一般不与炉墙钢板或侧支柱焊接，须行砌砖至拱脚梁标高时，将拱脚梁自由放置在砖体上。

(6) 螺栓孔的孔径小于 17mm 时，其实际与公称直径的最大偏差为＋1mm；大于 17mm 时，为＋1.7mm。

(7) 必须在各支柱相互校准位置并固定后，才能砌筑炉架底面以上的砖体。

(二) 铸造设备安装工程监理重点

1. 铸造设备分类

根据《铸造设备型号编制方法》JB 3000 及有关技术资料，铸造设备一般可以分为七大类：砂处理设备、造型制芯设备、落砂设备、清理设备、金属型铸造设备、熔模铸造设备和熔炼设备。

2. 铸造设备安装监理重点

铸造设备安装除遵守《铸造设备安装工程施工及验收规范》GB 50277—2010 外，还应遵守《机械设备安装工程施工及验收通用规范》GB 50231—2009 以及国家有关标准的要求。其安装应从设备开箱、安装准备阶段、安装阶段、调试与验收阶段四个方面进行监控。本节重点讲述设备安装阶段监理工作的基本要求，其他三个阶段的监理工作重点参见《机械设备安装工程施工及验收通用规范》GB 50231—2009 有关要求。特别需要指出的是，由于铸造设备种类众多，尺寸较大，设备工作过程中多伴有振动、高热、高噪声等特点，因此对厂房、基础、特构、环保等方面都有一些特殊要求。设备安装前还需要对上述特殊要求进行复核，满足条件后方可进行安装工作。尤其是在既有厂房或构筑物内进行改造和安装，必须要征得原设计单位的同意。具体参见本节“二、机械工程中特殊土建工程监理重点”。

设备安装过程监理重点：

(1) 整体出厂的设备，应进行表面的清洗，但不应拆卸和清洗设备的内部机件。

(2) 解体出厂的设备，应将解体的表面清洗洁净。出厂已组装好的机件、精密件、密封件等，均不得拆卸和清洗。

(3) 对产生振动离心力的惯性振动落砂机等设备，应在其底座与基础之间垫硬方木。

(4) 若铸造设备安装在金属结构上，调平时宜采用垫铁，调平后，垫铁应与金属结构支座焊牢。振动较大或精度要求较高的设备，不宜使用垫铁；其金属结构支座上平面应平直，纵向和横向安装水平偏差均不应大于 1/1000。

(5) 自身较重或具有振动离心力的铸造设备，应在支座与金属结构之间加垫硬木、硬橡胶板或毛毡等减振物。

(6) 铸造设备组装时，在重要的固定结合面紧固后的局部间隙的插入深度应小于 20mm，移动长度应小于检验长度的 10%。

(7) 铸造设备所附小车、台车等轨道安装的允许偏差，应符合规范要求，且两轨道的接头位置宜错开，其错开距离不应与轮距相等，焊缝应磨平。

（8）造型制芯设备：

1）振压和振实造型机的机座底面或翻台压实造型机的振实台机座底面接触的基础平面标高的允许偏差为±5mm，机座底面轮廓范围内的基础平面的水平度每 1000mm 长度上不应大于 1mm，全长不应大于 2mm。各有关机构安装的允许偏差和检测要求详见《铸造设备安装工程施工及验收规范》GB 50277—2010。

2）多触头高压造型机安装时，应使用同一基准标高进行测定，其主要标高允许偏差为±1mm。其底梁上平面纵向和横向安装水平偏差不应大于 0.5/1000。工作台面安装水平偏差不应大于 0.1/1000。解体出厂的造型机组组装时的允许偏差见《铸造设备安装工程施工及验收规范》GB 50277—2010 有关规定。

3）水平分型脱箱压实造型机安装应以转盘为基准，其标高允许偏差为±5mm，其纵向和横向偏差均不应大于 0.5/1000。各部件安装允许偏差见《铸造设备安装工程施工及验收规范》GB 50277—2010 相关规定。

4）射压造型机安装水平应采用等高块、平尺、水平仪在机座的六点进行测量，其允许偏差不应大于 0.1/1000。其砂型出口底板中心线与浇注台中心线应在同一直线上。其偏差不应大于 0.5mm。出口底板平面应高于浇注台上平面，但不应大于 0.1mm，其接口间隙不应大于 1mm。浇注台台面与输送机上平面应在同一水平面上，其接口处的高低差点不应大于 1mm，且浇注台台面宜高于输送机上平面。

5）气流冲击造型机安装后应用水平仪在其工作台面上进行测量，其纵向和横向水平偏差均不得大于 0.1/1000。当工作台在原位及上升到最高位置时，测量其工作台台面与冲击头底面间的平行度，其偏差不应大于 1mm。两起模滚道工作面构成的平面，对工作台台面的平行度其偏差不得大于 0.15mm。起模滚道工作面在垂直平面内的直线度的偏差不得大于 0.5mm。

6）单工位射芯机和双工位射芯机安装后其工作台台面的安装水平偏差其纵向和横向均不得大于 0.1/1000。

（9）落砂设备：

1）落砂机安装后，在其皮带轮面上测量其水平偏差轴向不应大于 0.5/1000，在机座平面上或底架上测量其纵向偏差不应大于 1/1000。

2）风动型芯落砂机安装后用水平仪在导杆上测量其水平偏差，应控制在 0.5/1000 以内。

（10）清理设备：

1）滚筒清理机的安装应对机座的安装水平偏差（≯0.5/1000），两空心轴颈的轴线对两轴瓦轴线在水平面内的位置偏差（≯0.15mm），轴颈与轴瓦的接触点（上轴瓦不少于 2 个，下轴瓦不少于 4 个）、接触角（60°～90°）、上轴瓦与空心轴颈间的间隙（1/1000～2/1000），装料口盖侧面间隙进行严格测量（≯3mm）。

2）转台清理机的安装应采用水平仪在转台平面上进行测量，其允许偏差不应大于 0.5/1000；橡胶护板与护帘应平整无翘曲现象；斗式提升机轴线与转台机身轴线的纵向距离及横向距离的允许偏差均为±1mm。

3）滚筒抛丸清理机的安装允许偏差应符合《铸造设备安装工程施工及验收规范》GB

50277—2010规定。

4）履带式抛丸清理机安装时应采用吊线法在机身四角和大皮带轮端面上进行测量，其偏差不应大于0.5/1000；装料升降机的安装水平测量应在装料卷扬滚筒上进行，其偏差不应大于0.5/1000。铅垂度不应大于1/1000。

5）喷丸清理室安装前应对金属构件和壁板进行校正。金属构架的安装水平偏差不应大于1/1000。小车轨道安装时应以金属构架轴线为基准，构架中心线与小车轨道跨距轴线应在同一直线上，其偏差不应大于3mm。回转工作台的纵向横向安装水平偏差和螺旋输送机的轴向安装水平偏差均不应大于1/1000。

6）台车式抛丸清理室的金属构件和壁板组装前应进行校正，其振动槽的安装水平偏差不应大于1/1000。两振动槽轴线应平行，其与抛丸室纵向轴线距离的允许偏差为±3mm。斗式提升机两轴线与抛丸室纵向和横向轴线的距离允许偏差为±3mm。各皮带输送机传动轮轴线应在同一直线上，其偏差不应大于1mm，与抛丸室纵向轴线距离的允许偏差为±5mm。抛丸室槽钢底座的纵向和横向安装水平偏差不应大于2/1000。

7）抛喷丸清理室的金属构件和壁板组装前应进行校正。角钢焊成的底框架安装水平偏差不应大于1/1000。振动输送器、提升机下部应先安装在地坑内，找正调平，其安装水平偏差不应大于0.5/1000；喷丸操纵室在最大行程内升降，应无卡阻现象；升降距离应能满足生产要求，并能准确停留在任意位置；喷枪操作应灵活可靠。其观察窗应有足够的能见度。

8）吊链抛丸清理室的安装应保证悬挂吊链中心线与清理室上方导向槽中心线应在同一直线上，其偏差不大于2mm。吊链自转装置的链轮与链条、悬挂输送机的锚头吊以及悬挂钩链轮，应啮合良好，运行平稳，无卡住、撞击现象。吊链直线段与弯曲段的直线度和平面误差分别应控制在1.5/1000和2/1000以内。

（11）金属型铸造设备：

1）压铸机的导轨安装水平误差应在导轨面上采用水平仪进行测量，其纵向和横向偏差应控制在0.2/1000以内。大于6300kN的压铸机的组装应符合《铸造设备安装工程施工及验收规范》GB 50277—2010规定。

2）低压铸造机立式应在模板工作面上进行测量，卧式应在导轨面上测量，其偏差不应大于1/1000。模板工作面间的平行度（用指示器测量），其偏差应控制在0.28/1000以内；卧式压铸机模板工作面与导轨面垂直度的偏差应控制在0.25/1000以内。

3）离心铸造机安装的允许偏差应符合《铸造设备安装工程施工及验收规范》GB 50277—2010规定。

（三）锻压设备安装工程监理重点

1. 锻压设备分类

按成形工艺分为自由锻和模锻两大类。按设备动力和使用类型大致分为：机械压力机、液压机、线材自动成形机、锻锤、锻机、剪切机、弯曲校正机六类。

2. 锻压设备安装阶段的监理重点

（1）安装的一般要求

1）对组装的要求：

①设备清洗要求符合标准规定。

②制定的装配工艺规程（装配方案）要符合设备技术文件的规定。

③重要的结合面应紧密结合，紧固后用 0.05mm 塞尺检查，只允许局部塞入，且深度不大于宽度的 20%，其塞入部分的累计移动长度不应大于可检验长度的 10%。一般对下列部位进行全检：立柱台肩与工作台；立柱调节螺母、锁紧螺母与上横梁和工作面；液压缸法兰台肩与上横梁或机身梁；活（柱）塞台肩与滑块；机身与导轨或滑块与镶条；组合式框架机身的横梁与支柱；工作台板与工作台或与横梁。

④测量滑块与导轨的间隙值，把出厂值与现场组装的实际间隙进行比较和调整，并做好记录备查。

⑤啮合齿轮安装后，其轴向错位允许偏差要符合《锻压设备安装工程施工及验收规范》GB 50272—2009 的规定。

⑥飞轮现场组装后，其圆周跳动允许偏差不应大于《锻压设备安装工程施工及验收规范》GB 50272—2009 规定。

⑦现场组装重要的凸轮副，其棍轮与凸轮受力区段的实际接触长度，不应小于总长度的 75%。

⑧V 形、梯形皮带的张紧程度（检查下压力和量）要符合《锻压设备安装工程施工及验收规范》GB 50272—2009 要求。

⑨液压、润滑、冷却、空气系统的管路、管接头、法兰及其他固定与活动连接处的密封，均应可靠，密封良好，不得有介质外渗漏和互相混合的现象。

2）组装膨胀联结套的规定：

①检查有关联结件的基本尺寸和配合公差；

②将联结件清洗干净，在胀套表面和结合件表面均匀涂一层不含二硫化钼添加剂的薄润滑油；

③联结件与胀套要平滑地装入轴上，不得倾斜，对准联结孔，用手拧紧胀套螺钉；

④然后要求用力矩扳手对称均匀地拧紧，力矩要符合《胀套联结套型式及基本尺寸》GB 5867的要求。

3）锻压设备组装用螺栓连接有预紧要求时，其预紧力要符合设计技术文件要求，无规定时，预紧力应为 0.5～0.7 倍螺栓的材料屈服强度值，选用力矩扳手、液压螺栓拉伸器、加热法等预紧方法，预紧后要锁紧。

4）液压机立柱或拉紧螺杆要采用加热法预紧，做法要符合《锻压设备安装工程施工及验收规范》GB 50272—2009 的规定，均匀加热，对称预紧。

5）液压系统要求按照规范《锻压设备安装工程施工及验收规范》GB 50272—2009 中液压系统的验收要求进行制管、安装、试压、涂色等。

6）锻压设备安装后要求按《锻压设备安装工程施工及验收规范》GB 50272—2009 和《锻压机械　精度检验通则》GB/T 10923—2009 的规定进行安装精度的检验。

7）锻压设备安装施工完成后，除按相关规范验收外，还要按规范进行试运转，合格后才能办理工程验收。

（2）调试与验收阶段监理重点

锻压设备安装调试与验收要符合《机械设备安装工程施工及验收通用规范》GB 50231—2009 和《锻压设备安装工程施工及验收规范》GB 50272—2009 的要求，应满足设计文件的要求；试运转和调试人员必须持证上岗，且具有满足要求的操作技能；操作中应严格按照设备安装施工方案和操作技术规程进行；还应满足以下要求：

1）空负荷试运转时间不应小于2h，其中连续运行时间不得小于1h，单次运转时间不得小于0.5h，对于有单次工作行程要求的设备，空转时，其离合器、制动器每分钟接合次数不得小于表2-1的规定。

离合器、制动器有单次行程要求的接合次数 **表2-1**

滑块行程次数（次/min）	≤20	40	60
离合器、制动器接合次数（次/min）与滑块行程次数的比例（%）	70	60	50

2）空负荷运转时，应对所有运动部件进行检查，且符合：

①安全装置和联锁保护应正确、可靠，所有指示、计数、数字显示装置应可靠、灵敏、正确、稳定。

②对各种动作进行试验，应包括调整装模高度、启动、寸动、单次、连续、手动和自动连续进行试验。

③当单次到自动连续运转停止运行时，滑块应能可靠地停止于上死点位置，其曲柄转角的允许偏差为±5°，对螺旋压力机要求滑块向下运行时制动行程不应大于一半，向上运行时可在任何位置制动，且不得与横梁发生任何刚性碰撞。

④有温升和最高温度要求的部位应满足：

a. 滑动轴承的温升不应超过35℃，最高不得超过70℃；

b. 滚动轴承的温升不应超过40℃，最高不得超过70℃；

c. 滑块镶条与导轨的温升不应超过15℃，最高不得超过50℃；

d. 摩擦离合器与制动器的温升不应超过60℃，并不得低于15℃。

⑤液压、润滑、冷却、气动系统的管路、管接头、法兰及其他固定于活动连接处的密封，均不得有介质外渗漏和相互混合的现象。

⑥当调节装模高度（或封闭高度）时，可在工作台上放置垫木，防止滑块超过限位和发生卡死现象。

⑦操作机构要灵敏、准确、可靠。

⑧对带有活动工作台的压力机，活动工作台应运行平稳，定位准确、可靠。

⑨对液压机要求启动、停止试验连续不得少于3次，动作要可靠、灵敏；滑块运行试验应连续进行不少于3次，动作平稳、可靠；安全阀门试验不应少于3次，其开启压力为不大于额定压力的1.1倍；限位和速度调整应按最大行程和速度进行；压力试验由低到高，运行平稳；装有紧急停车和紧急回程、意外电压恢复保护、警铃、警告灯、光电保护装置的动作试验，均应安全、可靠；所加液压油、润滑剂、冷却液应符合设计文件要求。

⑩锻锤在试运行前应对附属设备提前单独验收合格；锤头动作前应按规定进行预热；砧子和工作台均应垫好垫木；操纵和配气机构与锤头的相互位置应正确、一致。

⑪锤头运行不少于1h，锤头行程不应少于工作行程的3/4；各种动作应准确、平稳、可靠；并且应检查各处螺栓、斜铁无松动等。

⑫锻机离合器、制动器试运行接合次数、垂直分模平锻机离合器、制动器试运行接合

次数、SM型水平分模平锻机试运行每分钟行程次数要符合《锻压设备安装工程施工及验收规范》GB 50272—2009规定。

⑬热模锻压力机不带滑块时的空运转时间不少于2h，带滑块连续单次空转不少于4h，滑块动作节拍在1h内不少于360次。

⑭剪断机离合器、制动器单次行程接合次数、KS型棒料剪断机的飞轮惯性自停时间、板料折弯机单次行程时离合器、制动器每分钟接合次数均须符合《锻压设备安装工程施工及验收规范》GB 50272—2009规定要求。

（四）输送设备安装工程监理重点

1. 输送设备的分类

输送机械按输送机理可分为机械式和流体式两类。机械式的依靠工作构件的机械运动进行输送；流体式的则利用空气或水等的流体动力通过管道进行输送。机械式连续输送机械一般可分为有牵引构件和无牵引构件的输送机械，而气力输送装置则属于流体式的。

2. 输送设备安装监理工程师监理原则

（1）监理工程师必须根据国家现行规范《机械设备安装工程施工及验收通用规范》GB 50231—2009、《输送设备安装工程施工及验收规范》GB 50270—2010以及其他相关规范要求执行。

（2）强化进场设备验收，对安装条件进行复查，并做好记录，发现问题后，提出整改意见，并监督整改。

1）协助业主和安装单位，检查工程设计技术文件和随机技术文件是否齐全，并登记在册，原件存档一份，复印件下发安装单位供工程安装用；

2）对有关站房、基础、预埋件、预埋螺栓尺寸和位置，进行复查。对严重超差，影响设备安装的部分进行整改，确保安装工程质量；

3）重点监理连续输送设备的纵向和横向中心线和安装基准，以保证安装的正确性；

4）因连续输送设备绝大部分为散件包装发运，首先应该对照设备制造厂提供的发货清单进行清点设备零部件数量，检查外观质量，看是否存在严重变形、破损等，重点检查牵引构件的质量；

5）机电设备应无变形、损伤和锈蚀，包装是否良好；

6）检查钢结构构件是否有规定的焊缝检查记录和预装检查记录等质量合格证明文件。

（3）输送设备的安装工程是从基础、预埋件、预埋螺栓尺寸和有关站房的土建工程预验收、设备开箱验收到负荷试运转合格，办理工程验收为止。在整个安装过程中，特别是负荷试运转阶段，涉及设备制造、安装、土建和工程设计各方面的问题。作为监理，要负责协调建设单位、设计单位、设备制造单位和安装单位之间的关系，处理协调有关问题，确保生产使用和安全输送，不至于发生人身或设备事故。

3. 输送设备安装工程监理控制重点

（1）敷设轨道时监理重点：1）检查钢轨及附件是否合格。2）要求紧固件安装位置的正确性，并与轨道密切贴合、切实锁紧；轨道接头位置错开的距离不应等于行走部分前、后两行走轮间的距离。3）检查轨道的接头间隙不应大于2mm，接头处工作面的高低差不应大于0.5mm，左右偏移不应大于1mm；轨距的允许偏差为±2mm；轨道直线度偏差每米不应大于2mm，在25m长度内不应大于5mm，全长不应大于15mm；同一截面内两平行轨道顶的相对标高允许偏差：当轨距≤500mm时，为1mm；当轨距＞500mm时，为2mm，且轨道弯曲部分的偏差方向应向曲率中心一侧降低。

（2）组装驱动链轮和拉紧链轮的监理重点：1）要控制链轮横向中心线与输送机纵向中心线的重合性，其偏差不应大于2mm。2）要控制两链轮轴线的平行，且与输送机纵向中心线的垂直度偏差不应大于1/1000。3）要控制链轮轴的安装水平偏差不应大于0.5/1000。

（3）组装履带式驱动装置的监理重点：1）要控制链轮横向中心线与输送机纵向中心线的重合性，其偏差不应大于1mm。2）链轮轴安装的形位偏差控制，即链轮轴线至轨道面间距离的允许偏差为±1mm，链轮轴线对输送机纵向中心线的垂直度偏差不应大于1/1000，链轮轴的安装水平偏差不应大于0.3/1000。3）控制履带轨道安装的形位偏差，即两履带轨道轨距的允许偏差为±2mm，履带轨道的纵向倾斜度偏差不应大于1/1000，两履带轨道工作面的高低差不应大于1mm，两履带轨道中心线与两链轮横向中心线应重合，其偏差不应大于1mm。

4.安装工程的监理工作重点

输送设备的种类很多，本书仅以固定式带式输送机为例介绍安装工程中监理的控制重点，其他类型的输送设备请参照《输送设备安装工程施工及验收规范》GB 50270的有关内容执行。

（1）控制输送机纵向中心线与基础实际轴线距离的允许偏差为±20mm。

（2）支撑件（头架、尾架、中间架及支腿等）的安装工程施工质量控制重点为机架中心线的直线度偏差在任意25m长度内不应大于5mm；中间架的间距允许偏差为±1.5mm，高低差不应大于间距的2/1000；机架接头处的左、右偏差和高低偏差均不应大于1mm。

（3）转动件（传动滚筒、该向滚筒、托辊和拉紧滚筒）的安装工程施工质量控制重点为滚筒横向中心线与输送机纵向中心线重合偏差不应大于2mm；滚筒轴线与输送机纵向中心线的垂直度偏差不应大于2/1000；滚筒轴线的水平度偏差不应大于1/1000；对于双驱动滚筒，两滚筒中心线的平行度偏差不应大于0.4mm；托辊横向中心线与输送机纵向中心线重合偏差不应大于3mm；对于非用于调心或过渡的托辊辊子，其上表面母线应位于同一平面上或同一半径的弧面上，且相邻三组托辊辊子上表面母线的相对标高差不应大于2mm；拉紧滚筒在输送带连接后的位置，应按拉紧装置的形式、输送带带芯材料、带长和启、制动要求确定，并应符合下列两点要求：1）垂直框架式或水平车式拉紧装置，往前松动行程应为全行程的20％～40％，其中，尼龙芯带、帆布芯带或输送机长度大于200m的，以及电动机直接启动和有制动要求者，松动行程应取小值；2）绞车或螺旋拉紧装置，往前松动行程不应小于100mm。托辊、滚轮和辊子装配后，其转动均应灵活。

（4）卸料装置（卸料车、可逆配仓输送机和犁式卸料器）的安装工程施工质量控制点为卸料车、可逆配仓输送机、拉紧装置的轮子均应与轨道面接触，但允许其一个轮子与轨道面有间隙：卸料车、可逆配仓输送机其间隙不应大于0.5mm，拉紧装置其间隙不应大于2mm；犁式卸料器中心线与输送机纵向中心线重合偏差不应大于1.5mm，气动、电动犁式卸料器外设限位开关设备制造厂不供货，安装时不得遗漏，这是监理要引起重视的一个关键点。

(5) 机械式安全装置（制动器、清扫器和逆止器）的安装工程施工质量控制点分别为：1) 块式制动器在松闸状态下，闸瓦不应接触制动轮工作面；在额定制动力矩下，闸瓦与制动轮工作面的贴合面积：压制成型的，每块不应小于设计面积的50%；普通石棉的，每块不应小于设计面积的70%。盘式制动器在松闸状态下，闸瓦与制动盘的间隙宜为1mm；制动时，闸瓦与制动盘工作面的接触面积不应小于制动面积的80%。2) 刮板清扫器的刮板和回转清扫器的刷子，在滚筒轴线方向与输送带的接触长度不应小于带宽的85%。3) 带式逆止器的工作包角不应小于70°，滚柱逆止器的逆转角不应大于30°，安装后减速器应运转灵活。

(6) 拉紧装置（车式、重锤式和螺旋拉紧）的安装工程施工质量控制点为：车式、重锤式拉紧装置装配后，其拉紧钢丝绳与滑轮绳槽的中心线及卷筒轴线的垂直线的偏斜偏差均应小于1/10；螺旋拉紧装置的中心线与输送机纵向中心线重合偏差不应大于2mm。

(7) 输送带的连接

输送带的连接方法应符合设备技术文件或输送带制造厂的规定，当无规定时，可按《输送设备安装工程施工及验收规范》GB 50270—2010执行。输送带连接后应平直，其直线度允许偏差应符合规范规定。

(8) 检测保护装置（跑偏保护装置、带速检测保护装置、输送带纵向撕裂保护装置、溜槽堵塞检测装置、紧急停车装置、物料检测装置和金属杂物检测装置）的安装工程施工质量控制点为：应符合设备技术文件或检测保护装置制造厂的规定，注意调整各种检测保护装置与带式输送机的被检测部件的间隙等。

5. 试运转的监理工作重点

(1) 空负荷试运转的监理工作重点

不同的输送设备的空负荷试运转工作程序和具体要求有所不同，大致有以下几点：

1) 牵引件运转正常，且应无卡链、颤跳、打滑和跑偏现象。

2) 旋转件转动灵活，驱动装置的运行应平稳，传动装置应啮合良好，无卡阻现象。

3) 所有滚轮和行走轮在轨道上应接触良好，运行平稳。

4) 空负荷试运转的时间不应小于1h，且不应小于2个循环。

5) 机组联动连续试运转时间不应小于4h，各设备的运转应正常，配合应良好，动作应协调。

6) 安全保护设施动作应准确，试运转应无异常现象。

(2) 负荷试运转的监理工作重点

1) 空负荷试运转合格后，方可进行负荷试运转。

2) 当数台输送机联合运转时，应按物料输送反方向顺序启动设备。

3) 负荷应按设备技术文件规定的程序和方法逐渐增加，直到额定负荷为止；额定负荷下连续运转时间不应小于1h，且不应小于1个工作循环（如有特殊要求者，按安装工程施工及验收规范的相应条款执行）。

4) 所有的运动部件和运动部分的运行应平稳，无晃动和异常现象，否则应即时调整。

5) 润滑油温和轴承温度均不应超过设备技术文件的规定。

6) 安全联锁保护装置和操作及控制系统应灵敏、正确和可靠。

7) 输送量应符合设计规定。

8）停车前应先停止加料，待输送机卸料口无物料卸出后，方可停车；当数台输送机联合运转时，其停车顺序应与启动顺序方向相反。

9）不同的输送设备的负荷试运转工作程序和具体要求有所不同，请参阅《输送设备安装工程施工及验收规范》GB 50270—2010 的具体要求条款。

（五）金属切削机床安装工程监理重点

1. 金属切削机床分类

金属切削机床的种类繁多，一般机械工程设备安装工程涉及的主要有：车床、钻床、镗床、磨床、齿轮加工机床、螺纹加工机床、铣床、刨插床、拉床、特种加工机床、锯床和组合机床。

2. 设备安装、调试阶段监理工作重点

在设备安装调试过程中，监理工程师要对每一个关键零件、部件、单机设备和成套设备的安装调试质量进行监控。

（1）设备安装、调试阶段监理工作重点

1）监理工程师应对承包商报送的重点部位、关键工序的安装调试工艺措施进行审核，确定质量见证点及见证方式，并向承包商进行交底。

2）监理工程师应对承包商报送的主要材料、主要设备报审表及其质量证明资料进行审核。

3）跟踪监督设备安装调试过程，审查设备安装调试的工艺技术规范、质量水平是否达到安装调试合同的要求和国家标准，检查、验收设备安装调试中的过程性结果。

4）随时注意检查安装调试中的不安全因素，发现问题及时解决。

5）对安装调试过程进行巡视和检查，对重要部位、重要工序、重要时刻和隐蔽工程进行现场监督。

6）对承包商报送的设备调试方案进行审核，督促参与各方做好各设备系统的调试准备工作，协调设备调试工作，对设备调试记录进行审核，并跟踪监督检查安装调试单位进行设备调试，以确认设备局部和整体的运行参数和性能是否达到要求。

7）开现场协调会，协调安装调试各方的工作，尤其有多分包单位和交叉作业的现场，及时解决影响安装调试质量的问题。

（2）金属切削机床安装工程的控制重点

1）对机床的垫铁和垫铁组的安装要求

①垫铁的形式、规格和布置位置应符合设备技术文件的规定；

②机床调平后，垫铁组伸入机床底座底面的长度应超过地脚螺栓的中心，垫铁端面应露出机床底面的外缘，平垫铁宜露出 10～30mm，斜垫铁宜露出 10～50mm，螺栓调整垫铁应留有再调整的余量。

2）组装机床的部件和组件的要求

①组装的程序、方法、环境和技术要求应符合设备技术文件的规定；

②零件、部件应清洗洁净，其加工面不得被磕碰、划伤和产生锈蚀；

③机床的移动、转动部件组装后，其运动应平稳、灵活、轻便、无阻滞现象，变位机构应准确可靠地移到规定位置；

④组装重要和特别重要的固定结合面及滑动、移置导轨、镶条、压板端部的滑动面，

组装后应采用塞尺检查，采用塞尺的厚度和插入的深度应符合《金属切削机床安装工程施工及验收规范》GB 50271—2009；

⑤滚动导轨面与所有滚动体均应接触，其运动应轻便、灵活和无阻滞现象；

⑥多段拼接的床身导轨在接合后，相邻导轨导向面接缝处的错位量应控制在规定范围内；

⑦镶条装配后应留有调整的余量；

⑧定位销装入销孔的深度应符合销的规定，并能顺利取出；重要的定位锥销的接触长度不得小于工作长度的60%，并应均匀分布在接缝的两侧。

3）机床找正、调平的要求

调平机床时应使机床处于自由状态，不应采用紧固地脚螺栓局部加压等方法，强制机床变形使之达到精度要求。对于床身长度大于8m的机床，达到“自然调平”的要求有困难时，可先经过“自然调平”，使导轨的偏差调至允许偏差两倍的范围内，然后可借助紧固地脚螺栓等方法，强制机床达到精度的要求。

4）检验与安装有关的几何精度的要求

①检验机床，所用检验工具的精度应高于被检对象的精度要求，检具偏差应小于被检验项目公差25%；有恒温要求的机床进行精度检验时，必须在规定的恒温条件下进行检验，所用检具应先放在检验机床的场所，待检具与机床的场所等温后方可使用。

②各种金属切削机床安装时需检验几何精度项目。

(3) 机床的空负荷试运转的要求

1）机床在空负荷试运转前应符合下列要求：

①机床应组装完毕并清洗洁净；

②与安装有关的几何精度，经检验应合格；

③应按机床设备、技术文件的要求加注润滑剂；

④安全装置调整应正确、可靠，制动和锁紧机构应调整适当；

⑤各操作手柄转动应灵活，定位应准确，并应将手柄置于“停止”位置上；

⑥液压、气动系统运转应良好；

⑦磨床的砂轮应无裂纹和碰损等缺陷；

⑧电机的旋转方向应与机床标明的旋转方向相符。

2）机床的空负荷试运转试验应符合下列要求：

空负荷运转的操作程序和要求应符合设备技术文件的规定。一般应由各运动部件至单台机床，由单台机床至全部自动线，并应先手动，后机动。当不适于手动时，可点动或低速机动，从低速至高速地进行。

3）安全防护装置和保险装置应齐备和可靠。

4）机床的主运动机构应符合下列要求：

①应从最低速度起依次运转，每级速度的运转时间不得少于2min；

②采用交换齿轮、皮带传动变速和无级变速的机床，可作低、中、高速运转；对于由有级和无级变速组合成的联合调速系统，应在有级变速的每级速度下，作无级变速的低、中、高速运转；

③机床在最高速度下运转的时间，应为主轴轴承或滑枕达到稳定温度的时间；在最高

速度下连续试运转应由建设单位会同有关部门制定安全和监控措施。

5）进给机构应作低、中、高进给量或进给速度的试验。

6）快速移动机构应作快速移动试验。

7）主轴轴承达到稳定温度时，其温度和温升不应超过规范规定。

8）机床的动作试验应符合下列要求：

①选择一个适当的速度，检验主运动和进给运动的启动、停止、制动、正反转和点动等应反复动作 10 次，其动作应灵活、可靠；

②自动和循环自动机构的调整及其动作应灵活、可靠；

③应反复交换主运动或进给运动的速度，变速机构应灵活、可靠，其指示应正确；

④转位、定位、分度机构的动作应灵活、可靠；

⑤调整机构、锁紧机构、读数指示装置和其他附属装置应灵活、可靠；

⑥其他操作机构应灵活、可靠；

⑦数控机床除应按上述①～⑥项检验外，尚应按有关设备标准和技术条件进行动作试验；

⑧具有静压装置的机床，其节流比应符合设备技术文件的规定；“静压”建立后，其运动应轻便、灵活；“静压”导轨运动部件四周的浮升量差值，不得超过设计要求；

⑨电气、液压、气动、冷却和润滑系统的工作应良好、可靠；

⑩测量装置的工作应稳定、可靠；

⑪整机连续空运转的时间应符合《金属切削机床安装工程施工及验收规范》GB 50271—2009 规定，其运转过程不应发生故障和停机现象，自动循环之间的休止时间不得超过 1min。

（六）制冷设备、空气分离设备安装工程监理重点

1. 制冷设备安装工程监理重点

由于制冷设备安装工程、管路系统复杂、工艺流程严格，与其他机械设备安装具有不同的特性。规范明确规定“制冷设备的安装是从设备开箱起，至试运转合格、工程验收为止”。因此，监理工作的服务内容也应是从设备开箱起至试运转合格、工程验收为止。

（1）制冷技术与设备简介

1）制冷技术

制冷技术就是使某一空间内温度或某一物体温度，降到低于周围环境介质的温度，并能维持在规定低温条件下所应用的一种技术。制冷的冷源有两类，天然冷源和人工冷源（人工制冷）。天然冷源主要是指冬季储藏下来的天然冰以及夏季使用的低温深井水。

在制冷技术中，人工制冷的方法很多，目前广为应用的有以下三种：液体气化制冷、气体膨胀制冷、热电制冷。

在上述三种制冷方式中，目前应用最多的是液体气化制冷，这种制冷称为蒸汽制冷。蒸汽制冷装置有三种：即蒸汽压缩式制冷、吸收式制冷、蒸汽喷射式制冷。

除上述制冷方法外，获得低温的方法还有绝热去磁制冷，涡流管制冷、吸附式制冷等。

不同的制冷范围应选用不同的制冷方法；不同的制冷方法适用于不同的使用场合和所需制取不同的低温。用人工制冷方法所获得的各种温度，统称为制冷温度。目前，根据制冷温度的不同，制冷技术大致分为三类：

①普通制冷——高于－120℃（153K）。

②深度制冷——－120℃～－253℃（153K～20K）。

③极低温制冷——－253℃以下（20K以下）。

在普通制冷领域中，高温为10～0℃；中温为0～－20℃；低温为－20～－60℃；超低温为－60～－120℃。空调和食品冷藏属于普通制冷范围，主要采用液体气化制冷。

蒸汽压缩式制冷理论循环的四大主件，是由制冷压缩机、冷凝器、节流装置（膨胀阀或毛细管）和蒸发器组成的最简单的蒸汽压缩式制冷装置。

制冷机的全称为制冷压缩机。

制冷机以蒸发（沸腾）制冷剂为工作原理的蒸汽式制冷机，又可分为压缩式、吸收式、蒸汽喷射式制冷机（此机型已淘汰）三种。

2）制冷系统的组成

蒸汽压缩式制冷系统根据使用制冷剂的不同又分为氨、氟利昂制冷系统两大类。制冷系统除制冷压缩机、冷凝器、节流装置（膨胀阀或毛细管）和蒸发器组成四大主件外，为提高制冷装置运行的经济性和安全可靠性，在四大主件外增加了许多的附属设备。如氨系统有：中间冷却器、贮液器、油分离器、集油器、气液分离器、空气分离器、紧急泄氨器等。氟利昂系统有：油分离器、贮液器、热交换器、过滤干燥器等。此外，还有一些仪器仪表、阀门等。将这些设备和管道及仪器仪表、阀门等组合连接起来、就构成完整的制冷系统。

空调用的基本是单级压缩制冷，可满足要求。但冷库类因要求蒸发温度低采用双级压缩制冷。双级压缩制冷有双机双级压缩和单机双级压缩之分。双机压缩是由两台不同的压缩机（低压压缩机和高压压缩机）来完成双级压缩；单机双级压缩由一台压缩机上设有低压缸和高压缸来完成双级压缩。

双级压缩根据中间冷却器的工作原理不同，分为完全中间冷却和不完全中间冷却两种。氨系统一般用完全中间冷却的双级压缩；氟利昂系统一般用不完全中间冷却的双级压缩。

由于受制冷剂的物理性质的限制，单级制冷循环在－25～－30℃以上的蒸发温度。当蒸发温度低于－25～－30℃时，采用双级制冷循环。双级制冷循环目前通常用来制取－30～－50℃之间的低温。如果想获得更低－60～－120℃只能采用复叠式蒸汽压缩式制冷循环。

制冷机组是指出厂时具备完整的制冷系统，其主机、附机等设备基本上都在同一公共底座上的制冷装置，产品主要有大中型空调器、冷水机组、盐水机组等。

制冷设备有整体式、组装式两种：

①整体式制冷设备——制冷机、冷凝器、蒸发器及系统辅助部件组装在同一机座上，而构成的整体形式的制冷设备。

②组装式制冷设备——制冷机、冷凝器、蒸发器及辅助设备采用部分集中，部分分开安装形式的制冷设备。

3）制冷系统安装内容划分

制冷系统安装在工程上的划分：制冷机组安装，制冷剂管道及配件安装、制冷附属设备安装，管道及设备的防腐与绝热、系统调试所组成的子分部或分项工程。

制冷设备安装工程所包括的内容为：以活塞式、螺杆式、离心式制冷压缩机为主机的压缩式制冷设备和系统中附属设备（冷凝器、贮液器、油分离器、中间冷却器、集油器、空气分离器、蒸发器和制冷剂泵等）及管道的安装。还有溴化锂吸收式制冷机组和组合冷库的安装。不包括蒸汽喷射式、氨-水吸收式制冷设备。对于制冷剂，活塞式主要使用R717、R22、R502、R12，螺杆式主要使用R717、R22、R12，离心式设备主要使用R717、R22、R11；使用其他制冷剂的制冷设备安装可参照《制冷设备、空气分离设备安装工程施工及验收规范》GB 50274—2010有关规定执行。

（2）安装准备阶段监理预控重点

1）技术准备

①熟悉制冷工艺流程及施工程序、工序和设备订货须知；

②审核施工组织设计及安装方案的同时，应对比监理实施细则的要求。对大型制冷设备搬运方案和吊装方案的安全合理性措施，必须落实到位。对起吊重量超过300kN的设备吊装必须按住房和城乡建设部［2009］87号文要求编制专家论证方案，并按专家论证意见执行。防止因搬运或吊装而造成设备损伤，并应做好设备的保护工作；

③设备及管道各专业施工方案已会审和批准，并已进行技术质量与安全交底，交底记录已形成；

④专业工程师应熟悉全套图纸和设备随机附带的配管系统流程图，现场设备的管口尺寸、方位、高度应符合图纸设计要求，设计图纸、技术文件齐全；

⑤核查建筑结构与制冷设备安装所需的现场条件因素，确认平面位置与坐标等项。如设备搬运，吊装时的孔洞预留，搬运通道、楼板载荷承受，吊装梁承重等，应由土建结构师设计人员复核确认后，方可实施吊装搬运；

⑥图纸会审时，应注意制冷机组所需各管道及冷却源（水）管道和冷冻水管道的引入，以及电器设备、自动调节设备的管线连接等；

⑦机组应配有独立而稳定的供电系统。

2）施工现场检查

①检查土建预留或复核与相关墙体、楼板孔洞、预埋套管和铁件，确认标高、坐标位置、孔洞几何尺寸等。

②设备基础检查验收，见本教材《机械设备安装工程施工及验收通用规范》GB 50231—2009介绍，在此从略。

③安全与环境：设备吊装；作业场地与消防器材；现场临电；管道吹扫、冲洗；制冷剂充装作业场所，应按规范规定要求，并应有通风措施，控制泄漏，减少对大气污染。新版规范中特别强调了“制冷剂充灌和制冷机组试运转过程中，严禁向周围环境排放制冷剂”，并作为强制性条文，因此在监理过程中须采取相应措施。

（3）安装阶段监理重点

1）制冷设备的开箱检查

①开箱时由承包商或施工、监理、建设、厂商或供货商共同查验。

②开箱后，对精密零件和易碎品要妥善保管，按装箱单核对零部件数量。

③“设备开箱记录”经几方认可签字存档备查。

④核对制冷设备和附属设备及附属材料的型号、规格和技术参数必须符合设计要求，并有产品合格证书、产品性能检验报告。根据装箱单的数量，清点设备、材料以及全部零、部件的规格型号和随机技术资料及专用工具是否齐全。

⑤制冷机设备清洗的清洁度应符合随机技术文件的规定；无规定时，应符合《制冷设备、空气分离设备安装工程施工及验收规范》GB 50274—2010 附录 A 的规定。

⑥辅助设备（如冷凝器、贮液器、油分离器、中间冷却器、集油器、空气分离器、蒸发器和制冷剂泵等）作外观检查，有无碰坏现象，附件是否齐全；管口的方向与位置，各接口封堵状况，锈蚀程度如何，其规格、型号是否符合设计要求。

2）材料质量检查

①氨（R717）制冷剂系统的管道、附件、阀门及填料和接触的零件，不得采用铜和铜合金材料（磷青铜除外），因为氨对铜和铜合金都具有腐蚀作用。与制冷剂接触铝密封垫片应使用纯度高（指含镁及其他杂质较低）的铝材，使用时不易断裂不至于影响密封性能的铝。

②所采用的阀门和仪表应符合相应介质的要求；法兰、螺纹等处的密封材料，应选用耐油橡胶石棉板、聚四氟乙烯膜带、氯丁橡胶密封液等。阀门、仪表做一般的外观检查，有无损坏现象，是否氨（氟）专用产品，安全阀铅封、合格证、仪表的规格、型号、数量应符合设计要求。

③所采用的管材应选用制冷剂、冷冻油及其他混合物均不得对其产生腐蚀的管材。应加强对管材的强度、耐腐蚀性及管道内壁的光滑度的查验。无缝管内外表面无明显腐蚀、无裂纹、重皮及凹凸不平等缺陷。铜管内外壁应光洁、无疵孔、裂缝、结疤、层裂或气泡等缺陷。通常氨制冷系统普遍采用无缝钢管（GB 8163—1987），其内壁不得镀锌。氟利昂系统普遍采用纯铜管（紫铜管 YB 447—70，黄铜管 YB 448—71）。

3）制冷机组的安装

主要介绍活塞式、螺杆式、离心式制冷机组、溴化锂吸收式制冷机组安装质量控制重点。

①设备就位安装。上位后应在底座的基准面上找正和调平。设备安装位置、标高和管口方向必须符合设计要求。用地脚螺栓固定的制冷设备其垫铁的放置应正确，接触紧密，螺栓必须拧紧，并有防松动措施。

②就位找正和初平：

a. 就位将设备安装在所定的准确位置，注意定位放线偏差要求，吊装时保护设备不受损。

b. 设备找正是将设备就位到规定的部位。找正时，应注意电路、水路及阀门的连接，其管口方向应与设计要求一致，管座等部件方向符合设备要求。

c. 设备初平是在就位和找正后，初步将设备的水平度调整到接近要求的程度。

③精平和基础抹面：

a. 设备初平合格后，对地脚螺栓孔进行二次灌浆。注意：地脚螺栓孔清理，细石混凝土或砂浆的强度等级，要比基础强度等级高 1～2 级。螺栓垂直状态，混凝土强度达 75％以上时，方能拧紧地脚螺栓。

b. 精平是设备安装的重要工序，是在初平的基础上对设备水平度的精度调整。使机身的纵横向安装水平偏差均不应大于1/1000，须达到质量验收规范和设备技术文件要求。注意测量位置，用水平仪检查。带轮组装后的带轮端面铅垂度允许偏差为1/1000；两带轮端面在同一平面内允许偏差为1mm。带的张力应适当，松紧程度一致，用手拉方式检查。凸缘联轴器组装后的同轴度的允许偏差应符合设备技术文件的规定。同轴度的偏差分别采用塞尺、百分表及专用工具测量。设备精平后，设备底座与基础表面的空隙应用混凝土填满抹平。以防油、水流入设备底座。

④溴化锂吸收式制冷机组运转较平稳、振动很轻，在基础的设计和施工中仅考虑机组的运转质量就能满足要求。其基础的外形尺寸及形式，应按机组技术文件规定要求施工。

⑤安装所有的减振器的规格、材质和单位面积的承载率应符合设计和设备安装要求。

减振器的安装位置应正确，每个减振器的压缩量，应均匀一致，偏差不应大于2mm。设置弹簧减震的制冷机组，应设有防止机组运行时水平位移的定位装置。

⑥两台以上同一型号并列安装的机组，其标高的允许偏差为±10mm。用水准仪或经纬仪，拉线和尺量检查。

4）制冷机组或压缩机组的拆卸与清洗

机组在超过防锈保证期或有明显缺陷需进行拆洗时，其拆洗的程度应按检查的情况来确定。拆卸的顺序、清洗的方法在设备技术中都有要求，应按其要求进行。

一般情况下，国内外生产的设备均由厂家或供货商负责处理与试运转及维修。但应注意设备拆卸，清洗场地的清洁与通风；并应配备防火器材。清洗过程中应防止油污物污染基础，防止制冷剂泄漏污染大气环境。

5）组合冷库安装

①应对库板体及库板板芯泡沫塑料物理、机械性能指标进行核查。

②安装方法与形式，应符合产品设备技术文件，所规定的要求进行安装施工。但应注意现场排水管及供电电源引入和地面基础处理。

6）附属设备安装

①冷凝器的安装

冷凝器是制冷装置中向系统外释放热量的设备。其主要作用是使制冷压缩机排出的高压过热制冷剂蒸气进入冷凝器后，将热量传递给冷却介质（空气或水）的同时，冷凝为高压液体，以达到制冷循环的目的。

制冷剂在冷凝器中释放的热量包含两部分：一是在蒸发器中吸收被冷却物体放出的热量；二是制冷剂在制冷机被压缩时，由制冷机消耗的机械功转化的热量。

冷凝器按冷却介质和冷却方式，大致分为三种类型：水冷式冷凝器用水作为冷却介质；空气冷却式冷凝器用空气作为冷却介质；蒸发式冷凝器利用水和空气作为冷却介质；此三种类型都是使高温高压的制冷剂蒸气冷凝的换热器。

冷凝器是承受压力的容器，安装前应检查出厂检验合格证，安装后要进行气密性试验。试验压力则根据制冷剂的种类而定。其气密性试验应符合《制冷设备、空气分离设备安装工程施工及验收规范》GB 50274—2010第2.5.2条规定。

冷凝器就位后应找正、调平，其允许偏差为：卧式的水平度、立式的铅垂度均不宜大于1/1000。

a. 立式冷凝器安装。立式冷凝器通常都在浇制的钢筋混凝土集水池顶部安装，安装位置较高，氨液可以顺利地流到高压贮液器。有单台式或多台并列式等安装形式。需要注意在筒体上焊接时，应防止焊接不当，损伤冷凝器本体，造成泄漏。焊接后应检查有无损伤现象。

b. 卧式冷凝器与贮液器安装。卧式冷凝器的安装基础，应根据设备技术文件规定要求。

卧式冷凝器与贮液器一般安装于室内。为满足两者的高差要求，卧式冷凝器可用型钢支架安装于混凝土基础上，也可直接安装于高位的混凝土基础上。为充分节省机房面积，通常的方法是将卧式冷凝器与贮液器一起安装于钢架上（槽钢制作）。安装的垂直高度及间距，应符合设计和设备技术文件规定和《制冷设备、空气分离设备安装工程施工及验收规范》GB 50274—2009 的要求。

卧式冷凝器与贮液器对水平度的要求，一般情况下，当集油器在设备中部或无集油器时，设备应水平安装，允许偏差不大于 1/1000；当集油器在一端时，设备应设 1/1000 的坡度，坡向集油器。冷凝器与贮液器重叠安装时，两者之间的垂直距离要大于 300mm；或当冷凝器至贮液器的液体管道内液体流速大于 0.5m/s 时，都需在两设备之间安装气相均压管。

所有冷凝器与贮液器之间都有严格的高差要求，安装时应严格按照设计的要求安装，不得任意更改高度。一般情况下，冷凝器的出液口应比贮液器的进液口至少高 200mm。

卧式高压贮液器顶部的管接头较多，安装时不能接错，特别是进、出液管更不得接错。因进液管多由顶部表面插入筒内下部，接错不能供液，还会发生事故。因此特别提示应注意，一般进液管直径大于出液管的直径。

冷凝器筒体安装完毕后，需用各类无缝钢管连接其他设备，并在管道上安装控制阀门。与冷凝器相连的管道上安装各类阀门时，筒体与阀门之间至少应有 200mm 的间距。

立式冷凝器的中部接有放空气管和均压管，注意两管的位置，放气接管应在均压接管之下，因为空气比氨气重。冷凝器的液体水平出液管段应不小于 2%的坡度坡向贮液器，使管内液体流速保持在 0.5～0.75m/s。

制冷系统采用洗涤式氨油分离器时，应注意洗涤式分离器的进液管是从冷凝器水平出液总管的底部接出的，应有一定的高差，这样才能保证洗涤式氨油分离器的氨液供应。此外，还可以设置油包供液。

②蒸发器的安装

蒸发器位于制冷系统的节流装置与制冷机的吸气管之间。在制冷循环过程中，液态的制冷剂经过节流后在蒸发器中气化吸热，使被冷却介质的温度降低，达到制冷的目的。

按供液方式的不同，蒸发器可为满液式、非满液式、循环式和喷淋式四种。

蒸发器的构造按冷却介质的种类，分为两大类：冷却液体载冷剂的蒸发器和冷却空气的蒸发器。冷却液体载冷剂的蒸发器有管壳式、直立管式、螺旋管式、蛇形管式；冷却空气的蒸发器有直接蒸发式和排管式等。

安装前应检查出厂检验合格证，应进行气密性试验，试验压力则根据制冷剂的种类而定。其气密性试验应符合《制冷设备、空气分离设备安装工程施工及验收规范》GB 50274—2010 第 2.5.2 条规定。

氨制冷装置换热器选用无缝钢管，氟利昂制冷装置换热器选用铜管。注意直接蒸发式排管制作与安装要点。

a. 冷却液体载冷剂的蒸发器

(a) 立管式蒸发器的安装

立管式蒸发器一般安装于室内的保温基础上。基础保温施工完毕后，即可安装水箱。水箱就位前必作渗漏试验。盛满水保持 8～12h 不渗漏为合格。基础保温层中应有宽200mm 经防腐处理的木梁，保温材料与基础间应做防水层。

水箱就位后，将各排蒸发器管组吊入水箱内，蒸发器管组应垂直，要求每排管组间距相等，并以 1/1000 的坡度坡向集油器端。蒸发器管组组装后，应在气密性试验合格后，即可对水箱保温。

安装立式搅拌器时，应先将刚性联轴器分开，取下电动机轴上的平键，用细纱布、汽油或煤油将其内孔和轴进行仔细地除锈和清洗，清洗干净后再进行连接。

(b) 卧式蒸发器安装

卧式蒸发器一般安装于室内的混凝土基础上，用地脚螺栓与基础连接。为防止冷桥的产生，蒸发器支座与基础之间应垫以 50～100mm 厚的防腐枕木，枕木的面积不得小于蒸发器支座的面积。

卧式蒸发器的水平度要求与卧式冷凝器及高压贮液器相同。可用水平仪在筒体上直接测量，一般在筒体的两端和中部共测三点，取三点的平均值作为设备的实际水平度。不符合要求时用平垫铁调整，平垫铁应尽量与垫木放的方向垂直。

b. 冷却空气的蒸发器

冷却空气的蒸发器，制冷剂都是在换热管内流动蒸发，空气在换热管外流动被冷却。又可分为直接蒸发式空气冷却器和排管式空气冷却器两种。

(a) 直接蒸发式空气冷却器广泛应用在冷藏库库房和空调设备中及低温试验箱等。优点：不用载冷剂，冷损失少；降温快，启动时间短；结构紧凑，易于实现自动化控制等。

(b) 排管式蒸发器主要用于冷库的冷藏库房、低温试验箱和各种冰箱等。按安装位置的不同分为墙排管、顶排管和搁架式排管等。

成型的每组蒸发器排管应进行吹污（1.2MPa 压缩空气，稳压 12h 无渗漏）、检漏、试压、充氮、封头等工序；再进行铲锈处理，涂防锈漆，面漆。

蒸发器排管的制作与安装，应根据设计图纸和现场实地勘察状况，对比若干组排管是否一致；直、弯、集管按设计要求制作。

③油分离器的安装

油分离器装在压缩机排出口和冷凝器之间，作用是用来分离高压气体中所带的润滑油，不使过量的油进入冷凝器和蒸发器。润滑油进入影响传热，降低制冷量。

因进入油分离器的是高温、高压的过热蒸汽，气体流速大，易产生振动，地脚螺栓固定应采用双螺母或加垫弹簧垫圈并牢固。

油分离器多安装于室内或室外的混凝土基础上，用地脚螺栓固定，垫铁调整。安装时，应弄清油分离器的形式（洗涤式、离心式或填料式），进、出口接管位置，以免将管接口接错。油分离器应垂直安装，允许偏差不得大于规范要求，可用吊垂线的方法进行测量，也可直接将水平仪放置在油分离器顶部接管的法兰盘上测量，符合要求后拧紧地脚螺栓将油分离器固定在基础上，然后将垫铁点焊固定，最后用混凝土将垫铁留出的空间填实（即二次浇筑）。

应注意洗涤式油分离器常用于氨制冷系统，它的进液管是从冷凝器水平出液总管的底部接出的，有一定的高差要求，进液口应低于冷凝器水平出液总管 200～300mm，保证洗涤式油分离器进液通畅。

④中间冷却器的安装

中间冷却器用于双级压缩制冷循环。分为完全中间冷却和不完全中间冷却两种。氨系统一般用完全中间冷却的双级压缩，氟利昂系统一般用不完全中间冷却的双级压缩。

核对基础中心线位置、尺寸、标高等；应垂直安装、找正；接管较多、注意配管的连接位置不得接错，及各种控制元件的安装等。

⑤空气分离器的安装

一般常设在低温氨制冷系统中，用来分离制冷系统内的空气及其他不凝性气体。

目前常用的空气分离器有立式和卧式两种形式，一般安装在距地面 1.2m 左右的墙壁上，用螺栓与支架固定待埋设支架的混凝土达到强度后将空气分离器用螺栓固定在支架上。

立式氨液进口向下。卧、立式安装水平、铅垂度偏差均不宜大于 1/1000；壳体须做保温隔热。按标明的管口接管，避免错接。

⑥集油器及紧急泄氨器的安装

集油器是用来收集氨油分离器、冷凝器、贮液器等设备内的润滑油。紧急泄氨器用于重大事故或情况紧急时，能将贮液器、蒸发器内的氨液迅速排入下水道中。

集油器一般安装于地面的混凝土基础上，其高度应低于系统各设备，以便收集各设备中的润滑油，其安装方法与油分离器相同。

紧急泄氨器是一个辅助的安全设备，一般垂直地安装于机房门口、在便于操作的外墙壁上，用螺栓、支架与墙壁连接，其安装方法与立式空气分离器相同。

紧急泄氨器的阀门高度一般不要超过 1.4m。进氨管、进水管、排出管均不得小于设备上的接管直径。排出管必须直接通入下水管中。

⑦制冷剂泵安装

除按《制冷设备、空气分离设备安装工程施工及验收规范》GB 50274—2010 第 2.5.1 条要求外，还要符合现行国家标准《风机、压缩机、泵安装工程施工及验收规范》GB 50275—2010 的有关规定。

⑧制冷管道及附件安装

a. 管道制作与安装：

制冷系统的阀门，安装前应按设计要求对型号、规格进行核对检查，并按照规范要求做好清洗和强度、严密性试验。

(a) 管道除污

制冷剂和润滑油系统的管子、管件应将内外壁铁锈及污物清除干净，尤其管道内的氧化皮、污染物和锈蚀除净，使内壁出现金属光泽面后，管口两端方可封闭，并保持内壁干燥。除完污锈的管子外壁应刷防锈漆。

（b）管道连接

法半、螺纹等连接处的密封材料，应先用金属石墨垫、聚四氟乙烯带、氯丁橡胶密封液或甘油一氧化铅；与制冷剂氨接触的管路附件不得使用铜和铜合金材料；与制冷剂接触的铝密封垫片应使用纯度的铝材。

从液体干管引出支管，应从主管底部或侧面接出；从气体干管引出支管，应从干管上部或侧面接出。供液管不应出现上凸的弯曲。吸气管除氟系统中专门设置的回油弯外，不应出现下凹的弯曲。因此，应避免液体管、气体管配置不当而在管内造成气囊或液囊。

设备之间管道的连接坡向及坡度十分重要，应符合《制冷设备、空气分离设备安装工程施工及验收规范》GB 50274—2010 表 2.1.5 的规定。

吸排气管道敷设时，其管道外壁之间的间距不得小于 200mm；在同一支架敷设时，吸气管宜在敷设排气管下方。

冷管道在金属支架上安装时应放置防腐处理的木垫板或与绝热层厚度相同的绝热材料，以防止产生“冷桥”。

管道的法半、焊缝和管路附件等不应埋于墙内或不便检修的地方；排气管穿墙处应加保护套管，排气管与套管的间隙宜为 10mm；

回气和排气管道应设置一定数量的固定支架和坚固的吊架。

（c）管道焊接

输送制冷剂碳素钢管道的焊接，应采用氩弧焊封底，电弧焊盖面的焊接工艺；不同管径管子对接焊接时，应采用同心异径管。紫铜管连接宜采用承插焊接，或套管式焊接，承口的扩口深度不应小于直径，扩口方向应迎介质流动。紫铜管切口表面应平齐，不得有毛刺、凹凸等缺陷。

氨系统的管道焊缝应进行射线照相检验。

乙二醇溶液的管道系统连接时严禁焊接，应采用丝接或卡箍连接。

输送制冷剂管道的焊接，按《制冷设备、空气分离设备安装工程施工及验收规范》GB 50274—2009 第 2.1.5 条规定要求执行。

（d）阀门安装

制冷设备及管路的阀门均应经单独压力试验和严密性试验合格后，再正式装至其规定的位置上。试验压力应为公称压力的 1.5 倍，保压 5min 应无泄漏；常温严密性试验，应在最大工作压力下关闭、开启 3 次以上，在关闭和开启状态下应分别停留 1min，其填料各密封处应无泄漏现象。阀门安装的位置、方向、高度应符合设计要求，不得反装。单向阀门应按制冷剂流动方向装设。

水平管道上的阀门或手动截止阀，手柄不得向下，同时应便于操作、维护和检修。

自控阀门安装的位置应符合设计要求。电磁阀、调节阀、热力膨胀阀、升降式止回阀等阀及感温包的安装应符合随机技术文件规定。热力膨胀阀安装位置宜靠近蒸发器。

安全阀、溢流阀或超压保护装置，应单独按随机技术文件的规定进行调整和试验；应保证其动作正确无误后，方可安装在规定的位置上。

制冷机组冷却水套及其管路，应进行 0.7MPa 水压试验，并保持压力 5min 后无泄漏为合格。

b. 仪表安装

所有测量仪表均应按设计所要求的专用产品，并应有合格证书和有效的检测报告。安装前必须进行校验。高压容器及管道所要安装的仪表为－0.1～2.5MPa压力表，中低压容器及管道所要安装的仪表为－0.1～1.6MPa压力表，仪表的精度等级应不低于2.5级。压力继电器和温度继电器应装在不受振动的地方。

所有仪表应安装在光线良好、便于观察、不妨碍操作和检修的地方。

⑨ 设备、管道防腐与防锈及保温

a. 管道防腐与防锈

制冷管道刷漆的种类、颜色，应按照设计或验收规范规定要求。管道、型钢、支吊架等金属制品必须做好除锈防腐处理，安装前可在现场集中进行。防腐涂料和油漆，须在有效保质期限内的合格产品。乙二醇溶液的管道系统，管道内壁需作环氧树脂防腐处理。

如采用手工除锈时，用钢丝刷或砂布反复轻刷，直至露出金属光泽，再用棉纱擦净锈尘。刷漆时，必须保持金属面干燥、洁净、漆膜附着良好，油漆厚度均匀，无遗漏。

b. 设备、管道保温及色标

(a) 设备和管道绝热保温，应在系统严密性检验和充灌制冷剂试漏及防腐处理合格后，方能进行。

(b) 保温应采用不燃或难燃材料，其材质、密度、规格与厚度应符合设计要求。施工方应提供有机绝热材料、有机非金属保护层材料燃烧性能检测报告。当绝热层采用高分子发泡材料、轻质粒状材料及纤维状材料进行浇注、喷涂法施工时，浇注、喷涂绝热层施工材料的配合比及配制应符合设计要求和产品使用说明书的规定。施工时应进行观察检查和检查试样性能检测报告和施工纪录。

(c) 管道的保温材料应满足下列性能：导热系数小、热容小；吸水性和抗水蒸气渗透性能好、耐冻，在受冻时不丧失其机械强度；不燃烧或难燃烧、不易霉烂、能抵抗或避免鼠咬、虫蛀。

(d) 在蒸发温度下工作的制冷工质管道和设备均应保温，高压制冷工质管道均不保温。

保温回气管道穿墙、楼板时，应有预留洞，其尺寸应满足保温层的厚度和周围填充材料的要求。排气管道应采用非燃材料进行隔离，管道穿墙时应留有20～300mm空隙，在空隙内不得填充材料。防潮层、保冷层、保温层、绝热层或保护层施工时应注意《工业设备及管道绝热工程施工质量验收规范》GB 50185—2010中以下强制性条文的要求：当采用一种绝热制品，保温层厚度大于或等于100mm，保冷层厚度大于或等于80mm时，绝热层施工必须分层错缝进行，各层的厚度应接近；绝热层采用硬质、半硬质及软质制品进行捆扎法施工时伴热管与主管的加热空间严禁堵塞；预制成型管中管结构施工完毕后，补口处的绝热层必须整体严密；保冷层和高温保温层的各层伸缩缝必须错开，错开距离应大于100mm；金属固定件严禁穿透保冷层。管道弯头与直管段上金属护壳的搭接部位；直管段金属护壳膨胀的环向接缝部位；静置设备、转动机械的金属护壳膨胀缝的部位，均严禁加置固定件；防潮层必须按设计要求的防潮结构及顺序进行施工。当固定保冷结构的金属保护层时，严禁损坏防潮层。施工时应加强观察检查，当发现可疑处时可打开保护层进行检查；当采用毡箔布类、防水卷材、玻璃钢制品等包缠型保护层时，搭接方向必须上搭下，顺水搭接。设备及管道金属保护层的环向接缝、纵向接缝必须上搭下，水平管道的环向接缝应顺水搭接，施工时应全数检查。

对于下面几条规范中虽然没有列为强制性条文要求的，但对施工质量有着重要影响的条文也应严格遵照执行，如：管托、支吊架以及设备接管、支座等部位的防潮层接口部位应粘贴紧密，应无断开、断层、虚粘、翘口、脱层、开裂等缺陷，封口处应严密；涂膜弹性体保护层应形成一个整体，表面厚度应均匀一致；大截面平壁压型板保护层的结构形式应满足强度和防水要求，接缝严密，平整美观；管道在法兰断开处及三通部位金属保护层的施工质量检验应符合下列规定：管道保温层在法兰断开处的端面应用金属保护层做成防水结构进行封堵，且不得与奥氏体不锈钢管材或高温管道相接触。

(e) 在金属支架上敷设保温的管道，应设有防腐处理的木垫块，其厚度应与保温层相同。

(f) 施工应符合《工业设备及管道绝热工程施工质量验收规范》GB50185－2010 的要求，并应按设备和管道绝热工程的技术文件执行。隔热结构，由内到外一般应有防锈层、绝热层、防潮层、保护层组成。有防火要求的应在保护层外刷防火涂料。

(g) 绝热层施工时，要注意人身安全及防火、防毒等安全措施。

(h) 系统管道保温后应在管外表面涂上不同颜色的油漆，并应在显要部位色标上标明介质名称和流动方向的箭头，便于识别与管理。

(i) 当施工质量不符合设计和《工业设备及管道绝热工程施工质量验收规范》GB 50185—2010 要求时，必须经返修重新验收合格，方可办理交工。经过返修或加固处理仍不能满足安全使用要求的工程，严禁验收。

⑩ 试运转

试运转工作是一项十分重要的工作，监理工程师首先必须从方案上严格审查，确保试运转条件符合相应要求后方进行。活塞式制冷压缩机和压缩机组、螺杆式制冷压缩机组、离心式制冷机组、溴化锂吸收式制冷机组的试运转，除了应按随机技术文件要求执行外，尚应满足《制冷设备、空气分离设备安装工程施工及验收规范》GB 50274—2009 中各自不同的要求。

2. 组合冷库安装监理重点

(1) 组合冷库的制冷系统设备的安装监理控制重点见制冷设备安装工程监理重点。

(2) 组合冷库的库体安装前，应进行库板材料的验收，验收后格方可安装；其材料性能应符合设计规定。

(3) 组合冷库的库体安装应编制专项施工方案并按程序进行验收。

(4) 气调冷库的气调系统设备安装，除应符合随机技术文件的要求外，还须满足以下要求：

1) 气调设备、管道及控制阀门应排列整齐，安装牢固。

2) 管道及阀门的接头和密封处，不应有漏气、滴水等现象；气调管道长度不应超100m。各管道挠度不应大于 1/350；管道上不应有下垂的 U 形弯管；管道应坡向气调间内；管道与气调机的连接处应采用软管连接。

3) 燃烧降氧的设备应设断水报警装置；燃料、燃气应置于气调设备间外，且符合防火安全规定。

4) 气调冷库在库体安装后，应进行库体气密性试验。库体气密性试验应按规定做好以下工作：

① 充分进行库内外空气交换，交换时间不小于 24h。

② 堵塞所有与库外相通的孔洞，应用密封胶密封。

③ 气密门密封经过检查并符合要求。

④ 准备鼓风机及测量仪表。

⑤ 气密性试验应按以下要求进行：

a. 关闭气密门；

b. 启动鼓风机，待库内压力达到 100Pa 后停机，同时开始计时；

c. 每隔 1min 记录一次库内压力值，读数应准确到 5Pa；

d. 当试验至 10min 时，库内剩余压力不小于 50Pa 为合格。

绘制库内压力随时间变化的曲线。

（5）气调冷库在库体气密性试验合格后还须进行气调试验、空库降温试验、库内温度不均匀试验，上述试验程序和合格标准见《制冷设备、空气分离设备安装工程施工及验收规范》GB 50274—2010 要求。

3. 空气分离设备安装工程

（1）设备概述

目前工业生产上空气分离有基本方法：深冷精馏法、分子筛吸附法。按照《建筑设计防火规范》GB 50016，空分制氧厂房属乙类火灾危险性厂房。分子筛吸附法空分设备安装较为简单，本节不作阐述，参见产品说明书的安装说明。

深冷精馏法空气分离是在一定压力下，将净化过的压缩空气深度冷冻，利用空气中各组分的沸点不同，在不同的塔板分流出不同的组分，达到制取一定纯度的氧气、氮气、氩气等产品的目的。

深冷精馏法空气分离设备主要包括：空气压缩机、空气预冷机组、纯化器、分馏塔、膨胀机、氧气缓冲罐、氧气压缩机、中压氧气贮罐、液氧泵、液氧贮罐、灌瓶装置、粗氩净化设备等，不同的工艺流程有不同的设备组合。

空气预冷机组、纯化器、分馏塔、膨胀机、液氧泵、液氧贮罐等属低温设备、低温压力容器或换热器，氧气缓冲罐、中压氧气贮罐为中低压压力容器、灌瓶装置为高压设备。

空气压缩机、氧气压缩机安装重点见压缩机、风机、泵安装工程部分，遵循《风机、压缩机、泵安装工程施工及验收规范》GB 50275—2010。

（2）设备安装调试阶段监理工作重点

在安装调试过程中，监理工程师要对每一个关键零件、部件、单机设备和成套设备的安装调试质量进行监控。

1）监理工程师应对承包商报送的重点部位、关键工序的安装调试工艺措施进行审核；项目总监应组织监理工程师确定质量见证点及见证方式，并向承包商进行交底。

2）监理工程师应对承包商报送的主要材料、主要设备报审表及其质量证明资料进行审核。

跟踪监督设备安装调试过程，审查设备安装调试的工艺标准、质量水平是否达到安装调试合同的要求和国家规范，检查、验收设备安装调试的过程性成果。

3）随时注意检查安装调试中的不安全因素，发现问题及时提请解决。

4）在安装调试过程中，审核承包商对已批准的安装调试工艺或措施进行的调整、补充或变动，并应由总监理工程师签字确认。

5）总监理工程师应安排监理人员对安装调试过程进行巡视和检查，对重要部位、重要工序、重要时刻和隐蔽工程进行现场监督。

6）监理工程师应对承包商报送的设备调试方案进行审核，督促参与各方做好各设备系统的调试准备工作，协调设备调试工作，对设备调试记录进行审核，并跟踪监督检查安装调试单位进行设备调试，以确认设备局部和整体的运行技术参数和性能是否达到要求。

7）若监理人员发现安装调试过程中存在重大质量隐患，可能造成质量事故或已经造成质量事故时，应通过总监理工程师下达工程暂停令，要求承包商停工整改，整改完毕后经监理人员复查，符合规定要求后，总监理工程师应及时签署工程复工申报表。

空气分离设备安装工程细节，见《制冷设备、空气分离设备安装工程施工及验收规范》GB 50274—2010。应特别注意以下几个方面：

① 分馏塔和贮罐的安装应严格按照《制冷设备、空气分离设备安装工程施工及验收规范》GB 50274—2010 要求的精度执行。

② 设备及管路系统吹扫后，应严格检查，避免遗留脏物或堵塞物品。

③ 凡与氧或富氧介质接触的设备、管路、阀门和各忌油设备均应进行脱脂处理并妥善保护。如被油脂污染，应重新脱脂处理；脱脂剂应符合《制冷设备、空气分离设备安装工程施工及验收规范》GB 50274—2010 的要求。

④ 各受压设备和阀门在就位前，必须进行现场气密性试验。制造厂已作过强度试验并有合格证明，在没有包装运输损伤和没有任何改装时，可不进行强度试验。否则，必须重新进行强度试验。试压介质的化学成分应符合奥氏体不锈钢材料的要求。

⑤ 绝热材料应干燥，装填应均匀密实，同时在低压充气的条件下进行。

⑥ 审核设备安装调试用的机具和检测仪器。机具应该适合安装调试设备的需要，并保持完好。仪器应该符合规定的精度要求，并在有效的鉴定期限内。

⑦ 设备冷试前，设备运行操作人员须经培训合格，并充分熟悉本系统的流程及操作规程。

⑧ 系统调试前，应先对电气控制系统及仪表控制系统进行核查，确保系统的正常运行。

⑨ 系统调试前，应先对各旋转设备进行试运转，并保存合格运转记录。

特别强调的是：对氧气管道中切断阀宜采用明杆式截止阀、球阀及蝶阀。严禁使用闸阀，以防止因闸阀关闭状态判断错误发生重大安全事故。为避免发生因管道系统静电火花产生爆炸事故，规范规定：氧气管道必须设备防静电接地。每对法兰或螺纹连接间的电阻值超 0.03Ω 时，应设备导线跨接。当液氧容器安装在室外时，为避免发生雷击事故，必须设置防静电接地和防雷击装置。

（七）风机、压缩机、泵安装工程监理重点

1. 设备概述

压缩机、风机、泵均属高速旋转动力设备，种类繁多，结构形式及原理各异，重量差异也较大。

压缩机指压缩气体，输送压力一般在 0.1MPa 以上的动力机械。压缩机主要形式包括：往复活塞式、螺杆式、离心式、滑片式、隔膜式等，按润滑方式分有油润滑和无油润滑两种，按冷却方式分水冷和风冷两种。

风机指输送气体，输送压力一般在50kPa以下的动力机械。风机主要形式包括：离心式、轴流式、混流式、罗茨式、叶式等。

其主要由机械设备本体和电机组成，其传动联接方式有刚性联接（直联、联轴器）和柔性联接（皮带）两种。

泵一般指输送液体的动力机械。泵主要形式包括：离心式、立式轴流式、机动往复式、蒸汽往复式、螺杆式、水环真空泵等。

2. 安装工程监理重点

风机、压缩机、泵的安装、检测、试运转有其共性，基本准则如下：

（1）设备基础应严格验收，并与到货设备核对后方可接收；设备安装前应按规定进行检查和清洗。设备安装的水平及垂直度应严格按《风机、压缩机、泵安装工程施工及验收规范》GB 50275—2010执行；水平安装的设备需二次找平灌浆；设备与基础之间应牢固可靠连接。其目的是保证安装精度，降低设备的振动，并防止由于设备振动而引起设备安装的松动进而加大设备的振动。

（2）设备的现场组装。对于解体出场的大中型往复活塞式压缩机，组装前应确认零部件没有包装运输损伤和其他缺陷并保持清洁，按照设备图纸及技术要求、《风机、压缩机、泵安装工程施工及验收规范》GB 50275—2010保证组装的精度和密闭性，并保证各管路系统畅通。

规范中对“压缩介质为氧气及易燃易爆气体的压缩机，凡与介质接触的零件和部件、附属设备和管路均应按现行国家标准《机械设备安装工程施工及验收通用规范》GB 50231的有关规定进行脱脂；与氧气直接接触的零部件其油脂残留量不得大于125mg/m^2；脱脂后应采用无油干燥空气或氮气吹干，并应将零件、部件和管路两端做无油封闭。”此条文虽没有作为强制性条文，但却是安装时必须严格进行的常规项目，组装时必须严格执行。另外为防止检查过程中发生爆炸事故，规范强调：“压缩机或压力窗口内部严禁使用明火查看”，并作为强制性条文执行。

（3）防爆通风机进场验收和安装除应满足规范相应章节相应类型的风机安装要求外，尚应进行以下检测和核查：

1）转动件和相毗邻的静止件不应产生碰擦；外露传动件加的防护罩应固定牢固和可靠接地，其接地电阻不应大于规定值，且与传动件不应产生碰擦；

2）防爆通风机所配备的防爆型电机及其附属电器部件，应符合现行国家标准《爆炸性环境用防爆电气设备》GB 3836的有关规定；

3）离心防爆风机进风口与叶轮轮盖进口的径向单侧间隙和轴向重叠长度，应符合规范规定；轴流防爆风机机壳与叶轮的径向单侧间隙，应符合规范规定，且最小径向单侧间隙值不得小于2.5mm；

4）防爆通风机进口法兰上钻孔的孔距允许偏差为±0.5mm；

5）离心防爆通风机轮盖内径的圆跳动偏差，应小于或等于叶轮与进风口最小径向单侧间隙的1/2；

6）叶片出口边对轮盘的垂直度偏差，不应大于叶轮出口宽度的1%；

7）离心防爆通风机叶片出口安装角的允许偏差为±1mm。

（4）消防排烟通风机进场验收和安装除应满足规范相应章节相应类型的风机安装要求外，尚应符合以下要求：

1）轴流式消防排烟风机电动机动力引出线，应有耐高温隔离套管或采用耐高温电缆；

2）消防排烟风机进出口法兰连接孔的位置偏差，不应大于1.5mm；

3）轴流式消防排烟风机机壳与叶轮的径向间隙应均匀，径向单侧最小间隙应符合规范规定；

4）离心式消防排烟通风机进风口与叶轮盖进口的径向单侧间隙和进风口与叶轮盖的轴向重叠长度，应符合规范规定。

（5）在安装与调试过程尤其要注意的是：

1）对于压缩介质为氧气及易燃易爆气体的压缩机，凡与介质接触的零件和部件、附属设备和管路须按规定进行脱脂；与氧气直接接触的零部件其油脂残留量不得大于125mg/m^2；脱脂后应采用无油干燥空气或氮气吹干，并应将零件、部件和管路两端做无油封闭；特别注意的是，在进行压缩机或压力容器内部检查时严禁使用明火。安全阀要安装在不易受震动等干扰的位置，其全流量排放压力不得超过最大工作压力的1.1倍。并按规定进行整定；泄入的气体和液体应回收或引放至安全处。

2）水泵吸入管应有导流管，并避免窝存气体。

3）潜水螺杆泵必须有可靠的接地装置和接地线，其接地电阻值应符合规范规定。

4）高温泵高温试运转前应缓慢预热并按规定盘车，停车降温时也应按规定盘车。低温泵低温试运转前应除湿、预冷并放气，停车后泵内应充满液体并保持阀门常开。

5）大中型压缩机、风机、泵应空载启动，可采用关闭出口阀门、变频降速等方式，慢慢升压。

3. 试运转程序

第一步，机械设备试运转前，应认真检查各紧固件是否紧固与锁紧；电路仪表、润滑系统、冷却系统是否正常；介质管路系统是否通畅；安全阀是否校验并保持可靠、灵敏。第二步，盘车检查。第三步，启动冷却系统。第四步，点动及短时运转。第五步，试车。

试运转时，应注意机械设备是否有异常声响，仪表盘各参数是否正常，各紧固件是否松动。试运转后，应清洗润滑系统，更换润滑油，并保持机械设备清洁。应该引起注意的是为保证试运转的安全，轴流通风机启动后调节叶片时，电流不得大于电动机的额定电流值；轴流通风机运行时，严禁停留于喘振工况内；具体风机、压缩机、泵的试运转程序和要求还须按照规范相应类型设备规定和随机技术文件要求来执行。

（八）起重设备安装工程监理重点

1. 起重机的发展趋势

随着现代物流及运输业的快速发展，起重运输设备得到迅猛发展与应用。同时起重机的创新设计得到各国的重视，设计的创新又为应用带来了广阔的发展前景，随着现代计算机的应用，设计中更加综合考虑控制系统安全可靠性、操作的舒适性、机构及结构广义优化等方面有了更高的要求，现代创新设计理念是基于现代设计设计理论和方法，应用微电子、信息、管理技术，以提高产品质量、用户满意度、产品功能，缩短设计开发周期为目的；主要集中于降低设计、采购和制造成本，创新设计的快速反应，仿真和虚拟设计技术，智能设计技术，广义优化和全过程优化技术等方面；采用的手段有推广三维设计，电气设计采用ED等先进设计手段，引入定子调压和变频调速，PLC参与系统控制，采用了大量的高新传感元件，实现了定位准确，操控方便，其安全可靠性也逐步提高，通过专家系统得应用，并利用系统论和信息论等现代计算机应用技术成果，使得起重机向智能化发展。同时，带领起重机制造向细分功能的多元化、节能化、大型化、高速化、传感智能化、遥控化、结构标准化、吊具专用化、操作合理舒适化和制造模式国际化方向发展。

2. 起重设备安装阶段监理工作重点

本节着重对机电安装工程常用的手动梁式起重机和手动悬挂起重机、电动梁式起重机和电动悬挂起重机、通用桥式起重机、冶金起重机、通用门式起重机、壁上起重机和柱式悬臂起重机等起重设备的安装过程中监理工程师应注意的事项进行介绍。其重点如下：

（1）对于大型、特殊、复杂的起重机设备的吊装或在特殊、复杂环境下的起重设备的吊装应制定完善的运输和吊装方案；制定详细的吊装安全保障措施和起重机设备保护措施，各类人员要求有上岗证，特别是吊装司机、指挥人员，安装负责人应在现场；根据住房和城乡建设部［2009］87文的要求，其吊装方案应进行专家论证，并按专家论证意见执行。

（2）当利用建筑物结构作为吊装重要承力点时，必须进行了结构的承载核算，并经设计单位书面同意后才能使用。

（3）应用起重机梁的定位轴线作为轨道安装基准线。

（4）起重机与建筑物间最小安全距离应符合工程设计规定。

（5）当现场装配联轴器时，其端面间隙、径向位移和轴向倾斜应符合设备技术文件要求，无要求时应符合《机械设备安装工程施工及验收通用规范》GB 50231—2009的规定。

（6）制动器调整的要求：制动器应开闭灵活，制动应平稳可靠，不得打滑。

（7）当通用的桥式、门式起重机空载时，小车车轮踏面与轨道面之间的间隙：电动的不应大于小车基距或小车轨距的0.00167倍。

（8）对轨道和车挡的要求：轨道中心线与吊车梁的中心线偏差不应大于梁腹板厚度的一半，且不应大于10mm；轨道实际中心线对安装基准线的水平位置的偏差悬挂起重机不大于3mm；其他起重机不大于5mm。当跨度≤10m时，轨道跨度偏差为±3mm；当跨度>10m时为轨道跨度偏差值应满足±〔3+0.25（S−10)〕，且不大于±15mm。轨道顶面标高与其设计标高的位置偏差以及同一截面内两平行轨道标高的相对差，悬挂起重机不应大于5mm，其他起重机不大于10mm。

（9）门式起重机同一支腿下两根轨道之间的距离偏差不应大于2mm，其相对标高不应大于1mm。

（10）两平行轨道的接头位置要错开，其距离不小于起重机前后车轮的距离。接头要求：焊接时焊条材料应与母材一致，并按规定进行探伤，接头顶面及侧面焊缝处应打磨光滑、平整；采用鱼尾板连接时，轨道接头的高低差及侧向错位不大于1mm，间隙不大于2mm；伸缩缝间隙符合设计文件要求；接头处轨道下垫板应为其他垫板2倍宽度。

（11）混凝土吊车梁与轨道间的混凝土灌浆层或找平层应符合设计文件规定。

（12）轨道下用弹性垫板的，弹性垫板材质应符合设计规定；拧紧螺栓前，应与轨道紧密贴紧，如有间隙用长度稍大的垫板塞在弹性垫下，长宽均大10～20mm。

(13) 在钢起重机梁上敷设钢轨时，钢轨底面应与吊车梁顶面贴紧，当间隙超过200mm，应加垫板垫实，垫板长度不应小于100mm，宽度应大于轨道底面10～20mm，每组垫板不超过3层，垫好后应钢梁焊接牢固。

(14) 轨道调整完毕后要全面复查各螺栓不得有松动，车挡与起重机缓冲器均匀接触。

(15) 电动葫芦车轮轮缘内侧与工字钢轨道翼缘间的间隙应为3～5mm；连接运行小车两墙板的螺柱上的螺母必须拧紧，螺母的锁件必须装配正确。

(16) 梁式起重机、轿式悬挂起重机、门式起重机和悬臂起重机的安装检验按规范要求进行。特别强调的门式起重机小车安装后，要对防止脱轨的安全保护装置进行全行程检查，确保其不与轨道产生摩擦；通用门式起重机安装后，应立即装上夹轨器并进行试验，并检查夹轨器各节点运转灵活情况，夹钳、连杆、弹簧和闸瓦无裂纹和变形。夹轨器钳口的开度应符合随机技术文件规定，张开时不应与轨道相碰。

(17) 起重机安装过程中要关注的其他重要问题：

1) 结构方面：焊接箱梁重点注意过载试验过程中，对重要焊缝进行仔细检查，不得有裂纹、变形和脱漆等缺陷。首先检查重要焊缝的出场检验记录报告，必要时，检查设计的可靠度设计评价（主要是抗疲劳裂缝的可靠度估算及其试验数值）；起重机大车车轮水平偏斜和垂直偏斜的控制，从轮轴孔的制造工艺可以看出，应采用镗孔专用机床或镗孔专用模具的方法，才能较好地解决，这是安装前重点检查的项目之一。

2) 电气方面：①起重机变频器的应用，变频器的抗干扰性和环境适应性，检查设备技术文件上数据是否能满足使用要求，有无干扰抑制措施等；②YZR电机接线的检查，一般容易发生电阻线与电源线接反，会造成电机在严重的不对称点压下运行，达不到额定起重量；③起重机接地形式的现场检验，采用测量阻值的方法时，首先分清采用的是TN系统还是TT系统，从总配电柜的进线端容易识别TN－S系统，如断路器采用逐级或末端采用漏电保护开关时，用电设备肯定采用TT供电系统，采用TN－C系统时，PEN线需在配电柜作重复接地，用电设备外露导电部分要接上PEN线，并做重复接地。

3) 双吊钩同步性检查，可以用同步机构解决，钢丝绳缠绕应从距离电动葫芦较远的定滑轮处将钢丝绳缠绕到卷筒上，基本保持钢丝绳与水平面平行，同时计算好吊钩的升降距离，保证钢丝绳与定滑轮槽的夹角不大于±6°。

4) 安装挠性提升构件时，应根据钢丝绳固定方式（压板、楔块）进行检查，确保无错位、无松动。钢丝绳出入导绳装置时应无卡阻；放出的钢丝绳应无打旋、碰触。吊钩在下限位置时，除固定绳尾的圈数外，卷筒上的钢丝绳不应少于2圈；起升用的钢丝绳应采用无编接接长的接头，当采用其他方法接长时，接头的连接强度不应小于钢丝绳破断拉力的90%；起重链条经过链轮或导链架时应自由无卡链和爬链。此条为强制性文，安装时必须重点进行检查。

3. 起重机调试验收阶段监理重点

(1) 起重机试运转阶段监理工作重点

起重机试运转除按《起重设备安装施工及验收规范》GB 50278—2010进行外，还要符合《机械设备安装工程施工及验收通用规范》GB 50231—2009的规定。起重机试运转包括试运转前的检查、空负荷试运转、静负荷试运转和动负荷试运转。在上一步未合格前，不得进行下一步的试运转。试运转前应按要求进行检查：电气系统、安全联锁装置、制动器、控制器、照明和信号系统等安装要符合设计文件要求，其动作要灵敏和准确。钢丝绳的固定及其吊钩、取物装置、滑轮组和卷筒上钢丝绳缠绕要准确、可靠；各润滑点和减速机所加油、只要符合设计文件的规定；手工转动各运动机构的制动器，使所有运动件都转动一圈，应无阻滞现象。

1）起重机空负荷试运转要求：操作机构的操作方向应与起重机的各机构运转方向相符；分别开动各机构的电动机，其运转正常，大车、小车运行时不应卡轨；各制动器能准确、及时动作，各限位开关及安全装置动作应准确、可靠；当吊钩下降到最低位置时，卷筒上钢丝绳应不少于 2 圈（固定圈除外）；用电缆导电时，放缆和收缆的速度应与相应的机构速度相协调，并应能满足工作极限位置的要求；通用门式起重机和装卸桥的夹轨器、制动器、防风抗滑的锚定装置和大车防偏斜运行装置的动作应准确、可靠，起重机防碰撞装置、缓冲器等装置应能可靠工作；以上工作应重复 5～6 次，且动作准确、无误。

2）起重机的静负荷试验应符合以下要求：起重机应先停于厂房柱子处；有多个起升机构的起重机，应先对各起升机构分别进行静负荷试验；对有要求的，再做起升机构联合起吊的静负荷试验；其起升重量应符合设备技术文件的规定。按照静负荷试验的程序和要求进行静负荷试验：① 开动起升机构，先进行 3 次以上的空负荷升降，无异常；② 将小车停在桥式类的跨中、悬臂类的最大有效悬臂处，逐渐加负荷做起升试运行；③ 将小车停在桥式类的跨中、悬臂类的最大有效悬臂处，无冲击地起升额定起重量的 1.25 倍，在离地面高度为 100～200mm 处，悬吊停留时间不应小于 10min，并应无失稳现象，然后卸去负荷将小车开到跨端或支腿处检查起重机桥架结构应无裂纹、焊缝开裂、油漆脱落及其他影响安全的损伤或松动等缺陷；④ 第三项试验不得超过 3 次，第 3 次应无永久变形。测量主梁的实际上拱度或悬臂的上翘度：上拱度应大于 0.7s/1000mm，悬臂起重机的上翘度应大于 $0.7L_0/350$mm；⑤ 检查起重机的静刚度（主梁或悬臂下挠度），将小车开到桥架跨中或悬臂最大有效处，起升额定起重量的负荷离地面 200mm，待起重机及负荷静止后，测出其上拱度或上翘度值，其值与第④项结果之差就是起重机的静刚度，起重机的静刚度允许值应符合设备技术文件要求和规范规定。

3）起重机的动负荷试运转的要求：各机构的动负荷试运转应分别进行，当有联合动作试运转要求时，应符合设备技术文件要求。各机构动负荷试运转应在全行程上进行，起重量应为额定起重量的 1.1 倍；累计启动及运行时间，对电动的起重机不应少于 1h，对手动的不少于 10min。各机构的动作应灵活、平稳、可靠，安全保护、联锁装置和限位开关的动作应准确、可靠。通用门式起重机大车运行时，载荷应在跨中。有安全过载装置的冶金起重机，在经动负荷试运转合格后，应按设备技术文件的规定进行安全过载保护装置的试验，其性能应安全、可靠。脱锭起重机顶出机构的顶出力可用应力应变仪或液压装置测量，顶出力的大小应符合设备技术文件的规定。

4）抓斗应做张开、下降、抓取和倒空动作的试验，并应在连续 2 次空行程和 5 次负荷试验中均应工作正常且无异常现象。其他专用吊具和电磁盘均应按设备技术文件要求进行试运转。

5）对整机抗倾覆稳定性有要求的起重机，应按设备技术文件要求进行试运转试验。当无具体要求时，应按国家现行标准《起重机试验规范和程序》的有关规定进行试验。

（2）起重设备验收的要求

起重设备施工完毕，应经空负荷、静负荷、动负荷试运转试验合格后，进行办理移交验收。空负荷、动负荷试运转和静负荷试验宜连续进行，当条件限制不能连续进行时，可在空负荷试运转合格后办理临时交工手续。

（九）锅炉安装工程监理重点

1.《锅炉安装工程施工及验收规范》GB 50273—2009 的适用范围

本规范适用于工业、民用、区域供热额定工作压力不大于 3.82MPa 的固定式蒸汽锅炉，额定出水压力大于 0.1MPa 的固定式热水锅炉和有机热载体炉安装工程的施工及验收。

本规范不适用于铸铁锅炉、交通运输车上和船上的锅炉、电站锅炉和核能锅炉的安装。

2. 现行涉及锅炉安装的有关安全技术法规

《特种设备安全监察条例》（国务院 2009 年 1 月 24 日 549 号令修订）；

《蒸汽锅炉安全技术监察规程》；

《热水锅炉安全技术监察规程》；

《有机热载体炉安全技术监察规程》；

《小型和常压热水锅炉安全监察规定》（原国家质量技术监督局令第 11 号）；

《特种设备安全监察条例》颁布实施后，其中涉及常压热水锅炉的部分不再执行。上述四项技术法规正在修订为《锅炉安全技术监察规程》，目前已经公布征求意见稿；

《安全阀安全技术监察规程》TSG ZF001—2006；

《安全阀维修人员考核大纲》TSG ZF002—2005；

《燃油（气）燃烧器安全技术规则》TSG ZB001—2008；

《特种设备制造、安装、改造、维修质量保证体系基本要求》；

《锅炉安装改造单位监督管理规则》TSG G3001—2004；

《锅炉安装监督检验规则》TSG G7001—2004；

《锅炉水处理监督管理规则》TSG G5001—2008；

《锅炉化学清洗规则》TSG G5003—2008。

3. 锅炉安装工程监理重点

本节着重介绍整装锅炉工程监理控制重点，散装锅炉安装过程中监控重点参见相关章节内容。

(1) 审查安装单位资质和安装人员资质。具体参见《特种设备安全监察条例》和《锅炉安装改造单位监督管理规则》TSG G3001—2004、《特种设备制造、安装、改造、维修质量保证体系基本要求》TSG Z0004—2007，锅炉安装许可证级别及其施工范围见表 2-2。

锅炉安装许可证级别及其施工范围　　表 2-2

级别	许可安装改造锅炉的范围
1	参数不限
2	额定出口压力≤2.5MPa 的锅炉
3	额定出口压力≤1.6MPa 的整（组）装锅炉；现场安装、组装铸铁锅炉

注：1. 对于从事较单一工作范围的锅炉安装改造单位，可申请单项范围的许可，如限安装、限铸铁锅炉等；

2. 整（组）装锅炉是指锅炉本体承压件已在制造厂内组焊完毕，在安装现场不进行承压件组焊工作的锅炉。

已获得锅炉制造许可的锅炉制造企业可以安装本企业制造的整（组）装出厂锅炉，无须另取许可证。但不能安装本厂制造的散装锅炉。

(2) 审查安装单位提供的安装施工组织设计或方案，并监督安装单位按批准的方案实施；安装单位应当在安装现场提供以下材料和条件，并设专人做好以下配合工作：

1) 施工计划；

2) 质量保证手册和相关管理制度；

3) 质量保证体系人员、专业技术人员和专业技术工人名单和持证人员的相关证件；

4) 安装设备的出厂文件、施工工艺文件及相应的设计文件；

5) 施工过程的各种检查、验收资料；

6) 安装监督检验工作要求的其他相关资料。

(3) 发现锅炉受压元（部）件存在影响安全质量问题，应当停止施工，及时报告安装地的质量技术监督部门，并在有关问题得到解决后方可继续施工。

(4) 对安装改造的施工质量负责，并及时做好有关锅炉安装改造质量的记录工作，妥善保存锅炉资料和见证材料，在竣工验收后应当按照《特种设备安全监察条例》规定，在30日内将有关技术资料完整移交锅炉使用单位存档。

(5) 锅炉安装工程施工及验收，除应符合《锅炉安装工程施工及验收规范》GB 50273—2009的规定外，尚应符合现行国家标准《机械设备安装工程施工及验收通用规范》GB 50231及国家现行的有关强制性标准的规定。

(6) 基础检查和放线：锅炉及其辅助设备就位前，应检查基础尺寸和位置，其允许偏差应符合《锅炉安装工程施工及验收规范》GB 50273—2009 表 2.0.1 的规定。锅炉安装前，应放出纵向、横向安装基准线和标高基准点并复核。锅炉基础放线应符合下列要求：

1) 纵向和横向中心线应互相垂直；

2) 相应两柱子定位中心线的间距允许偏差为±2mm；

3) 各组对称四根柱子定位中心点的两对角线长度之差不应大于5mm。

锅炉的纵向安装基准线可选用基础纵向中心线或锅筒定位中心线；横向安装基准线，可选用前排柱子中心线、锅筒定位中心线或炉排主动轴定位中心线。

标高基准点大多设在运转层锅炉安装位置附近的建筑物上（柱、墙或基础上）。为了安装时测量方便，大多以标高基准点为准，在锅炉的柱子上划出1m标高线，以后均可以柱子的1m标高线为基准去测量有关部位的标高。

(7) 锅炉运输与就位应编制专项施工方案，同时应参照住房和城乡建设部［2009］87文要求，进行吊装专家论证，并按专家论证意见执行。

(8) 锅炉的辅助设备安装工程如水泵、风机、输煤设备等安装工程的基本工序质量要求，如地脚螺栓、垫铁、清洗等应执行国家现行标准《机械设备安装工程施工及验收通用规范》GB 50231、《风机、压缩机、泵安装工程施工及验收规范》GB 50275、《破碎、粉磨设备安装工程施工及验收规范》GB 50276 和《输送设备安装工程施工及验收规范》GB 50270 等的有关规定。

(9) 水压试验：锅炉的汽、水压力系统及其附属装置安装完毕后，必须进行水压试验。水压试验的试验压力，应符合《锅炉安装工程施工及验收规范》GB 50273—2009 表 5.0.4 的规定。主汽阀、出水阀、排污阀和给水截止阀应与锅炉一起做水压试验；安全阀应单独试验。监理工程师在试压前应进行如下检查：

1）锅筒、集箱等受压部（元）件内部，应清理洁净无异物和表面污物去除干净。

2）检查水冷壁，对流管束及其他管子应畅通。

3）试压系统的压力表不应少于 2 只。额定工作压力大于或等于 2.5MPa 的锅炉，精度等级应不低于 1.5 级；额定工作压力小于 2.5MPa 的锅炉，精度等级不应低于 2.5 级。压力表经过校验应合格，其表盘量程应为试验压力的 1.5～3 倍，宜选用 2 倍。

4）应在系统的最低处装设排水管道和在系统的最高处装设放空阀。

5）水压试验的环境温度不应低于 5℃，当环境温度低于 5℃时，应有防冻措施。水压试验用水应为干净水。水温应高于周围露点温度，但不高于 70℃。锅炉应充满水，待排尽空气后，方可关闭放空阀。经初步检查无漏水现象，再缓慢升压。

6）试压程序要求：当升压到 0.3～0.4MPa 时应检查有无渗漏，必要时应复紧人孔、手孔和法兰等的螺栓。当压力升到额定工作压力时暂停升压，检查各部分应无漏水或变形等异常现象；然后关闭就地水位计，继续升到试验压力。蒸汽锅炉在试验压力下应保持 20min，焊接热水锅炉应在试验下应保持 5min，保压期间压力下降不应超过 0.05MPa；然后回降到额定工作压力进行检查，胀口处不应滴水珠、受压元件金属壁和焊缝上不应有水珠和水雾；检查期间压力应保持不变。当水压试验不合格时，应返修。返修后应重做水压试验。水压试验后，应及时将锅炉内的水全部放尽。当立式过热器内的水不能放尽时，在冰冻期应采取防冻措施。有机热载体炉在本体安装完成后，投入使用前应对液相炉、气相炉进行 1.5 倍工作压力的液压试验；试压应符合《锅炉安装工程施工及验收规范》GB 50273—2009 第 5.0.5 条有关规定。对气相炉还应用不小于 1.0 倍最高工作压力或系统循环压力进行气密性试验。

7）气相炉气密性试验应符合下列要求：

① 气密性试验时，安全附件应安装齐全。

② 气密性试验的环境温度不应低于 5℃，当环境温度低于 5℃时，应有防冻措施。

③ 试验气体温度不得低于 5℃。

④ 气密性试验应在水压试验合格后进行，试验压力为工作压力，试验时压力应缓慢上升，当压力升至试验压力的 50％时检查，如未发现异状或泄漏，继续按试验压力的 10％逐级升压，每级稳压 3min，达到规定试验压力时，稳压 10min，然后检查所有焊缝和法兰连接处、人孔、手孔、检查孔等部位应无渗漏现象。

⑤ 气密性试验所用气体应为干燥、洁净的空气、氮气或其他惰性气体。

⑥ 每次压力试验应有记录，压力试验合格后应办理签证手续。

（10）取源部件、仪表、阀门、吹灰器和辅助装置安装监控重点

1）取源部件：

① 压力管道和设备上取源部件及一次仪表的安装，宜采用机械加工的方法开孔；风压管道上可用火焰切割，但孔口应磨圆锉光。

② 取源部件的开孔和焊接，必须在防腐和压力试验前进行。

③ 在同一管段上安装取压装置和测温元件时，取压装置应装在测温元件的上游。

2）测温取源部件的安装，应符合下列要求：

① 测温元件应装在介质温度变化灵敏和具有代表性的地方，不应装在管道和设备的

死角处。

② 温度计插座的材质应与主管道相同。

③ 温度仪表外接线路的补偿电阻，应符合仪表的规定值，线路电阻值的允许偏差：热电偶为±0.2Ω；热电阻为±0.1Ω。

④ 在易受被测介质强烈冲击的位置或水平安装时，插入深度大于1m以及被测温度高于700℃时的测温元件，安装应采取防弯曲措施。

⑤ 安装在管道拐弯处时，宜逆着介质流向，取源部件的轴线应与工艺管道轴线相重合。

⑥ 与管道呈一定倾斜角度安装时，宜逆着介质流向，取源部件轴线应与工艺管道轴线相交。

⑦ 与管道相互垂直安装时，取源部件轴线应与工艺管道轴线垂直相交。

3）压力测量取源部件的安装，应符合下列要求：

① 压力测点应选择在管道的直线段上，即介质流束稳定的地方。

② 检测带有灰尘、固体颗粒或沉淀物等混浊物料的压力时，在垂直和倾斜的设备和管道上，取源部件应倾斜向上安装；在水平管道上宜顺物料流束成锐角安装。

③ 压力取源部件安装在倾斜和水平的管段上时，取压点的设置应符合下列要求：测量蒸汽时，取压点宜选在管道上半部，以及下半部与管道水平中心线为0°～45°夹角的范围内；测量气体时，应选在管道上半部；测量液体时，应在管道的下半部与管道水平中心线成0°～45°夹角的范围内。

④ 就地压力表所测介质温度高于60℃时，二次门前应装U形或环型管。

⑤ 就地压力表所测为波动剧烈的压力时，在二次门后应安装缓冲装置。

⑥ 压力取源部件与温度取源部件安装在同一管段上时，压力取源部件应安装在温度取源部件的上游侧。

4）流量取源部件的安装，应符合下列要求：

① 流量装置安装应按设计文件规定，同时应符合随机技术文件的有关要求。

② 孔板、喷嘴和管前后直段在规定的最小长度内，不应设取源部件或测温元件。

③ 节流装置安装在水平和倾斜的管道上时，取压口的方位设置应符合下列要求：测量气体流量时，应在管道上半部；测量液体流量时，应在管道的下半部与管道的水平中心线成0°～45°夹角的范围内；测量蒸汽流量时，应在管道的上半部与管道水平中心线成0°～45°夹角的范围内。

5）分析取源部件的安装，应符合下列要求：

① 设置位置应在流速、压力稳定并能准确反映被测介质真实成分变化的地方，不应设置在死角处。

② 在水平或倾斜管段上设置的分析取源部件，其安装位置应符合《锅炉安装工程施工及验收规范》GB 50273—2009第6.1.3条第3款有关规定。

③ 气体内含有固体或液体杂质时，取源部件的轴线与水平线之间仰角应大于15°。

6）物位取源部件的安装，应符合下列要求：

① 安装位置应选在物位变化灵敏，且物料不会对检测元件造成冲击的地方。

② 静压液位计取源部件的安装位置应远离液体进出口。

7）风压取源部件的安装，应符合下列要求：

① 风压的取压孔径应与取压装置管径相符，且不应小于 12 mm。

② 安装在炉墙和烟道上的取压装置应倾斜向上，并与水平线夹角宜大于 30°，在水平管道上宜顺物料流束成锐角安装，且不应伸入炉墙和烟道的内壁。

③ 在风道上测风压时应逆着流束成锐角安装，与水平线夹角宜大于 30°，且不应伸入炉墙和烟道内。

(11) 仪表安装监控重点

1）热工仪表及控制装置安装前，应进行检查和校验，并应达到精度等级和符合现场使用条件；

2）仪表及控制装置安装前应做外观检查和单表调校的检查工作；

3）仪表及控制装置应符合下列要求。

① 仪表变差应符合该仪表的技术要求。

② 指针在全行程中移动应平稳，无抖动、卡针或跳跃等异常现象，动圈式仪表指针的平衡应符合要求。

③ 电位器或调节螺丝等可调部件，应有调整余量。

④ 仪表阻尼应符合要求。

⑤ 校验记录应完整，当有修改时应在记录中注明。

⑥ 校验合格后应铅封，需定期检验的仪表，还应注明下次校验的日期。

4）压力表的安装，应符合下列要求：

① 就地安装的压力表不应固定在有强烈振动的设备和管道上，可将表适当移远或采取减振措施。

② 测量低压的压力表或变送器的安装高度宜与取压点的高度一致；测量高压的压力表安装在操作岗位附近时，宜距地面 1.8m 以上，或在仪表正面加护罩。

③ 锅筒压力表的表盘上应标有表示锅筒工作压力的红线。

④ 压力表应安装在便于观察和吹扫的位置。

5）流量检测仪表的安装，应符合下列要求：

① 流量检测仪表的节流件应在管道吹洗后安装。安装前应检查其介质进出方向，环室上“+”号一侧为介质流入方向。节流件的端面应垂直于管道轴线，其允许偏差为 1°。孔板的锐边或喷嘴的曲面应迎向被测液体的流向。

② 差压计或差压变送器安装，其正负压室压差应正确，与测量管及辅件连接应正确。引出管及其附件的安装应符合随机技术文件的规定。

6）分析取样器的安装，应符合下列要求：

① 分析取样系统应按设计要求安装，被分析样品的排放管应与排放总管连接，总管引至室外安全地点。

② 可燃气体检测器安装应根据所测气体的密度确定：其密度大于空气时，检测器应安装在距地面 200～300mm 的位置；其密度小于空气时，检测器应安装在泄漏区域上方位置。

7）液位检测仪表的安装，应符合下列要求：

① 玻璃管（板）式水位表的标高与锅筒正常水位线允许偏差为±2mm；表上应标明

"最高水位"、"最低水位"和"正常水位"标记。

② 内浮筒液位计和浮球液位计的导向管或其他导向装置必须垂直安装，并保证导向管内液体流畅。法兰短管连接应保证浮球能在全程范围内自由活动。

③ 电接点水位表应垂直安装，其设计零点应与锅筒正常水位相重合。

④ 锅筒水位平衡容器安装前，应核查制造尺寸和内部管道的严密性；应垂直安装；正、负压管应水平引出，并使平衡器的设计零位与正常水位线相重合。

8）电动执行机构的安装，应符合下列要求：

① 电动执行机构与调节机构的转臂宜在同一平面内动作；传动部分动作应灵活，无空行程及卡阻现象；在二分之一开度时，转臂宜与连杆垂直。

② 电动执行机构应进行远方操作试验。开关操作方向、位置指示器应与调节机构开度一致，其动作应平稳、灵活，且无跳动现象，其行程及伺服时间应满足使用要求。

9）阀用电动装置的传动机构动作应灵活、可靠，其行程开关、力矩开关应按阀门行程和力矩进行调整。

10）用煤粉、油或气体作燃料的锅炉，必须装设可靠的点火程序控制和熄火保护装置。点火控制程序和熄火保护系统其动作值应按要求进行整定，并应做模拟试验，动作灵敏可靠。

11）信号装置的动作应灵敏、可靠，其动作值应按要求进行整定，并作模拟试验。热工保护及联锁装置应按系统进行分项和整套联动试验，其动作应正确、可靠。

（12）阀门、吹灰器和辅助装置安装监控重点

1）阀门均应逐个用清水进行严密性试验。严密性试验压力为工作压力的1.25倍，应以阀瓣密封面不漏水为合格。

2）蒸汽锅炉安全阀的安装，应符合下列要求：

① 安全阀应逐个进行严密性试验。

② 锅筒和过热器的安全阀始启压力的整定应符合《锅炉安装工程施工及验收规范》GB 50273—2009 表 6.3.2 的规定；省煤器、再热器的安全阀整定压力为装设地点工作压力的1.1倍，整定应在蒸汽严密性试验前用水压的方法进行。锅炉上必须有一个安全阀按表中较低的始启压力进行整定，对有过热器的锅炉，过热器上的安全阀必须按较低压力进行整定，即过热器上的安全阀应先开启。

③ 安全阀必须垂直安装，并应装设有足够截面的排汽管，其管路应畅通，并直通至安全地点；排汽管底部应装有疏水管；省煤器的安全阀应装排水管。排水管、排气管和疏水管上不得安装阀门。

④ 锅筒和过热器的安全阀在锅炉蒸汽严密性试验后，还必须进行最终的调整。

⑤ 安全阀应检验其始启压力、起座压力及回座压力。

⑥ 在整定压力下，安全阀应无泄漏和冲击现象。

⑦ 安全阀经调整检验合格后，应做标记。

3）热水锅炉安全阀的安装，应符合下列要求：

① 安全阀应逐个进行严密性试验。

② 安全阀起座压力应按下列规定进行整定：起座压力较低的安全阀的整定压力应为工作压力的1.12倍，且不应小于工作压力加0.07MPa；起座压力较高的安全阀的整定压

力应为工作压力的1.14倍，且不应小于工作压力加0.1MPa；锅炉上必须有一个安全阀按较低的起座压力进行整定。

③ 安全阀必须垂直安装，并装设泄放管。泄放管应直通安全地点，并应有足够的截面积和防冻措施，确保排泄畅通。

④ 安全阀检验合格后，应做标志，同时加锁或铅封。

⑤《安全阀安全技术监察规程》要求：安全阀安装前，应当进行宏观检查、整定压力和密封试验，有特殊要求时，还应当进行其他性能试验；用于蒸汽或者高温热水系统中的安全阀，应当为直接载荷式，并且应当装有可靠的提升装置（扳手）；重锤式安全阀应当有防止重锤自行移动的装置；调整弹簧压缩量的机构必须设置防松装置；弹簧不允许存在裂纹、发纹、夹杂或者其他影响使用的缺陷；波纹管焊缝无裂纹、夹杂、气孔以及过烧等缺陷；在安全阀铭牌或者安全阀外表面至少有以下内容的明显标志，其中产品编号应当为阀体上的永久性标志（安全阀制造许可证编号及标志、制造单位名称、安全阀型号、制造日期及其产品编号、公称压力（压力级）、公称通径、流道直径或者流道面积、整定压力、阀体材料、额定排量系数或者对某一流体保证的额定排量）；铭牌应当用耐腐蚀材料制造，而且必须牢固固定在阀体或者阀盖外表面。

（13）烘炉、煮炉、严密性试验和运行监控重点

1）煮炉、严密性试验和运行前应制订专项方案供监理方审批，合格后按批准方案实施。

2）核查锅炉及其水处理、送风、除尘、照明、循环冷却水等系统均应安装完毕，并经试运转合格。

3）烘炉、煮炉应严格按方案和规范规定进行；烘炉时应按升温曲线图逐步升温，应经常检查各部位的膨胀情况。若出现炉墙开裂或变形迹象时，应减慢升温速度，查明原因并采取相应措施；煮炉后达到下列要求，即为合格：

① 检查锅筒和集箱内壁，其内壁应无油垢；

② 擦去附着物后，金属表面应无锈斑。

4）锅炉烘炉、煮炉合格后，应按下列要求进行严密性试验：

① 应升压至0.3～0.4MPa，对锅炉的法兰、人孔、手孔和其他连接螺栓进行一次热态下的紧固。

② 升至额定工作压力，检查各人孔、手孔、阀门、法兰和填料等处应无泄漏现象，同时观察锅筒、集箱、管路和支架等的热膨胀应正常，无卡阻现象。

③ 有过热器的蒸汽锅炉，应采用蒸汽吹洗过热器。吹洗时，锅炉压力宜保持在额定工作压力的75%，同时应保持适当的流量，吹洗时间不应少于15min。

④ 燃油、燃气锅炉的点火程序控制及炉膛熄火报警和保护装置应灵敏。

⑤ 严密性试验合格后，应按《锅炉安装工程施工及验收规范》GB 50273—2009第6.3.2条或第6.3.3条对安全阀进行最终调整，调整后的安全阀应立即加锁或铅封。

⑥ 安全阀调整后，锅炉应带负荷连续试运行48h；整体出厂的锅炉宜为4～24h，以运行正常为合格。锅炉带负荷连续48h试运行，是全面考核锅炉的设计、制造、安装、烧料及司炉操作的必要步骤。特别是司炉、水处理等，必须由经过专门培训合格的专职人员来担任。

第二节　电子工程特点及监理重点

一、电子工程的分类

按照电子工业产品的类型，电子工程主要包括下列工程：

整机装配和调试/测试厂房工程，如：通信类、计算机及外部设备类、音视频与家电类、电子专用设备与仪器类、电子应用系统类等产品的装配和调试厂房。

线路板装配和零部件装配厂房工程。

电子元器件厂房工程，如：电阻、电位器、电容器、磁性元件、电子变压器、电感元件、压电晶体、传感器、印制电路板、绿色电池工厂等。

电子材料厂工程，如：光缆材料、绿色电池材料、电子陶瓷材料、薄膜材料、磁性材料厂等。

微电子器件厂房工程，如：微波功率晶体管厂、电力电子器件厂、光电子器件厂、半导体分立器件厂、集成电路厂等。

半导体器件和集成电路芯片制造厂房工程。

半导体器件和集成电路封装厂房工程。

半导体器件和集成电路材料厂房工程。

光纤制造厂房工程。

显示器件厂工程，如：CRT 显示器件厂、液晶显示器件厂、新型显示器件厂。

电子玻璃厂工程，如：玻壳厂、电子用玻璃板材、玻璃配料厂。

电子产品特种防护设施工程。主要是各种电子行业特种环境，如：屏蔽室、消声室、微波暗室、混响室、试听室等。

二、电子工程的主要特点

电子工业是国民经济支柱产业和新的经济增长点，以电子工业为基础的信息技术是当今世界经济发展最重要的推动力，以计算机、软件和微电子为代表的电子工业科学技术水平和工业水平已成为新时期大国地位的新标志。电子工业产品与当今人类的生存发展密切相关，随着数字经济时代的到来，电子信息产业在我国经济发展、社会进步、人民生活和国防安全中发挥着越来越重要的作用，从军用品到民用品，从家用电器到个人数码产品，电子产品以各种形态存在于我们的日常工作生活中。

目前电子工业已逐步形成了以微电子为基础的计算机、集成电路、半导体芯片、光纤通信、移动通信、卫星通信等产品为发展主体的产品生产格局，同时微波、电磁波、遥感、激光、家电和“金卡”工程等也得到了迅速发展 。电子产品的发展趋势更加小巧、轻便，集成化程度越来越高，电子产品正向着更加高效低耗、高精度、高稳定、智能化的方向发展。

电子工程建设的最终目的是要保证产品有稳定可靠的性能和成品率，所以电子工程的建设效果与生产环境的可靠性密切相关。

为了保证电子工程生产产品的需要，电子工程具有下列特点：

（一）空气洁净度要求高

空气洁净度是指空气洁净程度，主要有两个指标：空气中尘埃微粒浓度和尘埃粒径。空气的洁净度是电子产品，尤其是微电子生产非常重要的条件之一，如果空气洁净度不达标，会直接对产品或工件造成污染，影响产品的性能、成品率、可靠性及寿命。空气洁净度主要靠两个方面来保证：净化空间的密闭性和净化空调系统效果。一般而言，各类电子工程结合生产要求和造价等多方面的因素，根据生产工艺流程设置不同面积和等级的净化车间，随着工艺要求的严格程度，净化等级由外到内逐级提高。

（二）恒温恒湿环境

恒温恒湿环境包含了对温度、湿度及其容许变化幅度范围的要求。

（三）防微振要求严格

顾名思义微振是很微小的振动，由于振动位移和频率比较小，一般感受不到。但是电子工程对环境振动要求严格，即使微弱振动也会影响加工精度，导致成品率下降，甚至影响设备仪器正常工作和使用寿命。

（四）防静电要求高

各种因素产生的静电电压，往往会超过电子器件对静电的灵敏度范围。如果室内相对湿度过低，还可能产生一定的静电电压，使得产品损坏率上升，必须采取安全可靠的防静电措施。

（五）电磁环境和电磁屏蔽

电磁环境是电子工业生产不可缺少的一个重要条件，同时也是影响产品生产的一个重要环境因素。一个符合要求的电磁屏蔽环境需要多专业的密切配合，包含：屏蔽壳体的安装、滤波器、波导通风窗的安装等，都应严格遵守相关的施工验收规范。

（六）各类机电系统多

电子工程机电系统繁多，各类管线庞杂，需要进行专门的空间协调，主要有：

1. 各种水系统

除了一般的生产给排水、生活给排水和消防给排水系统以外，有冷冻水、热水、凝结水、工艺冷却水、软化水、工艺废水和各种纯度的纯水等。

纯水在电子工业的使用十分广泛，尤其是集成电路和微电子器件生产，几乎每道工序均需使用纯水进行清洗，如果生产过程的清洗用水含有不纯物质或颗粒，最终将影响产品合格率，所以纯水管道的施工过程有着非常严格的要求。

2. 各种气体系统

电子工业生产需用的气体种类繁多，仅集成电路生产所涉及的气体种类，就达到几十甚至上百种，从大类划分主要有：压缩空气管、大宗气体和特种气体，这些气体常常分别具有易燃、窒息、强氧化、腐蚀、有毒等性质。

3. 各种化学物料供应系统

如集成电路工厂的化学品输送及回收系统，主要用于显影、各种刻蚀、剥离、稀释等。

4. 各种电气和自动控制系统

合理有序地组织这些管线，在满足施工安装质量要求的基础上，既可以充分利用空间，还可以极大地方便工厂的生产管理，提高产品合格率。虽然施工图能够反映各种管线的路由和安装要求，但是在施工安装过程中，经常会遇到各种情况，需要监理工程师在兼顾功能、质量、进度和合同造价等方面，协调各方合理解决现场施工问题。

（七）需设置生命安全保障系统

电子工业生产过程中需要使用各种不同的气体、化学品等物质，也会产生各种废气和粉尘，有的物质具有易燃、易爆、腐蚀等性质，有的甚至有一定的毒性，所以需要设置一系列的生命安全保障系统。除了火灾报警和消防联动系统以外，还需要设置气体泄漏报警系统、液体泄漏报警系统、气瓶间泄爆、事故排风、紧急洗眼等设施。

（八）对土建工程有特殊要求

1. 钢筋混凝土结构超长

为了满足生产工艺连续性和电子行业随市场波动易于调整的特点要求，有时电子厂房建筑平面尺寸超长，而由于净化要求往往不能按照常规设缝，所以要采取措施，妥善处理由于混凝土温度应力可能带来的问题。

2. 使用清水混凝土技术

由于电子工业生产环境的净化要求，一般不进行室内抹灰，而在清水混凝土表面上直接施工防尘涂料，因此对混凝土表面施工质量要求较高。

3. 净化间平整光洁

净化车间的顶棚、墙壁和地面应不积尘并易于清洁，同时室内空间的各部位交接或转角应平滑过渡，所使用的材料应该是不发尘、不易发霉。近年来随着净化工程产业的发展，国内已经在洁净壁板和防静电地板等方面形成了完整的配套体系。

三、电子工程监理要求及监理重点

（一）监理工程师要善于学习，不断扩充自己的知识面和各方面能力

由于电子工业高技术含量和快速发展的特性，对其生产环境的特殊要求要体现在电子工厂的建设过程中。所以只有了解工程的特殊需求和原理，才能对工程有充分的理解并落实到工作中。

（二）监理工程师要具备一专多能的基本能力

任何工程各个专业既有专业的划分也有专业间的配合，任何一个技术工作都不是某一专业独立存在的，而是充满了关联与交叉。为了恰当、妥善地处理所有的技术问题，要求工作在工程现场的各专业的监理工程师不仅要熟知自身专业的内容，也要了解其他相关专业的专业知识和工程内容，理解一般的工程建设要求，而且要了解电子工程建设的特殊要求及其对应的措施和手段。例如：电子工程施工监理实施过程中，管道监理工程师既要负责给水排水，又要负责气体管道、工艺冷却水管道、废水管道、排气管道。

（三）监理工程师要具备团队工作素质并能够对多方协同工作的情况协调

由于电子工厂系统庞杂，特点和要求各异，所以参与单位比较多。由于电子工业生产线的技术来源等因素，经常引进工艺生产线，涉及较多的各方面配合工作参与。其工程建设除了一般的土建施工单位、一般的水暖和电气施工单位以外，往往包括净化工程、各类气体、废水处理和防静电工程，有时包括防微振、电磁屏蔽等各种承包单位。甚至有时还会有外方（管理）公司参与工作，往往容易产生配合上的问题。为了一致的建设目标，监理工程师要及时发现问题，并善于与各方沟通建立起工作配合关系，良好地协调各方面的工作。

（四）加强对施工单位资质、管理能力和相关业绩的考察

除了土建结构施工以外，电子工程的机电系统、洁净室各系统的施工要求要比一般的工业与民用建筑要严格，主要体现在原材料的特殊要求、施工方案的特殊要求、检验试验的特殊要求等，所以要特别注意这些施工安装单位是否具备必需的施工经验和施工管理能力。

（五）施工环境要求严格

电子工程特别是洁净室系统工程对施工环境有严格的规定，技术指标的精度要求高，调试过程严格，所以监理工程师要重点观察施工过程管理和施工过程的安装质量是否满足相应的要求。

四、电子工程洁净室的监理重点

（一）洁净室监理内容

（1）建筑结构和建筑装饰。建筑装饰包括地面、墙面、吊顶的系统工程，门窗工程，缝隙密封，以及各种管线、照明灯具、净化空调设备、工艺设备等与建筑结合部位缝隙的密封作业。简化为：地、墙、顶、门窗、密封。

（2）风系统包括：风管和配件制作，风管安装，部件和配件安装，风口的安装，送风末端装置的安装。

（3）气体系统包括：管材及附件、管道系统安装、管道系统的强度试验、管道系统的吹扫、气体供给装置。

（4）水系统包括：给水、排水、热水、纯化水与高纯水。

（5）化学物料供应系统包括：储存设施，管道与配件。

（6）配电系统包括：线路，电气设备与装置。

（7）自动控制系统包括：自控设备的安装，自控设备管线的施工，自控设备的综合调试。

（8）设备安装包括：净化设备安装、设备层中的空调及冷热源设备安装。

（9）消防系统：防排烟系统，防火卷帘、防火门和防火窗。

（10）屏蔽设施包括：屏蔽体、屏蔽室、管线、门洞及其他要求。

（11）防静电设施包括：防静电地面，防静电水磨石地面，防静电聚氯乙烯，防静电瓷质地板，面层和涂层，系统部件。

（12）化学品供应系统及其管线的安装，各种排风和排气系统及其处理设备的安装。

（13）消防安全报警系统及其控制设备的安装。

（14）变配电系统及其桥架、配管配线的安装，照明系统及灯具的安装。

（15）防微振装置的安装。

（16）生产工艺设备及其配管、配线的安装，高纯水系统及其管线的安装，高纯气体系统（含特种气体供应等）及其管线安装等。

（二）电子工程洁净室的监理重点

1. 审查承包单位的资质及同类工程业绩情况

需要认真核查洁净室施工、安装单位的资质、同类项目经验、项目团队的经验和管理能力以及资源调动能力，认真审核各专业施工单位的施工方案，并综合考虑洁净室整体工序安排。洁净室施工不同于一般工业民用建筑的装饰装修和机电安装，有其特殊的要求和施工工艺标准，参与施工安装的单位必须具备相应的工程经验和管理能力，洁净室的施工质量直接影响到各项净化指标，并最终影响到生产环境的建立和产品合格率。所以要求承担洁净室各系统施工的企业应具有相应的工程施工安装的资质和相应的质量管理体系，并应按洁净室工程的整体施工程序、计划进度组织安排施工。

2. 需要核查洁净室的施工准备条件

电子工程洁净室的洁净效果如何必须在施工安装的初始阶段就给予足够的重视，施工前各方要做好相关的技术准备工作，如熟悉各专业设计图，并绘制顶棚、墙板施工详图或称二次设计图，对完成现场测量、对土建施工的误差做到心中有数。吊挂等与主体结构和地面的连接件的固定应严格按设计图要求。进行洁净室施工开始以前需要对施工条件进行彻底检查：是否已经按照要求完成了必要的工作，比如：建筑装饰施工应在厂房屋面防水工程和外围结构完成，外门、外窗安装完毕，地面装修施工完成，并初步验收，主体结构工程验收后才能进行；技术夹层内的各种主干管基本安装完成，制冷机、空调机、排风装置等必要设备已经安装完成，并进行了单机试车；空吹前，洁净室所有公用动力设施、管线均已安装完毕，并已进行过单机试车；条件许可时，洁净室内的生产工艺设备已经安装完毕部分的设备，处于待用状态。

3. 必须对洁净室进行封闭管理，严格控制施工过程的洁净环境保持情况

为了保证最终的洁净效果，洁净室的整个施工过程需要保持必要的洁净条件。建筑净化系统开始施工前，要对室内地面、柱、墙、空间进行一次彻底清扫和清洁吸尘处理，施工室内空间必须彻底清扫至无积尘，达到清洁无尘方可开始施工；对隐蔽空间（如吊顶和夹墙内部等）还应做好清扫记录。在洁净室的建筑装饰施工过程中，要有专人随时进行现场清洁工作。

应对施工区域实施封闭管理，并建立出入管理制度，严格控制人流和物流。

送排风系统和一般空调系统的安装要在建筑物内部安装部位的地面做好，在墙面已没有灰尘飞扬，或有防尘措施的条件下进行。

洁净室建筑净化系统施工现场的环境温度应不低于10℃，对特殊的装饰工程，应按照材料的产品说明要求的施工条件进行施工。

所有安装材料如壁板、各种管材和配件应在清洁环境中开箱启封，不合格或已损坏不得安装。要有严格的物料管理制度，各种安装材料或半成品在进入洁净室安装区域以前，要经过必要的清洗并进行保护以后，才能进入洁净室施工区。每天出入施工区的施工人员也要进行必要的清洁，换洁净工作鞋，施工人员携带的施工用具也要进行清洁。所有材料（金属壁板和配件）和半成品应存放在清洁的环境，平整地放在防潮膜上，防止变形。

洁净空调的风管清洗场地要求封闭隔离，无尘土。应建立完善的卫生及管理制度，对进出人员及机具、材料、零部进行检查，符合洁净要求方可携带入内。清洗场地地面应铺设干净不产尘的地面保护材料（如橡胶板、塑料板等），每天至少清扫擦拭2～3次，保持场内干净无尘。洁净空调系统的风阀、消声器等部件安装时必须清除内表面的油污和尘土。安装空调箱等各项洁净室内的设备时应对设备进行必要的清洁，做到无浮尘、油污。

高效过滤器安装前，要落实洁净室的其他所有安装工程完毕，并对洁净室进行全面清扫、擦净，对夹层或吊顶内进行全面清扫，净化空调系统必须进行试运转（空吹），各

项合格以后立即安装高效空气过滤器。

4. 控制材料满足洁净环境的要求

洁净室的装饰表面材料应满足表 2-3 的要求。目前国内洁净室大多采用金属壁板装配式结构，但是在一些行业的 7 级（10000 级）、8 级（100000 级）洁净室还有采用砌筑墙抹灰墙面等形式。一般来说有如下要求：

（1）净室建筑装饰施工应采用不起尘、不开裂的材料，在施工过程中特别要注意各种接缝处的处理措施，防止开裂、起尘，并在接缝处采用密封胶填塞，接缝处的缝隙不应大于 0.5mm。建筑装饰及门窗的缝隙应在洁净室的正压面密封。

（2）洁净室墙面和顶棚表面的抹灰应采用高级抹灰标准，养护时间应充分。不得采用因受热、受潮影响而产生变形、开裂、霉变和粉化的材料。

（3）抹灰后应刷涂料面层，并应选用难燃、不开裂、耐清洗、表面光滑、不易吸水变质发霉的材料。

洁净室的装饰表面材料要求 **表 2-3**

发尘性	耐磨性	耐水性	防霉性	气密性	压缝条
不掉皮、粉化		可耐清洗	耐潮湿、霉变		
不产尘、无裂痕		可擦洗		板缝平齐、密封	平直，缝隙不大于 0.5mm
按高级抹灰		耐潮湿	耐潮湿、霉变		

（4）洁净风管的法兰垫料应为不产尘、不易老化和具有一定强度、柔性材料，厚度为 5～8mm，不得采用乳胶海绵。

（5）洁净室各种工艺配管管材、附件的选择比较特殊，洁净室内各类配管种类很多、性质各异、纯度要求严格，高品质的产品生产要求这些流体在输送过程中不会受到沾污。这里所说的沾污包括化学的、机械的和微粒等的沾污，要使所选用的材质、附件达到如上要求是十分困难的。如若采用一般的不锈钢管材和不锈钢阀门，据有资料介绍此类阀门开关一次将会有≥0.1μm 微粒数十颗带入被输送的流体中。因此目前在洁净厂房的高纯气体输送用管材主要采用不锈钢电抛光管（EP 管）或光亮退火管（BA 管），阀门采用与管材相同材质的隔膜阀或波纹管阀，洁净室高纯水、注射用水的输送用管材主要采用不锈钢管和聚氯乙烯（UPVC Cl-PVC）、聚丙烯（PP）、丙烯腈-丁二烯-苯乙烯（ABS）、聚偏氟乙烯（PVDF）等管材，阀门附件采用与管材相同材质的隔膜阀等。对腐蚀性、有毒的化学品的输送用管材，在微电子洁净厂房中采用 PFA（聚四氟乙烯管），有关 EP 不锈钢管、PVDF 管和 PFA 管道的施工和监理有进一步的要求。

5. 严格控制洁净室的工序管理过程

洁净室工程投资比较大并且要求严格，要注意强化净化施工的流程性特点，加强施工环节之间的协调管理，尽量减少不必要的返工和逆向施工。一般来说在洁净室建筑系统（金属壁板墙体、吊顶、门窗等）上的预留孔洞是根据设计在工厂进行的，施工现场尽可能减少现开洞。如果其他专业必须在建筑净化系统上开孔或安装时，应进行协商讨论，并应考虑采取必要的防污染或清洁措施，在得到有关人员的许可后方可进行。洁净室的金属壁板系统安装完成以后，不要急于撕膜，而是顶棚、墙板安装后撕膜、清洁和打胶同步进行。一般金属壁板在撕膜前，应对洁净室内各专业的施工进行一次全面检查，如各专业末端（高效过滤器箱、灯具、回风口、管线阀门等）是否完成，包括净化空调系统（含空调机、制冷机等的安装）、各种管线的安装、门窗安装和相关技术设施的施工安装是否达到洁净室空吹的条件，并做检查记录。

各项电子工程随生产需求和规模要求的不同，各种用途的洁净室的空气洁净度等级和洁净面积也不同，但是均必须严格按照工程设计和合同的各项要求进行。施工过程中由于各种原因需进行修改时，应得到工程监理、设计单位的认可，必要时应得到业主的同意。在施工过程中，根据需要，由施工企业承担必要的深化设计时，其设计文件应得到设计方确认。此外，监理工程师要严格按规范和设计图纸的有关规定和要求进行审查验收施工过程所使用的材料、附件或半成品等，并做质量记录。要对隐蔽工程进行认真的验收，并做质量记录。

洁净室空调风管清洗要按照规定进行严格的清洗。风管清洗是净化空调系统工程施工全过程中的重要工序，做好风管清洗，不仅可以控制该系统的洁净度，同时还保证高效过滤器的使用寿命、系统运行的洁净度。

6. 关注洁净室各部位的构造做法和密封效果，

洁净室各部位的连接构造和密封质量直接影响到将来洁净室能否满足不积尘、易清洁的效果，所以洁净室建筑系统（墙、顶、地、门窗口等）、建筑系统与机电安装系统（管道穿行墙体、吊顶、地板等）之间的构造施工非常重要。管道穿行、管道穿过围护结构时，首先需要有良好的固定构造，在使用时不能晃动密封效果。应将安装定位与密封处理两者有机结合起来。在金属壁板上所开的每边均应附加定位骨架，大尺寸风管加固应防止前后、左右窜动，在管壁与金属壁之间垫胶或海绵垫，再用密封胶处理。金属壁板隔墙要平整，板缝要垂直严密。顶棚的固定和吊挂件只能与主体结构相联，不能与设备和管线支架交叉混用。墙板和顶棚表面应光洁、平整、不起尘、不落尘、耐腐蚀、耐冲击、易冲洗，净室内地面与墙面、墙面与墙面、墙面与顶棚均应采用硅胶密封。所有洁净室洁净室门及隔断缝隙均需要密封。

风管外观质量应达到折角平直，圆弧均匀，两端面平行，无翘角；风管的内表面要做到表面光滑平整，严禁有横向拼缝和在管内设加固筋或采用凸棱加固方法。尽量减少底部的纵向拼缝。矩形风管底边≤800mm 时，底边不得有纵向拼缝。所有的螺栓、螺母、垫圈和铆钉均应采用与管材性能匹配、采用不会产生电化学腐蚀的材料，或采用镀锌等。洁净室风管连接必须严密不漏，风管的咬口缝必须连接紧密，宽度均匀，无孔洞、半咬口及胀裂观象。洁净风管法兰密封垫及接头方法必须符合设计要求和施工规范规定。风管的法兰连接对接平行、严密、螺栓紧固。法兰密封垫应尽量减少接头。接头采用阶梯形或企口形。空气洁净度等级为 1～5 级的净化空调系统风管不得采用按扣式咬口。风管的咬口缝、铆钉孔及翻边的四个角，必须用对金属不腐蚀、流动性好、固化快、富于弹性及遇到潮湿不易脱落的密封胶进行密封。洁净风管风阀的轴与阀体连接处缝隙应有密封措施。需要粘贴面层的材料、嵌填密封胶的表面和沟槽应防止脱落积尘，粘贴前必须仔细清扫，除去杂质和油污，确保粘贴密实牢固。围护结构的所有安装缝隙，必须用硅胶密封，嵌填的密封胶应平直、光滑，不得有间断、外露、毛边等现象。打胶的环境温度应在 0℃以上进行。

风管与洁净室吊顶、隔墙等围护结构的穿越处应严密，可设密封填料或密封胶，不得漏风或有渗漏现象发生。风管系统中应在适当位置设清扫孔及风量、风压测定用孔，孔口安装时应除油污，安装后必须将孔口封闭。风管保温层外表面应平整、密封、无振裂和松弛现象。若洁净室内的风管有保温要求时，保温层外应做金属保护壳，其外表面应当光滑不积尘，便于擦拭，接缝必须密封。风管系统安装完毕后，保温之前应进行严密性试验，检验依据相关的设计要求、合同约定和施工验收规范进行。空气过滤器的安装应平正、牢固；过滤器与框架间缝隙要严；滤器前后应装压差计，其测定管应畅通、严密、无裂缝。设备检查门的门框应平整，密封垫应符合要求。表冷器的冷凝水排水管装置，确保空调机组密闭不漏风。现场组装的空调机，应作漏风量检测，其漏风量必须符合现行国家标准《组合式空调机组》GB/T 14924 的规定。检查数量，对空气洁净度等级 1～5 级为全数检查，空气洁净度等级 6～9 级抽查 50%。

7. 严格按照相关规范和约定的技术标准进行验收

8. 加强成品保护

洁净室的施工是由一个个的工序过程连接而成，并且有时存在多个单位交叉施工的情况，各工序过程成品的保护，不仅仅是质量、进度和造价问题，更重要的是从洁净室开始施工以后所建立的洁净效果会受到影响，所以监理工程师要督察各相关单位的成品保护管理，要求各专业单位在施工过程中按照规定做好与其他专业工程之间的交接，并相互保护好已施工的“成品”，认真办理必要的交接手续和签署记录文件，对已经完工的内容要求安装单位仔细看守，以防划伤或污染已完成工程。特别是当建筑净化系统施工完毕，而其他专业机电或特殊气体、液体系统的安装施工未必均已完成，因此必须要对成品进行保护。否则，对整个工程的质量都会造成不良影响。

洁净室的空调风管净化效果对洁净度影响很大，所以风管半成品的成品保护制作好后，要进行擦拭，并用白绸布检查风管内表面，必须无油污和浮尘，然用塑料薄膜将开口封闭。风管制作好后，不得露天堆放或长期不进行安装。成品风管的堆放场地要干净堆放，层数要按风管的壁厚和风管的口径尺寸而定，不能堆放过高造成受压变形；同时注意不被坚硬物体冲撞，造成凹凸及变形。风管连接法兰的垫料应用闭孔海绵橡胶，其厚度不能小于 5mm。应尽量减少接头必须采用榫形或楔形连接，并涂胶粘牢；法兰均匀压紧后的垫料宽度应与管内壁齐平。注意垫料不能渗入管内，以免增大空气流动的阻力，减少风管的有效面积，并形成涡流、增加风管内灰尘的积聚。凡清洗后的产品，两端应用塑料薄膜进行封闭保护。如果工作需要揭开保护膜，在操作后应立即恢复。非工作需要不得揭开擅自保护膜。保护膜遭到破坏应立即修复以保证管内的洁净度，否则应重新清洗，重新密封处理。凡经检验合格应加检验合格标志，并妥善存放保管，防止混用。经清洗密封的净化空调系统风管及附件安装前不得拆卸，安装时打开端口封膜后，随即连接好接头；若中途停顿，应把端口重新封好。风管静压箱安装后内壁必须进行清洁，无浮沉、油污、锈蚀及杂物等。

9. 电子工程洁净室需要进行一系列的检验和验收过程

（1）验收依据和标准

目前我国用于洁净室施工和验收的标准有：《洁净室施工及验收规范》GB 50591—2010、《通风与空调工程施工质量验收规范》GB 50243—2002，此外还可以根据建设单位的需求和合同约定参考国际或其他国家的相关标准。

（2）电子工程洁净室验收前需要按照规定进行一系列的检验。

检验时洁净室的占用状态区分如下：工程调整测试应为空态，工程验收的检验和日常例行检验应为空态或静态，使用验收的检验和监测应为动态。当有需要时也可请建设方（用户）和检验方协商确定检验状态。

工艺设备运行而无人的静态检验，适用于自动操作、自动生产和不需要人或不能有人在场的稳定环境。工艺设备不运行且无人的静态检验，适用于现场为手动操作、管理的环境。

测洁净度级别时检验人员应保持最低数量，必须穿洁净工作服；测微生物浓度时必须穿无菌服、戴口罩。测定人员应位于下风向，尽量少走动。

检验报告包括委托检验报告和鉴定检验报告，报告中应包括被检验对象的基本情况即建设方（用户）、施工方、施工时间、竣工时间和占用状态，还应包括检验机构名称、检验人员、检验仪器名称、检验仪器编号和标定情况、检验依据和检验起止时间，根据需要提出的意见和解释，给出符合或不符合规范要求的结论。如检验方法对标准方法有偏差或增减，检验报告应对偏差、增减以及特殊条件作出说明。

检验项目及方法见表 2-4。

洁净室的检验项目 **表 2-4**

序号	项目	单向流		非单向流	执行内容
		1～4 级	5 级	6～9 级	
1	风口送风量（必要时系统总送风量）	不测		必测	附录 E. 1
2	房间或系统新风量	必测			附录 E. 1
3	房间排风量	负压洁净室必测			附录 E. 1
4	室内工作区（或规定高度）截面风速	必测		不测	附录 E. 1
5	工作区（或规定高度）截面风速不均匀度	必测	必要时测	必要时测	附录 E. 3
6	送风口或特定边界的风速	不测		必要时测	附录 E. 1
7	静压差	必测			附录 E. 2
8	开门后门内 0.6m 处洁净度	必测		不测	附录 E. 2
9	洞口风速	必要时测			附录 E. 2
10	房间甲醛浓度	必测			附录 E. 13
11	房间氨浓度	必要时测			附录 E. 14
12	房间臭氧浓度	必要时测			附录 E. 14
13	房间二氧化碳浓度	必要时测			附录 E. 16
14	送风高效过滤器扫描检漏	必测			附录 D. 2、E3
15	排风高效过滤器扫描检漏	生物洁净室必测			附录 D. 2、E3
16	空气洁净度等级	必测			附录 E. 4
17	表面洁净度等级	必要时测		不测	由委托方和检验方协商选定标准
18	温度	必测			附录 E. 5
19	相对湿度	必测			附录 E. 5
20	温湿度波动范围	必要时测			附录 E. 5. 2
21	区域温度差与区域湿度差	必要时测			附录 E. 5. 2
22	噪声	必测			附录 E. 6
23	照度	必测			附录 E. 7
24	围护结构严密性	必要时测			附录 G. 2～G. 4
25	微振	必要时测			附录 E. 10
26	表面导静电	必要时测			附录 E. 9
27	气流流型	不测		必要时测	附录 E. 12. 1
28	定向流	不测		必要时测	附录 E12. 2
29	流线平行性	必要时测		不测	附录 E. 12. 3
30	自净时间	必要时测			附录 E. 11
31	分子态污染物	必要时测		必要时测	附录 H. 2

续表

序号	项目	单向流		非单向流	执行内容
		1～4 级	5 级	6～9 级	
32	浮游菌或沉降菌	有微生物浓度参数要求的洁净室必测			附录 E8.2、E8.3
33	表面染菌密度	必要时测			附录 E8.4
34	生物学评价	必要时测			附录 F.1-F.3

(三) 洁净室验收特点

1. 验收流程

验收的特点体现在：一个主导、两个方面、三个阶段、四个确认。

一个主导：建设方主导；

两个方面：工程验收和使用验收；

三个阶段：分项验收阶段、竣工验收阶段、性能验收阶段；

四个确认：设计符合性确认、安装确认、运行确认、性能确认。

洁净室验收流程见图 2-2。

2. 验收的主要内容

洁净室验收主要内容见表 2-5

洁净室验收主要内容 **表 2-5**

验收阶段		验 收 内 容	规范条款
分项验收阶段		对规定的分项验收的主控项目均为必须检查验收的项目，其他项目为一般项目	
竣工验收阶段	设计符合性确认	设计施工文件是否完备、外观检查（平面布局、装饰材料符合要求，装饰手法应满足不积尘、不积菌、易清洁）、各技术系统应符合设计和工艺要求	17.3.2
	安装确认	外观检查： 1. 各项系统施工安装项目应无目测可见的缺陷、遗漏和非规范做法。 2. 各种管道、设备等安装的正确性、牢固性。 3. 各种调节装置的严密性、灵活性和操作方便。 4. 各种穿越洁净室墙壁和贴墙安装的管道、装置与墙体表面的密封性	17.3.3
	运行确认	1. 系统和设备外观检查后应进行单机试运转检查，并应确认运转正常。其中风机的试运时间不少于 2h，不得反转，其滑动轴承最高温度不得超过 70℃。 2. 安装确认后应进行空态或静态条件下的运行确认，应进行带冷（热）源的系统正常联合试运转，并不应少于 8h，动作正确，无异常现象（联合试运转的记录应有施工方负责人签名，运行确认应由建设或监理对结果进行确认）。 3. 运行确认应有施工方负责人签名调整测试报告是否合格进行确认（通风机的转数、风量及出口静压的检测；系统和各室风量的测定和平衡；相通室（区域）间静压差的检测和调整；自动调节系统联动运转、精密设定和调整；温、湿度的设定和调整；全部高效过滤器安装边框及滤芯本体的扫描检漏；设计中规定的不同运行工况切换检验；室内洁净度级别）。 4. 运行确认时可对调整测试报告中的项目抽检复核	17.3.4～17.3.7
性能验收阶段	通过综合性能全面评定进行性能确认	1. 综合性能全面评定检验进行之前，应对被测环境和风系统再次全面彻底清洁，系统应已连续运行 12h 以上。 2. 综合性能检验（洁净度、风速、压差等）应由建设方委托有工程质检资质的第三方承担，最后提交检验报告	
使用验收		协商确定	

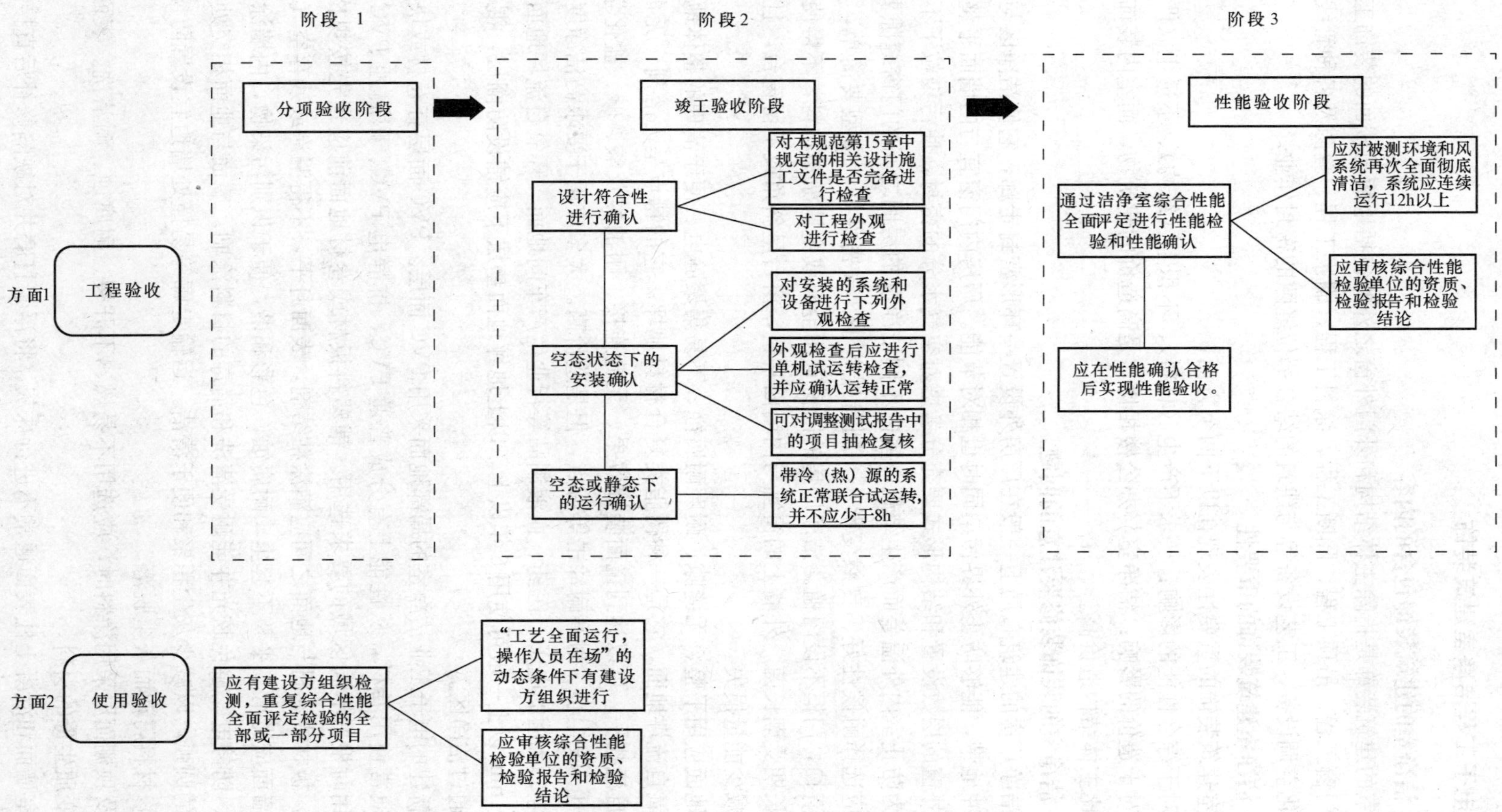

阶段 1

分项验收阶段

阶段 2

竣工验收阶段

设计符合性进行确认

对本规范第15章中规定的相关设计施工文件是否完备进行检查

对工程外观进行检查

空态状态下的安装确认

对安装的系统和设备进行下列外观检查

外观检查后应进行单机试运转检查，并应确认运转正常

可对调整测试报告中的项目抽检复核

空态或静态下的运行确认

带冷（热）源的系统正常联合试运转，并不应少于8h

阶段 3

性能验收阶段

通过洁净室综合性能全面评定进行性能检验和性能确认

应对被测环境和风系统再次全面彻底清洁，系统应连续运行12h以上

应审核综合性能检验单位的资质、检验报告和检验结论

应在性能确认合格后实现性能验收。

方面1　工程验收

方面2　使用验收

应有建设方组织检测，重复综合性能全面评定检验的全部或一部分项目

“工艺全面运行，操作人员在场”的动态条件下有建设方组织进行

应审核综合性能检验单位的资质、检验报告和检验结论

图 2-2　洁净室验收流程

五、电子工程洁净室建筑装饰

(一) 洁净室的建筑装饰包含的内容

洁净室的建筑装饰是指除主体结构和外门外窗之外的包括地面与楼面的装饰工程、抹灰工程、门窗工程、吊顶工程、隔断工程、涂料工程、刷浆工程、缝隙及各种管线、照明灯具、净化空调设备、工艺设备等与建筑的结合部位缝隙的密封作业。

(二) 洁净室建筑装饰的重要性

洁净室建筑装饰的重要性表现在以下两个方面:

(1) 对于综合性能的影响:要求不产尘(材料)、不积尘(结构)、不透尘(严密)。

(2) 对于造价的影响:洁净室与办公楼相比,是高造价的建筑物,而室内装饰工程造价又往往比主体结构造价高。

(三) 洁净室的装饰装修要注意的问题

(1) 洁净厂房的建筑布局上一般在厂房外设置一环形密封走廊,它使洁净区与外界有了一个缓冲地带,能够防止外界污染同时也相对节能。厂房内门窗宜与内墙面平整,不设置窗台。外窗的层数设置和结构形式要充分考虑对空气水分的密封,使污染粒子不易从外部渗入。为防止室内外温差而产生结露,室内不同洁净度的房间之间的门窗缝隙要密封。门窗材料应选择耐候性好、自然变形小、制造误差小、气密性好,造型要简单,不易积尘,便于清扫,门框不设门槛。洁净厂房的门窗宜用金属或金属涂塑材料,不得使用木门窗,以免长期受潮长菌。外墙上的窗宜与内墙面平整,窗台呈斜角或不留窗台,且为双层固定窗以减少能量损失。

(2) 地面应用平整、无缝隙、耐磨耐腐蚀、不易集聚静电、便于清理的整体地面。现多采用环氧自流坪地面,它是一种树脂类复合材料地坪。它的特点是无溶剂、无毒无味、无接缝、自流找平,可以达到镜面装饰效果、无缝连接、耐油类及酸、碱、盐化学溶剂。具有防静电、发尘小、耐磨耐冲击等特点,但是造价高。大多应用于要求高洁净度、外表美观、无尘、无菌的电子、医药、血液制品等行业生产车间地面。环氧自流坪地面的使用寿命厚度 1mm 以上一般可使用 6 年以上。以上地坪地面垫层下应铺设防潮层,混凝土分仓线不宜通过洁净区。

目前新建的电子工业洁净室的局部地面采用 PVC 面层。PVC 面层有卷材或块材,大面积使用通常使用卷材,从性能上有分成普通 PVC、抗静电 PVC、耐腐蚀 PVC、耐磨 PVC。使用时根据不同区域的要求选用。铺塑料板材或卷材地面前应预先按规格大小、厚薄分类,板材或卷材与地面之间应满涂粘结剂,表面赶平,不得漏涂或残存空气。

(3) 墙面应光滑、平整不起尘,耐腐蚀,色彩和谐,便于识别污染物,内墙涂料必须采用防霉、防静电、避免眩光并能耐受清洗和消毒的材料涂刷。墙面与地面相交处宜做半径 50mm 的圆弧,以减少灰尘积聚和便于清洁。运输走廊等易撞处墙边宜设置防撞栏杆,防止因装修材料震动而灰尘脱落。

墙面及顶棚面层采用涂料时,应选用不易燃、不开裂、耐腐蚀、耐清洗、表面光滑、不易吸水变质生霉的材料。

洁净室墙面和混凝土柱表面通常不进行抹灰,将浮浆打磨并对缺陷修补后直接施工表面涂层或者不进行处理外面用金属夹芯板或其他隔墙板进行包封。

目前新建的电子工业洁净室的前面主要包括金属夹心板隔墙和龙骨隔墙。墙面面层如果是金属夹心板，则不需要进行装饰，如果采用龙骨隔墙，墙板通常选用硅酸钙板，其表面通常采用环氧涂料，环氧涂料又分为抗静电和非抗静电。

(4) 门普遍采用钢门或铝合金门，窗普遍采用铝合金材质，不设门槛，造型简单平整，不易积尘易于清洗。窗与内墙宜平整，不留窗台，如有窗台宜呈斜角。

(5) 所有建筑物构配件、隔墙、吊顶的固定和吊挂件，应与主体结构相连，不应与设备支架和管线支架相连接。

(6) 洁净厂房为了保证室内清洁，所有送风管、灯具必须布置在技术夹层里。现在大多数电子工厂洁净室吊顶采用彩钢夹心板密封吊顶。彩钢夹心板具有重量轻、整体强度大、整体性好、保温隔热发尘小等特点。但是吊顶的固定必须与结构主体相连，不能与设备，管线支架混用。吊顶与墙面要光滑连接。吊顶与送回风管口要可靠封闭。吊顶安装完成后要进行灯检，保证无缝隙。根据工艺要求，一般在技术夹层内应设置检修走道，便于管道的检修和更换过滤器。技术夹层的墙面与顶棚需刷涂料饰面，对装修材料的基本要求见表 2-6。同时室内装修用的密封材料及涂料必须注明品名、成分、出厂日期和有效期，同时附有产品的合格证和施工说明。

(7) 预埋在钢筋混凝土构件和墙体上的铁件、木框等应牢固，木砖和木框应做防腐处理，预埋铁件外露部分和吊杆支架应做防锈或防腐处理。

(8) 在洁净室建筑装饰施工过程中，必须随时清扫灰尘，对隐蔽空间（如吊顶和夹墙内部等）还应做好清扫记录。

(9) 注意保护已完成的装饰工程表面，不得因撞击、敲打、踩踏、多水作业等造成板材凹陷、暗裂和表面装饰的污染。

(10) 管线隐蔽工程应在管线施工完成并进行试压验收后进行。管线穿墙、穿吊顶处的洞口周围应修补平齐、严密、清洁，并用密封材料嵌缝。隐蔽工程的检修口周边应粘贴气密性密封垫。

(11) 不同材料相接处采用弹性材料密封时，应预留适当宽度和深度的槽口或缝隙。密封胶嵌固前，应将基槽内的杂质、油污剔除干净，并干燥。

(12) 洁净室临时设置的设备入口不用时应封闭，防止尘土杂物进入。对已安装高效过滤器的房间，不得进行有粉尘的作业。施工现场应保证良好的通风和照明。对于改建工程，应查明和切断原有电源及易燃、易爆和有毒气体管线后方可施工。对工艺生产过程中使用的腐蚀性液体应有安全防护措施。

(13) 洁净室装饰装修材料可按表 2-6 选择。

洁净室装饰装修材料要求一览表 **表 2-6**

项目	使用部位			要 求	材料举例
	吊顶	墙面	地面		
发尘性	√	√	√	材料本身发尘量少	金属板材聚酯类表面装修材料，涂料
耐磨性		√	√	磨损量小	水磨石地面，半硬质塑料板，环氧树脂自流平地坪
耐水性	√	√	√	受水浸不变形，不变质，可用水清洗	铝合金板材
耐腐蚀性	√	√	√	按不同介质选用不同材料	树脂类耐腐蚀材料

续表

项目	使用部位			要　求	材料举例
	吊顶	墙面	地面		
防霉性	√	√	√	不受温度，湿度变化而霉变	防霉涂料
防电性	√	√	√	电阻低，不易带电，带电后迅速衰减	防静电塑料贴面板嵌金属丝水磨石
耐湿性	√	√		不易吸水变质，材料不易老化	涂料
光滑性	√	√	√	表面光滑，不易附着灰尘	涂料，金属，塑料贴面板
施工	√	√	√	加工施工方便	
经济性	√	√	√	价格便宜	

洁净厂房因为生产工艺对建筑物要求特殊，防火设计上有自己的特点。其基本特点为：

(1) 厂房主体多为钢筋混凝土结构，或者钢结构，厂房多分隔为若干小间；

(2) 在生产过程中使用了甲醇、丙酮、甲苯等易燃易爆化学危险物品，对洁净厂房构成了潜在的火灾威胁；

(3) 常处于密闭状态，少窗少门；

(4) 厂房内设备昂贵，怕高温、忌水；

(5) 厂内工作人员少，不利于发现火情和处理初期火灾；

(6) 内部结构复杂，通道曲折。

因此在洁净厂房装修中，要严格控制建筑物的耐火等级，设计时将建筑构件的耐火性能与厂房的耐火等级相配套，从而大大减少了火灾发生的可能性。我们必须注意装修材料的燃烧性能，尽量减少使用一些高分子合成材料，以避免火灾发生时产生大量烟气，不利于人员逃生。另外，要对电气线路的穿管进行严格要求，在有条件的地方要尽量使用钢管，保证电气线路不成为火灾蔓延的途径。

综上所述，洁净厂房对空气的温度、湿度、洁净度要求较高，设计者要根据工艺要求、生产洁净度级别合理选用建筑材料，考虑耐火性能，从而达到规范的设计要求。

六、电子洁净厂房的净化空调

(一) 净化空调的概念

净化空调是空调工程中的一种，它不仅对室内空气的温度、湿度、风速等有一定的要求，而且对空气中的含尘粒数、细菌浓度等均有较高的要求。因此它不仅对通风工程的设计施工有特殊的要求，而且对建筑布局、材料选用、施工工序、水暖电及工艺本身的设计、施工均有特殊的要求和相应的技术措施。

空调净化技术即空气洁净技术，由处理空气的空气净化设备、输送空气的管路系统和用来进行生产的洁净环境（洁净室）三大部分构成。

净化空调的过程为：由送风口向室内送入干净空气，室内产生的尘埃粒子被干净空气稀释后强迫由回风口进入系统的回风管路，在空调设备的混合段和从室外引入的经过过滤处理的新风混合，再经过空调机处理后又送入室内。室内空气如此反复循环，就可以在相当一个时期内把污染控制在一个稳定的水平上。

作为空气洁净技术主体的洁净室具有以下三个特点：

（1）洁净室是空气的洁净度达到一定级别的可供人活动的空间，其功能是能控制微粒的污染。洁净室的洁净不是一般的干净，而是达到了一定的空气洁净度级别。

（2）洁净室是一个多功能的综合整体。首先需要多专业配合——建筑、空调、净化、纯水、纯气等。

（3）对于洁净室的质量来说，在重要性方面，设计、施工和运行管理各占1/3，也就是说洁净室本身也是通过从设计到管理的全过程来体现其质量的。

（二）洁净室的气流组织

洁净室的气流组织与一般空调房间的气流组织相比有着明显的不同，气流流型是洁净室内空气的流动形态和分布状态。

洁净室气流流型的特点是：应考虑避免或减少涡流，减少二次气流，有利于迅速有效地排除污染物；应尽量限制和减少室内污染源散发的尘和菌的扩散，维持室内生产环境所要求的空气洁净度等级；兼顾维持室内的温、湿度及工作人员的舒适要求。

洁净室的气流流型主要分为三类：单向流、非单向流、混合流。单向流是指沿单一方向呈平行流线，并且横断面上风速一致的气流，曾被称为“层流”等；非单向流是指不符合单向流定义的气流，曾经被称为“乱流”等；混合流是由单向流和非单向流混合的气流。

（1）单向流洁净室的气流是从室内的送风一侧平稳地流向其相对应的回风一侧。因此，单向流洁净室的主要特点表现为：将污染源散发出的尘、菌污染物在未向室内扩散之前被排出室外；洁净空气对污染源起到隔离作用，隔断尘、菌污染物向室内扩散。单向流流型可分为水平单向流和垂直单向流。

（2）非单向气流流型曾被称为乱流流型，是一种不均匀的气流分布方式，其速度、方向在洁净室内不同地点是不同的，这是洁净室中使用最为普遍的气流组织形式。非单向流洁净室是把从污染源散发处理的尘、菌污染物在室内扩散作为前提，用经过高效过滤器处理的洁净空气将污染源冲淡稀释，从而保持室内所需的空气洁净度等级。因此，非单向流洁净室所需要的换气次数将随着要求的洁净度和室内的污染源扩散情况不同而不同。非单向流洁净室的气流组织形式依据高效过滤器集回风口的安装方式不同而分为以下几类：顶送、侧下回；侧送、侧回；顶送、顶回。这其中顶送、侧下回的气流组织形式是较为常用的形式。

（3）混合流洁净室是将非单向流流型和单向流流型组合使用的洁净室。单向流洁净室的设备费和运行费都很高，但在某些实际洁净室工程中往往只是部分区域有严格的洁净度要求，而不是整个洁净室。混合流洁净室的特点是在需要空气洁净度严格的部位采用单向流流型，其他部分或区域为非单向流流型。这样既满足了使用要求，也节省了设备投资和运行费用。混合流洁净室的一般形式为整个洁净室为非单向流洁净室，在需要空气洁净度严格的区域上方采用单向流流型的洁净措施，使该区域得到满足要求的单向流流型洁净区，以防止周围相对较差的空气环境影响局部的高洁净度。

（三）净化空调与一般空调的区别

净化空调与一般空调同属空气调节的范围，它们的相同之处就是对空调房间的温度、湿度都要进行控制，不同之处是前者还对控制区的尘埃粒子数、正压值等依照不同的洁净级别提出了具体的要求。具体说来，净化空调与一般空调的区别主要表现在以下几个方面：

1. 主要参数控制

一般空调侧重温度、湿度、新鲜空气量和噪声的控制，而净化空调则侧重控制室内空气的含尘量、风速、换气次数。在温、湿度有要求的房间，温、湿度也是主要控制参数。

2. 空气过滤手段

一般空调有的只有粗效一级过滤，要求较高的是粗效、中效两级过滤处理。而净化空调则要求三级过滤，即粗、中、高效三级过滤，或粗、中、亚高效三级过滤。

3. 室内压力要求

一般空调对室内的压力要求不严。而净化空调为了避免外界污染空气的渗入或不同生产车间不同物质的相互影响，对不同洁净区的正压值均有不同的要求。在负压洁净室内尚有负压度的控制要求。

4. 材料和设备的选择

为了避免被外界污染，净化空调系统材料和设备的选择、加工工艺、加工安装环境、设备部件储存环境等均有特殊的要求，这区别于一般空调系统。

5. 对气密性的要求

一般空调系统对系统的气密性、渗气量虽有要求，但洁净空调系统的要求要比一般空调系统高得多，其检测手段、各工序的标准均有严格措施及测试要求。

6. 对土建及其他专业的要求

一般空调房间，对建筑布局、热工等有要求，但对选材及气密性要求不是很严格。而净化空调对建筑质量的评价除一般建筑的外观等要求外，更侧重于防尘、防起尘、防渗漏。在施工工序安排及搭接上要求很严格，以避免产生裂缝造成渗漏。同时，它对其他专业的配合要求也很严格，主要集中在防止渗漏，避免外部污染空气渗入洁净室及防止积尘对洁净室的污染。

(四) 净化空调系统的分类

净化空调系统一般可分为集中式和分散式两种类型。集中式净化空调系统是净化空调设备（如加热器、冷却器、加湿器、粗中效过滤器、风机等）集中设置在空调机房内，用风管将洁净空气送给各个洁净室。分散式净化空调系统是在一般的空调环境或低级别净化环境中设置净化设备或净化空调设备，如净化单元、空气自净器、层流罩、洁净工作台等。

随着科学技术的发展，尤其是半导体集成电路制造技术的迅猛发展，对生产环境的空气洁净度要求越来越高，现今的超大规模集成电路生产要求控制空气中的 0.05μm 的微粒浓度和分子级污染物，因此洁净室的送风方式发生了很大变化。在半导体芯片工厂或类似生产过程要求高洁净度的洁净厂房中，其净化空调系统采用循环空气方式，其循环方式主要有集中方式、隧道方式、风机过滤单元方式和微环境+开方式洁净室方式等。这些送风方式既可满足高洁净度的要求，还可以不同程度地降低能量消耗。

(五) 空气净化的基本措施

空气净化一方面是送入洁净空气对室内污染空气进行稀释，另一方面是加速排出室内浓度高的污染空气。为保证生产环境或其他用途的洁净室所要求的空气洁净度，需要采取多方面的综合措施才能达到目标。这些综合措施包括下面几个方面：

1. 控制污染源，减少污染发生量

尽量采用产生污染物质少的工艺及设备，或采取必要的隔离和负压措施，防止生产工艺产生的污染物质向周围扩散，减少人员及物流带入室内的污染物质。

2. 有效地阻止室外的污染侵入室内（或有效地防止室内污染逸至室外）

对于空调送风采用三级过滤措施，通过粗、中、高效三级过滤，层层拦截，将粉尘阻挡在高效过滤器之前，将洁净空气送入室内。根据房间不同的洁净度要求，用不同方式送入经过不同处理的、数量不等的清洁空气，同时排走相应量的携带有室内所产生的污染物质的脏空气，靠这样的一种动态平衡，使室内空气维持在要求的洁净度水平。由此可见对送入空气的净化处理是十分关键的一环。这就是洁净室换气次数大大超过一般空调房间的原因。洁净度等级越小，其换气次数越大。

3. 迅速有效地排除室内已经发生的污染

这主要涉及室内的气流组织，也是体现洁净室功能的关键。合理的气流组织，即通过送风口、回风口的位置、大小、形式的精心设计，使室内空气沿一定方向流动，以防止死角及造成二次污染。不同的气流组织均直接影响施工的难度及工程造价，一般洁净度等级为5级以下均采用单向流（层流），其中以垂直单向流效果最好，但造价也最高。洁净度等级为6～9级则采用乱流的气流组织。

4. 流速控制

洁净室内空气的流动既要有一定的速度，才能防止其他因素（如热流）的扰乱，但又不能太大，流速太大将使室内积尘飞扬，造成污染。

5. 系统的气密性

不仅通风系统本身要求气密性好，对建筑各部结合处、水暖电工艺管道穿越围护结构处亦应堵严，防止渗漏。

6. 建筑上的措施

涉及建筑周围环境的设计、建筑构造、材料选择、平面布局、气密性措施等设计。

（六）恒温恒湿空调系统

恒温恒湿系统的任务：与舒适性空调相比，恒温恒湿系统就是要求将室内的温度、湿度、洁净度及气流速度控制在一定的波动范围内，以满足工业生产、科学研究等特殊场合对室内环境的要求。

1. 空气处理系统设计

恒温恒湿系统有出风段，中效段，风机段，冷/热水盘管段，蒸汽加湿段，回风段，初效段 。新风段可能需要加设预加热器或者预表冷器。

2. 自控设计

（1）房间温、湿度控制

房间温湿度传感器分别采集房间温、湿度实际值后，把信号送到多功能控制器与设定值比较，根据计算结果，控制器输出相应信号自动控制冷水比例，电动调节电加热器、电极加湿器，来调节冷量、蒸汽量，使房间温、湿度达到设定范围。

（2）恒温恒湿对建筑的要求

为了减少外界气候条件的干扰，恒温恒湿室在建筑方面必须做一些特殊的处理，这不仅有利于保证恒温恒湿的精度，而且对空调设备的投资运行费用方面有重要的意义。

1）维护结构的热惰性及隔气防潮。

2）高精度（20±0.2℃、20±0.5℃）的房间外围最好有低精度的恒温室做套间。

3）尽可能将恒温恒湿室布置在建筑物的底层和北面，不宜有朝东、西、南的外墙及门窗，以减少太阳辐射热。高精度的恒温室不宜有外墙。

4）高精度的恒温室不宜开窗，门应做成密闭保温门，设门斗。

5）室内保证正压及室内温度场的均匀。

6）如工艺允许尽可能将局部热源设在室外或套间内。

（七）净化空调行业的技术发展

1. 空气调节

高精度恒温恒湿空调综合技术，是包括空调负荷计算、系统布置、气流组织、空调设备、楼宇控制及关键仪表在内的成套技术。20 世纪 50 年代我国空调的恒温精度只能达到±0.5℃，60 年代解决了恒温精度±0.1℃的技术，提出了适合我国国情的恒温工程设计和测试方法。70 年代末至 80 年代初，进行了大面积光栅刻线高精度恒温技术的研究，研制成功精密串级调节及其配套仪表，在国内首次实现了大面积连续 20 昼夜维持 20℃±0.01℃的高精度恒温环境，已接近这一技术领域的国际先进水平，这是满足高精尖生产要求上的重大突破。

恒湿空调是对一些吸湿性材料生产过程提出的，如针织品、造纸、医药、食品等。我国恒湿控制技术从开始解决±5%RH（相对湿度）到逐步解决±3%RH，以及±2%RH。20 世纪 80 年代后期建成的国内自行设计、安装及调试，具有当时国际水平的平衡环境型房间量热计式空调器试验装置，其恒湿精度可达±1%RH。

20 世纪 70 年代末至 80 年代初，为了节省冷负荷、初投资和运行能耗，对高大厂房分层空调技术进行了研究，提出分层空调原理与优点、适用范围和设计计算方法。用于高大空间的实际工程证明，空调区温度可达到±1℃，与全室空调相比，可节省冷量 30%～50%。

建筑物冷热负荷设计计算有了新的发展，20 世纪 80 年代初提出的新方法考虑了围护结构等蓄热体的吸热、蓄热和放热特性，改变了原有方法中的热与冷负荷不加区分的做法，从而减少了设计用冷负荷，计算机理正确，方便使用。

20 世纪 90 年代中期，由于一些大、中城市电力供应紧张，供电部门开始重视需求管理及削峰填谷，蓄冷空调技术提到了议事日程并得到了相应的发展，近年来已有相当数量的工程实践。同时，电力供应紧张也促进了直燃式吸收式冷热水机组的快速发展，并形成产业。

与此同时，热泵技术（包括风冷热泵及水源热泵）得到了较快的发展。随后，埋地管、大地耦合式的地源热泵系统在建筑中的应用有较快的发展。

进入 21 世纪以来，随着经济发展、生活水平的不断提高，多种家用空调采暖方式引入家庭，体现出家用空调采暖方式的多样化及个性化，并发展了家用中央空调系统。

为了提高暖通空调系统运行效率，达到节能目的，系统的变水量（VWV）、变风量（VAV）系统，以及变冷剂流量（VRV）系统逐渐得到了较广泛的应用。但与国外相比，设备能效比及系统集成、系统的节能、优化控制方面还有一定的差距。

2. 采暖供热

散热器有了较大的发展，开发了多种新型散热器。用稀土灰口铸铁制造的散热器比原普通灰口铸铁散热器，具有机械强度高、气密性好、承压能力高、加工性能好的优点。钢制散热器比铸铁散热器具有金属热强度高、散热性能好、造型美观、装饰性强、占用空间小、现场施工安装方便、工艺性好，适于自动化生产的优点。

根据建设部等八部委《关于进一步推进城镇供热体制改革的意见》，北方（严寒、寒冷地区）集中采暖系统（特别是室内采暖系统）正面临技术更新时代。由于北方供热体制必然要从社会福利转为市场经济，采暖费用由目前的“暗补”改为“明补”是必然的趋势。这会涉及室内采暖系统由传统单管系统改为双管系统，装备室温调节控制设备、楼栋热量计量设备、楼内住户热量分摊设备以及相应的技术发展。

3. 空气洁净技术

空气洁净技术的研究始于20世纪60年代，至70年代系统研究开发了洁净技术所遇到的几项主要关键技术和设备，这为随后展开的大规模集成电路攻关等做出了贡献。70年代末至80年代末，为适应净化工程的大量发展，尤以全国近万家药厂必须进行净化改造的迫切需要，制定了一系列国家和行业标准规范，建立了相应的检测手段，并研制成功用于生物洁净环境的技术装备，实现了国际水平的0.1μm10级超高性能洁净室。进入90年代推出的低阻亚高效空气过滤器、封导结合的双环密封系统、无隔板高效空气过滤器、条缝式吹淋室等都达到了国际水平。

4. 实施采暖空调节能设计标准

我国建筑节能工作始于20世纪80年代初期。1986年建设部颁布、实施了北方采暖居住建筑节能设计标准（行业标准），并于1996年实施了它的修订版。

2001年和2003年建设部分别颁布、实施中部（夏热冬冷地区）及南部地区（夏热冬暖地区）居住建筑节能设计标准（行业标准）。

2005年国家质量监督检验检疫总局和建设部共同颁布、实施了《公共建筑节能设计标准》（国家标准）。目前，正在将三本居住建筑节能设计标准修编为一本全国的居住建筑节能设计标准（国家标准）。

要达到建筑节能设计标准的节能目标，要从两方面着手，即通过改善建筑围护结构保温、隔热性能，提高采暖、通风和空气调节设备、系统的能效比，以及对公共建筑还要采取增进照明设备效率等措施，在保证相同的室内热环境舒适参数条件下，与80年代初设计建成的居住建筑和公共建筑相比，全年采暖、通风、空气调节和照明（对于公共建筑）的总能耗应减少到标准的目标值。

作为冷热源的采暖、通风和空气调节设备，其耗能占到采暖、通风和空气调节系统能耗的主体，这些设备的能效比将在很大程度上影响系统的能耗。国家质量监督检验检疫总局和国家标准化管理委员会已发布了冷水机组、单元式空气调节机和房间空气调节器的能效限定值及能源效率等级的标准。标准规定了能源效率等级指标，并确定了节能评价值，这必然推动建筑节能工作和冷热源设备技术进步。

5. 展望暖通空调的发展

我国空调技术是由工业空调发展起来的。随着改革开放、人民生活水平提高，目的在于为人们提供舒适空气环境的舒适空调开始以较快的速度发展。概括来说，暖通空调行业的主要目标（任务），可归结为“健康、舒适、节能、环保”。暖通空调技术的发展，必然会受到能源、环境条件的制约。所以能源综合利用（包括可再生能源的利用）、节能、保护环境及趋向自然的舒适环境必然是今后发展的主题。

“国民经济和社会发展第十一个五年规划纲要”提出了节能重点工程，其中指出：“发展采用热电联产和热电冷联产，将分散式供热小锅炉改造为集中供热”。热电联产是利用燃料的高品位热能发电后，将其低品位热能供热的综合利用能源的技术，发电部分的热效率可提高到80%。燃气冷热电三联供属于分布式能源，是传统热电联产的一种进化和发展。

《可再生能源法》已于2006年1月1日起施行，地源热泵系统应用可再生能源（地热能）得到了鼓励与发展。在工程技术应用方面已颁布了《地源热泵系统工程技术规范》GB 50366—2009，在应用时要特别注意不得对地下资源造成浪费和污染。尽管提高暖通空调产品的能效比已得到足够的重视，但是还要研究开发系统集成技术和优化运行模式，在确保室内健康、舒适的环境条件下，将能耗实实在在地节省下来。

第三章　机电安装工程新技术

第一节　绿色工业建筑的发展趋势

一、绿色工业建筑发展概况

在我国现代工业快速发展的大背景下，工业建筑作为现代工业发展的基础设施，其在建筑业中的比重也逐渐增长。据统计，全国工业企业的能源消耗量占全国能源消耗量的70%，而工业建筑能耗应为保证正常生产、科研、人员的室内外环境与治理污染等所需的各种能源耗量，在工业企业总能耗的比例较大，特别是恒温恒湿厂房、洁净厂房、精密厂房、高大厂房等。以卷烟厂为例：据调查所得的实际全厂能耗的数据分析，工业建筑能耗占全厂总能耗的35%～50%。机械和纺织工业中有温湿度要求的厂房，仅空调能耗可达200～400W/m^2，并且一般是全年运行，所以比公共建筑的空调能耗大很多。在建材、冶金等污染严重的工厂，其治理环境的能耗也很大。工业建筑的这些特点为绿色建筑技术能够充分发挥其节约资源作用提供了广阔的前景，可以取得良好的经济效益和环境效益。

引入绿色工业建筑评价标准不仅可以指导绿色工业建筑实践，同时也为建筑市场提供规范和制约，促使在设计、运行、管理和维护过程中更多地考虑环境因素，最终引导工业建筑向节能、环保、健康和舒适的轨道发展。然而我国目前的绿色建筑评价标准主要针对住宅和公共建筑，还没有系统、完整地针对工业项目的绿色建筑评价标准。针对目前我国绿色工业建筑的现状，在总结国内一些工业企业创建绿色工厂的规划设计经历、运行管理评价及存在问题时，提出编制一部适合我国国情、与国际通用做法相适应的绿色工业建筑评价技术体系文件，引导绿色工业建筑健康可持续发展，适应工业建筑的绿色评价需求，规范绿色工业建筑评价工作，就显得非常必要和迫切。

根据2009年10月28日住房和城乡建设部建标函［2009］90号《关于同意开展〈绿色工业建筑评价标准〉编制工作的函》以及2010年3月住房和城乡建设部 建标［2010］43号《关于印发〈2010年工程建设标准规范制订、修订计划〉通知》，《绿色工业建筑评价标准》列入国家标准制订计划。

2010年1月22日仇保兴副部长对中国城市科学研究会绿色建筑研究中心呈交的《关于拟开展绿色工业建筑评价工作的报告》作出了重要批示："抓紧编制出相关文件，尽快将绿色建筑 扩大到工业建筑领域"。由国家住房和城乡建设部组织中国城市科学研究会绿色建筑与节能委员会、中国建筑科学研究院、机械工业第六设计研究院和中国城市科学研究会绿色建筑研究中心于2010年6月编制完成了《绿色工业建筑评价导则》（以下简称《导则》），并于同年8月经住房和城乡建设部批准颁布。它是现阶段指导我国工业建筑"绿色化"规划设计、施工验收、运行管理，规范绿色工业建筑评价工作的重要技术依据，并将在以此为依据进行广泛咨询和评价的实践中，制订出我国第一部《绿色工业建筑评价标准》(以下简称《标准》)。

在《导则》的基础之上，由主编单位机械工业第六设计研究院会同中国建筑科学研究院等 14 家单位参与了《标准》的编写，经过对国内 13 家不同企业的调研，一共召开了 12 次专题工作会议，于 2011 年 11 月形成了《标准》送审稿，

2011 年 11 月 28 日审查委员会一致通过了《标准》审查，并认为标准集中体现了绿色工业建筑评价的共性要求，评价内容全面，突出工业建筑的特点和绿色发展要求，具有科学性、先进性和可操作性；是国际首部专门针对工业建筑的绿色评价标准，填补了国内外针对工业建筑的绿色建筑评价标准空白，总体上达到了国际领先水平。

该标准的制定和发布将是现阶段指导我国工业建筑“绿色化”规划设计、施工验收、运行管理，规范绿色工业建筑评价工作的重要的技术依据。目前标准已经提交住房和城乡建设部报批。

二、国内外绿色建筑评价标准情况介绍

国内外关于绿色建筑评价指标的分类很多，英国建筑研究中心于 1990 年推出了“建筑研究中心环境评估法”(BREEAM)，随后，美国、加拿大、澳大利亚以及丹麦、法国、荷兰、德国等欧洲国家也相继推出了各自的绿色建筑评价体系。各国家和地区的评价体系名称、研发机构以及所属国家如表 3-1 所示。

一些国家和地区绿色建筑评估体系 **表 3-1**

国家和地区	研发机构	体系名称
英国	BRE	BREEAM
美国	USGBC	LEED TM
多国		GBtool
日本	日本可持续建筑协会	CASBEE
澳大利亚	DEH	NABERS
加拿大	UBC	BEPAC
法国	CSTB	Escale
德国		LNB
挪威	NBI	Ecoprofile
荷兰	SBR	Eco-Quantum
台湾	ABRI & AERF	EMGB
香港	HK Envi Building Association	HK-BEAM

我国在 2006 年颁布国家标准《绿色建筑评价标准》GB/T 50378—2006，并陆续评价了国内众多绿色民用建筑。在国家住房和城乡建设部的积极推进下，我国绿色民用建筑已经进入了一个全新的发展阶段。但是我国绿色工业建筑的评价工作尚处于一个探索阶段，还没有进入规范化、标准化。虽然目前有些工业厂房利用上述各国或者我国民用建筑评价标准来进行评价，比如杭州卷烟厂、北京啤酒厂、天津奥的斯电梯泰达基地、扬子江药业等几十家企业都已经进行了相关绿色评价。

但是通过对这些已经进行相关绿色评价的企业调研发现，目前这些绿色工厂都明显还存在不少问题。主要表现在以下三个方面：

（1）对绿色产品、绿色工艺、绿色工业建筑三者的概念、评价内容混淆不清。

（2）评价内容不全面。调研发现，几乎所有已经评价过的工厂都只是评价了“四节一环保”中部分内容，也没有按照全寿命周期的要求选厂，在设计、施工安装、运行管理各个环节进行全面评价。评价的条文、内容不规范，评价项目随意性大。

（3）主要评价指标没有量化，如建筑能耗、用地、用水、污染物排放等内容，有的工厂其能耗指标反而上升。调查表明：某评估机构的国外项目中，有30%左右的绿色建筑的能耗较高，大于平均能耗水平。还有一些示范性项目的能耗反而比预期高。国内已经评价的部分工厂其建筑能耗指标也明显高于国内平均水平。

通过上述调研发现，绿色工业建筑的评价内容和方法与评价民用建筑有着极大的区别。

我国绿色工业建筑评价工作尚处于一个空白。虽然目前有些工业建筑利用英国、美国的标准或我国民用建筑的评价标准进行了咨询或评价，但出现了许多不适用的问题。针对目前国内外绿色工业建筑评价的现状，我们必须以科学发展的观念为指导，用创新的理念来编制我们的国家标准《绿色工业建筑评价标准》，以此来规范我国绿色工业建筑评价工作。

三、绿色工业建筑评价体系及评价工作的开展

绿色工业建筑的评价分为规划设计和全面评价两个阶段，规划设计和全面评价可分阶段进行，全面评价应在正常运行管理一年后进行。

《导则》的评价体系由可持续发展的建设场地、节能与能源利用、节水与水资源利用、节材与材料资源利用、环境保护与污染物控制、室内环境与职业健康、运行管理七类指标及技术进步与创新构成。每类指标及要求分为控制项、一般项和优选项。申请评价的建筑应满足本导则中所有控制项的要求，并按满足一般项数和优选项数的程度划分为三个星级。

为确保《标准》的编制水平，学习借鉴国内外其他绿色建筑评价标准的成功经验，并充分体现绿色工业建筑的特点，《标准》编制过程中十分重视与国内外其他评价标准的比较研究，英国的BREEAM、日本的CASBEE和加拿大的GBTool，都有比较完善的定量化指标和权重体系，美国的LEED无权重体系，其中英国、日本、加拿大的评价标准都采用了多级权重体系。

根据国外比较成熟的评价体系经验，《标准》采用专家群体层次分析法，与国际上绿色建筑评价方法保持了一致。章、节两个层次的权重通过对各专业专家问卷调查得出。条文的分值由本专业专家初步确定，然后根据各节条文数量和重要性，并参考国内外绿色建筑评价标准的评价方法进行适当调整。各章的权重分值见表3-2。

各章相对权重表 **表3-2**

章	相对权重（%）
节地与可持续发展场地	12
节能与能源利用	26
节水与水资源利用	19
节材与材料资源利用	10
室外环境与污染物控制	12
室内环境与职业健康	11
运行管理	10

绿色工业建筑的评价等级根据标准所规定的方法评价后的总得分（包括附加分），分为一星级、二星级、三星级共三个级别来进行分级，按表3-3确定。

绿色工业建筑等级的分值要求　　表3-3

序号	分值 P_0	总得分值 P	等级
1	11	$40 \leqslant P < 55$	★
2	11	$55 \leqslant P < 70$	★★
3	11	$P \geqslant 70$	★★★

虽然采用权重体系进行评价，但是《标准》也有必达分要求，主要涉及一些能耗、水耗等指标和国家对工程建设的一些强制性要求，这些是评价绿色工业建筑的前提，只有满足必达分要求，才可以申请绿色工业建筑评价。

总得分有必达分、基本分和创新分组成，必达分要求必须达到的分数，创新分是在已得分的基础上的加分，但创新分最高不超过10分。

不同评价阶段、不同工业行业、不同地区的工业建筑其功能等有一定差异，不适用本标准中的条文可不参与评价，并不计分值，以所得总分按比例调整后评定等级。

2011年5月13日，在郑州召开了绿色建筑评审专家委员会（工业建筑组）成立会议，首批专家由33人组成。会议上通过了专家委员会章程、执行专家委员会决议、参加和完成专家委员会交给的任务。

目前，已有部分新建的工业建筑项目正在绿色设计咨询阶段，也有不少有意向的工业企业也已经对绿色工业建筑在节能减排方面的巨大作用产生很大的兴趣。相信，随着《标准》的颁布和实施，将为推行绿色工业建筑评价工作对工业建筑的节地、节能、节水、节材、环境保护、职业健康、运行管理和创新工作起重要的引导和指导作用，将为贯彻国家"绿色发展建设资源节约型和环境友好型社会"方针提供具体的有效支持。

四、绿色工业建筑中新技术的应用

绿色工业建筑对新技术的应用非常重视，特别对于有比较大的贡献且成熟的新技术，为了鼓励多在工业建筑中使用，特别给予加分。

（一）外围护结构的节能技术

建筑外围护结构的冷桥部位是保温隔热的薄弱环节，易结露且会导致发生霉变，影响环境卫生甚至工艺生产。

对于有温度或湿度要求的工业建筑物的建筑总能耗，在全部工业建筑能耗中所占比例大约在40%左右。围护结构的热工性能对工业建筑的节能降耗和生产使用功能具有重要影响。此类建筑是能耗大户，更应加强围护结构的热工性能要求，采用外围护结构的节能技术。围护结构材料的选择，应从其全寿命周期进行考核，保证其符合节能、环保、可循环利用的要求。

节能建筑是指遵循气候设计和节能的基本方法，对建筑规划分区、群体和单体、建筑朝向、间距、太阳辐射、风向以及外部空间环境进行研究后，设计建造出的低能耗建筑。在现有外围护结构节能技术中，外墙保温技术、双层真空LOW-E玻璃、三层玻璃塑钢窗、玻璃钢窗、室外太阳能照明灯具等新技术已成熟。因此建筑门窗采用节能门窗，玻璃采用中空、LOW-E低辐射玻璃，外窗遮阳卷帘等材料，能大幅度降低门窗吸热和散热，节能保温效果非常明显。

（二）空调暖通技术

建筑能耗降低主要体现在暖通空调设备的装机容量减少和运行的经济性上，因此，暖通空调技术措施的改进和落实应用是建筑节能得以实现的根本途径。在现有暖通新技术中，温湿度独立控制技术、蒸发冷却技术、免费供冷、变流量调节技术、分层空调、自然通风、红外线辐射采暖、余热回收、地源热泵空调系统、太阳能等新能源的利用，这些都是非常热门的暖通技术。

（三）节水

在建筑物中收集和储存雨水，利用中水和地表径流供给冷却塔补水和厕所、路面冲洗以及景观浇灌等，回收空调冷凝水。使用空气冷却和海水冷却技术，减少冷却水用量等技术的应用都极大地节约了水资源的应用。

1. 建筑选择可持续发展的建筑场地

对水源保护和对水资源的有效利用是绿色建筑关键的组成部分，建筑选址阶段应优先选择城市地区，可以降低城市供水管网铺设费用，防止建设过程中由于地表径流和/或风化引起的水土流失，包括堆储保护表层土以便再利用；同时也可以减少输水管网的渗漏。城市供水管网漏损严重，根据对408个城市的统计，2002年，全国城市公共供水系统的管网漏损率平均达21.5%，全国城市供水年漏损量近100亿m^3。一方面国家和人民花巨资给城市调水，另一方面宝贵的自来水却在白白地流失。

2. 雨水控制

消除雨水流淌，防止雨水排放造成的或给受体造成的沉积，减轻对自然水体的污染，促进现场过滤，减少污染物。设计机械或自然的处理系统，如人工湿地、植草滤土带以及生态洼地来处理现场的雨水。

绿色建筑要求非渗透性地表面积占总面积的50%左右。通过加强渗透地面的设计使场址维持自然的地面雨水径流。通过渗透性铺设以尽可能减少非渗透性地面。将收集的雨水作非饮用水利用，如景观灌溉、冲洗厕所和蓄水洗车等。

3. 节水景观

工业厂房景观灌溉用水已占全厂用水的很大比例。我国目前大多数景观灌溉存在三个问题：奇花异草代替本地树种。本地植物经过多年的进化，已经适应本地的气候条件，依靠自身的根系完全可以生长，但是异地树种可能需要消耗大量的水资源才能维持植物的生长需要；用饮用水而不是废水来进行灌溉。我国一方面水资源短缺，一方面水价便宜，处理废水和利用废水浇灌总成本方面不会减少很多，有可能会增加；灌溉技术落后。城市景观灌溉大部分还是采用喷管技术，20%以上的水雾化蒸发，灌溉效率极低。因此需要进行土壤、气候分析以确定适当的景观类型。景观设计采用本地植物品种以减少或消除灌溉需求，禁止使用饮用水进行灌溉，对于不太重要的景观不安装永久性灌溉系统。

（四）主体结构体系材料技术

建筑主体结构体系现在比较好的体系是钢筋混凝土结构和钢结构。提高钢筋混凝土强度和耐久性，延长混凝土建筑物使用寿命，是建筑节材的重要技术途径，因此，绿色建筑应采用高耐久性的高性能混凝土。

钢结构具有公认的诸多优点：自重轻、强度高、施工快、基础施工取土量少，对土地破坏小；大量减少混凝土和砖瓦的使用，有利于环境保护；建筑使用寿命结束后，建筑材料回用率高，有利于建筑节材等。

（五）技术进步与创新

在工业建筑项目各个阶段（包含规划设计、建设、运行）大胆探索具有前瞻性的新技术、新工艺、新方法，对绿色工业建筑“四节一环保”有突出贡献的成果和措施，并取得了国家、省部级或行业科学技术奖。在绿色工业建筑评价上特别给予加分，以鼓励在绿色工业建筑中新技术的应用。

五、新技术的应用对工程建设的影响

在绿色工业建筑中，新工艺、新材料、新技术的应用，给工程建设也带来了深远的影响，同时也对工程建设提出了很高的要求。

首先绿色工业建筑中新技术的应用对工程建设造价的影响应当以实现建筑项目的经济、环境和社会综合效益为前提，使整个建筑项目的造价最低。与传统建筑相比，绿色工业建筑虽然有着较高的前期投入和建造费用（主要是由于绿色建筑的技术复杂性、材料的限制以及各种附加设施决定的），但是由于它对资源的高效利用和循环使用，可节约更多的后期投入和维护费用，从而缩短了经济回收期。

绿色建筑的造价管理应当以生命周期成本作为理论基础。生命周期成本要求在评价建筑物的经济性能时，要考虑建筑物“从摇篮到坟墓”的过程，即从项目的构思、策划、设计、建造、使用、维护、直至拆除的整个生命周期所发生的全部费用，是一种新的成本观，是从长远的角度出发综合考虑建筑物的经济性能。

管理是落实实现绿色工业建筑的重要环节，是建筑企业实现“低成本、高品质”的重要内容。工程总承包单位的管理人员必须把绿色工业建筑标准的各项要求编制到工程施工方案中去，落实到工地管理、工序管理、现场材料管理等各项管理中去，并严格检查落实。总承包单位还要指导督促各分包单位落实绿色工业建筑标准的各项要求。只有参与施工的各单位都按绿色工业建筑标准的要求去做，才是最终实现绿色工业建筑标准最基础的要求。

六、监理的重点和注意事项

由于绿色工业建筑的评价涉及设计阶段和运行阶段，所以为了后期运行阶段的评价能够达到绿色工业建筑标准的要求，必须在施工阶段就严格要求，监理工程师就需要对整个施工严格监理，认真履行监理职责。

施工阶段的绿色建筑控制包括两个方面：一是设计文件中有关绿色建筑的要求在施工中的实施；二是施工活动行为本身符合绿色建筑评价要求。

施工方在投标前就要考虑绿色建筑评价要求，运用ISO14000和ISO18000管理体系，将绿色工业建筑标准中有关内容分解到管理体系目标中去，使绿色施工规范化、标准化，在工程开工前施工方及时编制绿色建筑施工的专项方案，报送监理、业主审核，通过审核的专项方案在施工过程中严格执行。

监理在施工过程中，要按照设计文件中有关绿色建筑要求和审查批准的绿色建筑施工方案检查施工方的施工行为，同时督促施工方对形成的相关文档，按绿色建筑申报要求进行整理归档。

绿色建筑倡导在建筑的全寿命周期内，最大限度地节约资源、保护环境和减少污染，为人们提供健康、适用和高效的使用空间，与自然和谐共生。绿色建筑监理是建筑全寿命周期中的一个重要组成部分，在绿色建筑工程建设中推进全过程绿色监理，将工程建设各阶段的绿色建筑的评价要求落实到位，也是对我国节能减排目标实现的积极响应。

第二节　空调系统的节能技术综述

一、空调节能的意义

(一) 空调节能的空间

随着建筑行业的飞速发展与建筑功能的不断提升，空调已经成为现代建筑中不可缺少的设施之一，我国已经成为继美国、日本之后世界第三大空调市场。与此同时，空调能耗在建筑能耗中占有越来越大的比例。在我国建筑能耗占总能耗的比例越来越大，据统计目前已达到27%，其中约有60%～70%左右为供暖空调能耗。因此，公共建筑存在着巨大的节能潜力，降低空调能耗势在必行。如何使空调系统向节能绿色发展，已经成为空调建筑可持续发展的重要课题。

(二) 建筑节能规范

为了贯彻落实节约能耗、绿色环保的基本国策，自1996年7月以来，我国相继颁发实施了各气候区居住建筑节能设计标准，包括《民用建筑节能设计标准》(采暖居住建筑部分) JGJ26—95、《夏热冬冷地区居住建筑节能设计标准》JGJ 134—2001、《夏热冬暖地区居住建筑节能设计标准》JGJ 75—2003，2005年4月又颁发实施了《公共建筑节能设计标准》GB 50189—2005。北京市2004年颁发实施了节能65%的《居住建筑节能设计标准》DBJ11-602-2004，2006年11月又对同名标准进行了修编，新标准编号为DBJ 11-602-2006；2005年6月颁布实施了《公共建筑节能设计标准》DBJ 01-621-2005。这些节能设计标准是建筑节能设计的基本依据，是实现节能设计的基本要求，必须严格执行。

(三) 建筑节能的目标

(1) 自2005年7月1日颁布实施节能标准以来，为通过改善维护结构热工性能、提高空调设备和照明设备的效率，实现公共建筑全年供暖、通风、空气调节总能耗与20世纪80年代建成的公共建筑相比应减少50%的目标，从节能设计方法、室内环境节能设计计算参数、建筑热工设计暖通空调节能诸方面制定了相关的条款，对公共建筑节能设计起到了很好的规范和指导作用。

(2)《公共建筑节能设计标准》GB 50189—2005第1.0.3条规定："按本标准进行的建筑节能设计，在保证相同的室内环境参数条件下，与未采取节能措施前相比，全年采暖、通风、空气调节和照明的总能耗应减少50%"。总能耗减少50%是一个潜在的节能概念，该条文及该标准的全文都没有涉及公共建筑的能耗指标。

二、空调节能方案的选择

(一) 空调节能方案影响因素

(1) 一个节能的公共建筑其空调节能效果的优劣成败，与空调方案的选取有着决定性的作用。近年来，随着科学技术的迅速发展以及对节能和环保要求的不断提高，暖通空调领域中的新方案大量涌现，暖通空调方案的评价因素很多，一些因素难以定量表述，许多因素又不具有可比性，但是空调方案除了重点考虑一次性投资外，运行费用和运行能耗是暖通空调方案技术经济比较必须考虑的重要参数。

(2) 运行能耗除了应计算暖通空调主机（锅炉和制冷机等）的能耗外，还应计算其他辅助设备（如风机、水泵等）的能耗。不能简单按照设备铭牌功率和运行时间的乘积来计算能耗，而应考虑在全年季节变化的情况下，建筑物的实际负荷的变化，同时应考虑设备在非标准状态下的效率。运行费用除了能耗费用，如电费、燃油费、燃煤费、燃气费外，还应包括消耗的水费、人工费等。

(二) 空调系统常规运行时节能

暖通空调设备的容量通常是按接近全年最不利的气象条件确定的，因此，系统应有较好的调节性能，以适应全年负荷的变化。调节性能好的系统方案，如采用 VRV 空调系统，其一次性投资通常较高，但运行能耗较小，在经济性计算和比较时应综合考虑这些因素。

(三) 空调系统自动控制所起到的节能效果

(1) 空调方案的管理操作自动化水平的提高，可以减少管理人员的数量和劳动强度，从而使人工费减少，并且随着室内外气象参数的变化及时调节一些相关参数，也能起到节约能量的作用。但是一次性投资增加，对操作人员素质的要求也相应提高。空调系统是否采用自动控制，应根据实际情况和要求，经技术经济比较来确定。

(2) 对于大型空调系统和需要调节控制的设备较多的工程，宜采用自动控制，以减少操作管理的工作量。但自动控制系统尽可能的简化，以提高系统的经济性和可靠性。对于只有季节性转化时才操作的阀门不宜采用自动控制。对于一些各部分不同时使用的建筑物或各部分出租给不同使用单位的商业建筑，系统设置应考虑分别管理控制和运行费用分别统计交纳的要求。

(四) 空调节能方案选择

(1) 由于空调方案选择是一项影响因素多、专业技术性很强的复杂技术工作，因此，在该项工作中仍然存在着一些认识上的误区，例如，认为采用最新技术的空调方案就是最佳方案，出现不管使用条件而盲目追求新技术的倾向，实际上每种方案都有其适用条件和范围，其适用条件之外先进的技术方案就有可能变成不合理甚至是不可行的方案。

(2) 有些管理者认为复杂的方案就是高水平的方案。但实际上因为系统越复杂，通常设备就越多、投资就越高，系统的可靠性、可操作性、可控性和可维护性就越差，因此，复杂的方案并不一定就是高水平的方案。在满足要求的前提下，系统越简单越好。

(3) 在空调方案比较选择时，必须对工程项目的各种实际需求、环境条件的特点、需求和环境条件的变化趋势等情况进行深入的调查研究，对各种技术方案的特点、适用条件和范围进行客观深入的分析，对暖通空调各种技术发展的方向和趋势进行深入的了解，尤其必须对各种空调方案的可行性、可靠性、安全性、投资、能耗、运行费用、调节性、操作管理的方便性、环境影响、舒适性和美观性等技术经济评价因素进行客观准确的计算和综合对比分析。只有这样才能对各种空调方案进行科学的比较和优选，避免因片面性和主观性带来的失误和经济损失及能源浪费。

综合上述，合理地选择空调方案，一定要做到全面评价，因地制宜。

三、几种典型的节能空调方案

（一）水环热泵空调系统

水环热泵空调系统就是小型的水-空气热泵机组的一种应用方式。利用水环路将小型的水-空气热泵并联在一起，构成一个以回收建筑物内余热（内区供冷外区供热）为主要特点的热泵供暖、供冷的空调系统。其节能效益和环保效益显著。其特点如下：

（1）调节方便。用户根据室外气候的变化和各自的要求，在一年内的任何时候可随意进行房间的供暖或供冷的调节。

（2）虽然水环路是两管制但与四管制风机盘管一样可达到同时供冷供暖的效果。

（3）建筑物热回收效果好。因此这种系统适用于有内区和外区的大中型建筑物，即适合于大部分时间内有同时供热供冷要求的场合。

（4）系统分布紧凑、简洁灵活。由于没有体积庞大的风管、冷水机组等，故可不设空调机房，从而增加了使用面积和有效空间；环路水路可不设保温，减少了材料费用。

（5）便于分户计量和计费。

（6）便于安装和管理。水环热泵机组可以在工厂里组装，减少了现场安装工作量；系统设备简单，启动与调节容易。

（7）小型的水环热泵机组的性能系数远不如大型冷水机组。

（8）制冷设备直接放在空调房间内，噪声大。

（9）设备费用高，维修工作量大。

（二）变制冷剂流量多联分体空调系统（VRV 系统）

变制冷剂空调系统是直接蒸发式系统的一种形式，主要由室外主机、制冷剂管路、室内机以及一些控制系统组成。一台室外机可带多台室内机。按其室外机的功能可分为：单冷型、热泵型和热回收型。适用于公寓、办公、住宅等各类中、高档建筑。其特点如下：

（1）节能。系统可以根据系统负荷的变化，自动调节压缩机的转速，改变制冷剂的流量，保证机组以较高的效率运行。部分负荷运行时能耗下降，可以降低全年运行费用。

（2）节省建筑空间。系统采用的风冷式室外机一般设置在屋顶，不需占有建筑面积。系统的接管制冷剂管和冷凝水管，在满足相同室内吊顶高度的情况下，可减少建筑高度减低建筑造价。

（3）施工安装方便，运行可靠。施工工作量小，施工周期短，尤其适用于改造工程。

（4）满足不同工况的房间使用要求。变制冷剂流量系统组合方便、灵活，可以根据不同的使用要求组织系统，满足不同工况房间的使用要求。对于热回收系统来说，一个系统内，部分室内机在制冷的同时，另一部分室内机可供热运行。在冬季系统可以实现内区供冷，外区供热，把内区的热量转移到外区，充分利用能源，降低能耗，满足不同区域空调要求。

（三）冷却塔供冷系统

对于一些在冬季也需要提供空调冷水的建筑，可以考虑利用冷却塔直接提供空调冷水，这样可以减少制冷机组的运行时间，节省制冷机组的运行能耗（空调最大的能耗设备），取得显著的节能效果。具体应用中应注意以下问题：

（1）冷却塔的防冻要求。在寒冷地区冬季存在着水结冰的问题，因此对于冷却塔以及室外的冷却水管，必须考虑防冻结的措施，尤其是在夜间水系统停止运行后应注意这一问题。

(2) 合理确定供水参数和选择冷却塔。因为冷却塔是按照夏季工况来选择的，因此必须依据冬供冷量及供水温度，对冬季供冷工况进行复核计算。

(四) 变风量系统

变风量空调系统也是全空气系统的一种形式。变风量系统也称 VAV 系统，其工作原理是当空调房间负荷发生变化时，系统末端装置自动调节进入房间的风量，确保房间在设计要求的范围内。同时空调机组根据各末端装置风量的变化，通过自动控制调节送风机的风量（变频风机）。达到节能的目的。

变风量空调特点：

(1) 分区温度控制。全空气定风量系统只能控制某一特定区域的温度，对于一个需服务于多个房间的定风量系统如无特殊要求，便不可能满足每个房间的温度要求。若采用 VAV 系统，由于每个房间内的变风量末端装置可随该房间温度的变化自动控制送风量，使空调房间的过冷或过热现象得以消除，能量得以合理利用，达到节能目的。

(2) 设备容量减少、运行能耗节省。采用一个定风量系统负担多个房间的空调时，系统的总冷（热）量是各个房间的最大冷（热）量之和，总送风量也是各个房间最大送风量之和。采用 VAV 系统时，由于各房间变风量末端装置的独立控制，系统的冷（热）量或风量，应为各房间逐时冷（热）量或风量之和的最大值，而非各房间最大值之和，因此，VAV 系统的总送风量及冷（热）量少于定风量系统总送风量及冷（热）量，于是使系统空调机组规格减小，冷水机组和锅炉的安装容量减小，占用机房的面积也因此减小。

(3) 空调机组大部分时间是在部分负荷下运行。当房间负荷减少时，各末端装置的风量将自动减少，系统对总送风量的需求也会下降，通过变频等控制手段，降低空调机组的转速，可起到节约运行能量的目的。

(4) 房间分隔灵活。对于大规模的写字楼来说，一般采用大空间平面，待其出租或出售后，用户通常会根据各自的使用要求，对房间进行二次分隔及装修。VAV 系统由于其末端装置布置灵活，能较方便地满足用户的要求。

(5) 维修工作量小。VAV 系统只有风管，而没有冷水管、冷凝水管进入房间，减少了日常维修工作量。

(五) 变水量系统

1. 一次泵变流量系统

一次泵变流量系统首先要求冷水机组蒸发器侧的冷水流量能在一定的范围内变化。目前推荐的冷水机组流量范围 25%～130%，根据用户侧冷负荷的大小，送、回水温度的变化，调节制冷压缩机冷媒的流量，相应调节冷冻水的流量，从而联动一次泵台数的调节和变频的调节，起到减少压缩机和水泵功耗的目的，节约能量。

2. 二次泵变流量系统

一次泵负担冷源侧的运行消耗，二次泵负责用户侧的阻力消耗。二次泵采用多台控制或变频控制，依据用户侧的实际能源消耗，来确定二次泵的运行台数或转数。一次泵依据冷机运行台数来确定一次泵相应的运行台数。如果控制合理，能起到非常显著的节能效果。

四、空调节能措施

(一) 建筑与环境的节能措施

1. 改善建筑环境

加强建筑周围的绿化，种植遮荫效果好的乔木，在建筑周围广植草地、花木；建筑外表面的颜色，尽可能处理成白色或接近白色的浅色调。以上措施可起到减少太阳辐射，调节小环境的温湿度，降低空调冷负荷的作用。

设置良好的外遮阳，可减少日辐射热 50%～80%。

2. 合理设置建筑平面与体型

建筑体型力求方正，避免狭长、细高和过多的凹凸，尽量避免东西朝向。

3. 合理安排空调房间和空调机房的位置。

尽可能将高精度空调房间布置在一般精度空调房间之中。将空调房间布置在非空调房间之中，减少空调房间的外露面降低空调冷负荷。为减少输送负荷，空调机房尽量靠近空调房间，避免在顶层布置空调房间。

4. 改善建筑热工性能

减少窗户面积，采用吸热玻璃（严寒地区）、镀膜反射玻璃，装设隔热窗帘；采用双层玻璃，加强外墙、屋顶的外维护结构的保温（5mm 厚的吸热玻璃可吸收太阳的辐射热 30%～40%；镀膜玻璃可反射 30%太阳辐射热）。

5. 屋顶采取隔热措施

设置通风屋顶、遮阳棚、屋顶花园等，装置屋顶喷水设施。

6. 减少有害源的影响

尽可能地将有害源（如热、湿等）移出空调房间或采取加固体或气体屏障予以隔离。

(二) 室内标准控制

1. 降低室内温度的设置标准

在满足室内要求的前提下，适当降低冬季室内温度和提高夏季室内温度。供暖时每降低 1℃可节能 10%～15%；供冷时，每提高 1℃可节能 10%左右。

2. 降低室内相对湿度的设置标准

对于使用中对室内相对湿度无严格要求的对象，夏季室内相对湿度≯70%，冬季相对湿度≮30%。

3. 合理补给新风

在满足卫生、补偿排风、稀释有害气体、维持正压等要求的前提下，不盲目加大排风量；最好采用 CO_2 浓度控制器。

(三) 风系统的节能措施

1. 充分利用室外空气的自然冷却能力

设置新风、排风联动调节风门，通过温度调节器（最好是焓）调节控制新风比，使新风量由最小值变化至 100%。

2. 加大送风温差

采用尽可能大的送风温度差，减少送风量，节省投资和能耗。

3. 合理划分空调系统

尽可能根据温湿度基数、控制精度要求、房间朝向、使用时间、热湿扰量、洁净度等级等因素划分为不同的空调区域，从而避免过冷过热，减少冷热抵消，避免不必要的提高标准。

4. 避免采用电加热

对于控制精度要求大于±1℃的系统，应避免采用空气加热器作为室温加热器调节温湿度，一般情况下不应采用电加热器作为一、二次空气加热器。

5. 冷却旁通

让进入喷水段或表冷端前的空气，一部分经喷水室或冷却器，另一部分则迂回过去，然后再进行混合，通过旁通风量的调节，使混合状态达到要求的送风状态，从而避免冷热抵消。

6. 多工况自动转换

对于全年运行的空调系统，根据不同的室内外气象条件和执行器的位置，综合逻辑判断或实时计算室内负荷，选定合理的设定值和不同的空气处理过程，进行变工况运行。达到全年节约热量50％～60％，节约冷量约15％～20％目的。

7. 微机控制

根据室内外气象条件，结合不同的处理过程和设备，针对控制精度的要求，调节品质、节省能量等条件，编制专用程序，实现最优化的运行，最大限度地节约能量。

8. 加强保温

选择高效的保温材料，对风管、水管、设备等进行保温防潮处理，减少冷热损失。

9. 合理选择风管尺寸

根据经济流速，合理确定风管尺寸，使输送能耗保持在经济合理的范围。

（四）水系统的节能措施

1. 采用闭式系统

空调水系统尽可能地采用闭式循环方式，达到减少水泵能耗、延长管道设备使用寿命；尽可能地使用水来代替空气输送能量，以水-空调系统代替全空气系统，节省输送能耗。

2. 变流量水系统

将水系统的调节方式设计成定温度、变流量，使换热设备的供水量和系统的循环水量随空调负荷的变化而增减，以节省输送能量。

3. 选用较高的冷水初温

在满足空气处理要求的前提下尽可能地采用较高的冷水初温。制冷机组蒸发温度每提高1℃可节约电耗2％～3％左右。

4. 适当地加大供、回水温差

在可能的范围内，加大冷水系统加大供、回水系统的温差（一般不宜大于8℃）减少循环水流量，降低能耗。

（五）设备的合理选用

1. 提高制冷机效率

制冷机组选择时，应大小搭配，在满足使用要求的前提下尽可能地提高蒸发温度，降低冷凝温度，起到提高机械效率、减少设备能耗的目的，并保证部分负荷时效率不过分下降，对设备进行阻垢缓蚀处理。

2. 制冷机能量调节

设计时选择采用能量调节装置的制冷设备。当台数较多时应设置成能量调节与台数控制相结合的控制方式。

3. 保持较高的水输送系数（WTF）

选择循环水泵时水输送系数（WTF）不应低于下列数值：

供冷时 WTF≥30 供热时 WTF≥200(WTF=冷(热)水的显热交换量/水泵的输入功率)

4. 保持较高的空气输送系数（ATF）

选择通风机时，宜保持空气输送系数 ATF≥4（定风量系统）

（ATF=排走的显热量/送、回风机的输入功率）

5. 保持较高的性能系数（COP 值）

选择制冷机时，力争保持较高的 COP 值（COP=产冷量/制冷系统的轴功率）。

6. 保持较高的性效比（EER 值）

选择空调器时，应保持较高的能效比(EER=标准规定的名义产冷量/空调器的消耗功率)。

（六）热回收

1. 板式换热器

在排风和新风管上，装置板式空气-空气换热器，使排风与新风通过壁板进行显热交换，将热量传递给新风与排风，达到预热或预冷新风的目的。

2. 板翅式全热交换器

在排风和新风管上，装置板翅式空气-空气换热器，使排风与新风通过经特殊处理的芯体进行全热交换，将热量传递给新风与排风，达到预热或预冷新风的目的。

3. 中间热媒式换热器

在排风和新风管道上，分别装置水-空气换热器，通过中间热媒（水），将热量传递给新风或排风，从而预热或预冷新风。

4. 转轮换热器

排风和新风通过转轮换热器进行显热或全热交换，在旋转过程中预热或预冷新风。

5. 热管换热器

在排风和新风管道上，分别装置水热管换热器，通过工质的相变，将热量传递给新风或排风，从而预热或预冷新风。

6. 热泵

以机械功为补偿条件，使低温位物质的热量转移至高温位物体的机械装置，习惯称之为热泵。利用热泵回收排风的热量预热新风。

五、空调节能的监理重点

建筑节能工程，在整个单位工程中作为一个分部工程，而通风与空调节能工程在节能分部工程中作为一个分项工程，作为监理工程师，应严格按照《建筑节能工程施工质量验收规范》GB 50411—2007 主控项目和一般项目条款进行严格监理，对设备材料的进场报验、风机盘管及保温材料的复验严格把关。严格执行设备及其配件的安装要求、压力试验要求，运转与试运行的调试一定要符合设计规定。节能工程的验收应严格执行验收程序。

（一）施工前期工程监理及项目管理的重点

（1）向建设单位提供合理的空调方案的建议。一个空调方案的选择往往有十几种，每种方案都有利有弊，只有最切合工程实际的方案才是最佳方案。空调方案的选取切忌搞攀比和追求时尚。要综合考虑工程项目所在地的具体条件，要从一次投资、运行成本、节能环保、绿色施工使用寿命等因素加以统筹考虑。

（2）向建设单位提供质量可靠、价格合理的设备厂家的参考信息。对设备厂家的信誉、产品价格、质量、售后服务、业绩等进行全面考察。

（3）严格审核施工单位报送的施工组织设计。

（4）严格控制设备材料的质量，严把进场验收质量关。

（二）施工过程中监理和管理的重点

（1）熟悉建筑图纸。

（2）依据建筑图纸提出适宜的监理细则或项目管理方案。

（3）严格节能设备材料的验收。

（4）严格施工过程的控制。

（5）做好监理资料的收集与记录。

（6）系统调试的控制。

（7）强化验收控制。

第三节　电子工程的节能技术

一、开展节能工作的重要意义

节约资源、加快建设节约型社会是我国基本国策，节能降耗是国民经济可持续发展的重要组成部分。

二、节能新技术在典型电子工业中的应用

（一）洁净厂房的能耗

洁净厂房是能量消耗大户，据了解大规模集成电路生产用洁净厂房的用电负荷为数万千瓦，它的能量消耗包括：生产设备的用电、用热、用冷；净化空调系统的耗电、耗热及冷负荷；冷冻机组（系统）的耗电；排气装置的耗电以及所排气体带走的冷（热）负荷；各种气体、高纯物质的提取、输送耗电、耗热、耗冷；公用设施的用电和照明用电等。洁净室的能量消耗是一般写字楼的10～30倍，在各类能量消耗中除生产设备随产品品种、生产工艺不同而不同外，能量消耗总量中比例较大的是冷冻机的电耗，通常可占到总量的15％～35％，洁净室的净化空调系统冷负荷是一般空调的5～15倍。

表3-4是不同级别的洁净室能耗的经验数据。

不同级别洁净室的能耗统计　　**表3-4**

项目	一般空调	恒温空调	8级	7级	6级	5级
送风换气次数（次/h）	8～10	10～15	15～20	25～30	50～60	400～600
单位面积耗冷量（W/m^2）	150～180	200～250	350～400	500～550	600～700	1000～1200

续表

项 目	一般空调	恒温空调	8级	7级	6级	5级
单位面积耗电量（kW/m^2）	0.06	0.1	0.16	0.25	0.30	1.0

注：单位面积耗电量指空调净化系统的耗电量（含制冷、制热、加湿、送风等）。

1. 洁净室空调系统的能耗

由上表可见，洁净室的空调净化系统运行能耗比一般舒适性空调运行能耗大得多，随着净化级别的提高，洁净室空调能耗也急剧增大。

洁净室空调系统的主要能耗是：

（1）为维持洁净室所要求的温度和相对湿度，要对洁净室的送风进行必要的热、湿处理（冷却、去湿、加热、加湿 ……），就必须向空调净化系统供冷供热，供蒸汽就要消耗大量的能量。

（2）为了保证洁净室的洁净度、温度、湿度等参数，必须往洁净室送入大量的空气，送风的风机和供水的水泵等动力设备也要消耗可观的能量。

（3）上述的供冷、供热、供蒸汽消耗的能量以及送风、送水设备消耗的电量。

（4）洁净室的冷负荷中的主要负荷是新风冷负荷，消除工艺设备和工艺过程产热的冷负荷和抵消风机和水泵发热的冷负荷；而围护结构、照明和作业人员三项冷负荷相对较小，有数据表明，在高级别的洁净厂房中其负荷不足总冷负荷的10％。

2. 洁净室空调系统能耗大的原因

（1）净化送风量大。不同净化级别的洁净室送风量和相同面积的舒适空调送风量相比是其1.5～55倍，而且送风风压也是其2～3倍，因此送风机的温升耗冷量很大。

（2）洁净室空调净化系统的新风量大，一般情况下，新风量等于排风量与正压漏风量之和，因此生产工艺排风量大故新风量就很大。因此，新风的热湿处理耗能也就很大。

（3）洁净室中的工艺设备和工艺过程发热量大，而且连续两班制或三班制运行。因此，耗能量也大。

（4）洁净室内生产工艺的温、湿度及其精度要求很高、很严，也是能耗大的原因。

（二）洁净室的节能

为了降低洁净室的能量消耗，从洁净室的规划、设计阶段就要考虑节能问题。降低洁净室能耗的主要途径是合理确定洁净室的面积和恰当选择洁净度等级；合理选择净化空调系统形式，准确计算冷负荷和配置节能型设备；选用先进、能耗低的公用动力系统、设备；合理确定洁净室的围护结构等。可采取的节能措施包括：

（1）合理选择厂址。厂址、总平面布置，尽量选择大气污染小、产尘量小的场地建厂，场内布置时洁净室应布置在污染少的场所并注意朝向安排。

（2）优化工艺平面布置。工艺平面布置时，尽量减少洁净室的面积或减少洁净度要求严格的洁净室的面积；能不设置在洁净室内的工序、设备应设在非洁净区；恰当的确定各类房间的洁净度等级，不应随意提高洁净度要求；组织好人流、物流和安排好辅助房间；与相关专业配合选择好洁净室的形式、空间布置等。

（3）合理确定洁净室的建筑形式，减少冷量损失。

（4）优化净化空调系统空气处理过程。

（5）降低冷（热）负荷：

1）减少洁净室主要设备的排气量。

2）减少洁净室空调系统的泄漏量。

3）降低洁净室内生产设备的散热量。

4）减少洁净室内的发尘量，降低送风量。

5）合理选用局部净化/隔离装置/微环境装置。

6）采取措施减少系统阻力。

7）选用能耗低、效率高的设备。

8）选用变风量、变频机等。

9）加强隔热措施，选用优质隔热材料。

（6）提高设备效率，采用热回收装置：

1）采用高效冷冻机、风机、水泵和换热设备。

2）合理配置设备，尽量防止大马拉小车现象。

3）采用回风冷（热）量回收装置，排气冷（热）量利用装置。

4）在合适的条件下采用冷冻机的冷热利用装置。

5）生产设备的冷热量回收。

6）合理配置公用动力设备，如采用自由冷却系统、冷热电联产等。

（三）洁净厂房空调系统节能

洁净厂房的规划、建设、生产工艺等受到各方面的影响，综合考虑因素较多，是一个庞大的系统工程，一旦确定后很难更改。洁净室的空调系统更容易被工程建设人员控制，研究洁净室空调系统的节能措施在工程实践中具有更重大的意义。

1. 影响洁净室空调系统能耗的主要因素

洁净室空调系统的能耗主要受以下因素的影响：

（1）净化空调系统空气处理过程。

（2）气流平均速度/换气次数。

（3）空气输送系统的阻力。

（4）空调参数。

（5）排风量。

（6）工艺设备发热量。

（7）空调系统各设备的效率。

2. 洁净室空调系统的节能措施

（1）合理确定空气处理系统

洁净室的空气处理方式应经热负荷、湿负荷、风量平衡计算，经经济技术比较后得出，切忌生搬硬套。一般而言，洁净室的循环风量远大于新风量，可实现二次回风以避免冷热量抵消，达到节能的目的，因此应采用二次回风。二次回风流程中可以分为由新风承担全部的冷热湿负荷和由新风及循环风分别承担冷热湿两种方式，其总的冷热湿负荷是相同的，应根据工程的具体情况合理采用。对于室内显热负荷大（热湿比大）空气循环量大的洁净室，因送风温度与室内温度的温差很小，采用新风空调机加 FFU（风机过滤单元）和干表冷共同承担冷热负荷是节能的。

净化空调系统空气处理过程的优化对节能的效果十分明显，优化的目的就是减少或消除冷热抵消现象和降低风机温升。

在“洁净手术部和医用气体设计与安装”的国家标准图的例题中的计算结果是这样的：对于一级洁净手术室（北京）夏季耗冷量，当采用一次回风系统时是60 kW，而采用二次回风系统时只有25 kW，当采用新风机组深冷抽湿处理时其耗冷量只有20 kW。

高级别洁净室（等于和严于5级）是垂直单向流洁净室，其送风机的风量非常大，高达400～500次/h换气，而且风机的压头也很高，一般多在1000～1500Pa，因此风机温升的负荷大。按理论计算：在集中送风方式的系统中，风机的温升为1.5℃，仅此一项的负荷就是500～700W/m^2；如果采用FFU送风方式，风机温升的负荷可降低至250～350W/m^2。新风机组需要的冷冻水温度较低（5～7℃），干表冷需要冷冻水温度较高（12～14℃）。一般冷水机组出水温度提高1℃能耗降低2%，出力增加3%（需视具体机组情况而定），这样采用12℃的冷冻水系统可使冷水机组运行能耗比5℃时节省15%～18%。

(2) 减少空气循环量

洁净室空气循环量的减少对节能是很主要的内容，主要是：一是减少单向流或要求严格的洁净室的面积；二是合理降低洁净室的平均气流速度/换气次数；三是提升洁净室的密封性能，以及正压控制不过高。

1) 减少单向流洁净室的面积

把关键的要求严的洁净加工区与周围要求不严的洁净室环境加以物理分隔，即对关键区域采用“点”或“线”的保护而不采用“面”的保护，以减少单向流洁净室的面积，如在非单向流洁净室内设置洁净工作台、洁净工作棚或层流罩等局部单向流洁净区，采用微环境/隔离装置等。

2) 降低气流速度、换气次数

由于高效过滤器及污染控制水平的提高，以及流体动力学技术的发展，经验和研究已经认为可降低洁净室的气流速度/换气次数，有关规定、导则等对气流速度/换气次数的推荐值已有所降低。

在实际的设计、调试、生产过程中，应以满足规范要求、生产工艺的需求为标准，不宜留过高的富余量。尤其是在调试、检测过程及工程竣工初期运行中，各项指标远远高于设计及规范的要求，对节能是不利的。

3) 提升洁净室的密封性能及正压控制不过高

提升洁净室的密封性能，即意味着外界污染物进入洁净室几率的减少，洁净室可以在更低的气流速度/换气次数的条件下达到要求。施工、监理应更多地关注这方面内容，严把工程质量。

(3) 减少空气系统阻力

洁净室的循环风量和新风量都很大，应按具体情况慎重考虑合理地减少空气系统的阻力。减少空气系统阻力，意味着输送空气功率的减少，风机功率的减少是节能，更重要的是降低了系统的热负荷，节能效果非常明显。如前所述，在高级别的洁净室中采用FFU（风机过滤单元）的形式与采用集中送风方式比较，可使空调系统热负荷大幅下降。

减少空气系统阻力，可采用的方法包括：

1) 采用合理的空气输送系统；

2) 风道应采用低风速并注意平滑过渡以减少阻力；

3）采用高效设备，减少空气处理设备的阻力；

4）降低多空地板的阻力；

5）降低干表冷的阻力，如有可能增加干表冷的面积以降低干表冷迎风面速度，采用椭圆管式的干表冷换热器等；

6）合理选用 HEPA/ULPA 过滤器并降低其迎面风速。

（4）合理控制排风系统的排风量

排风量的控制对有些洁净室的节能意义重大，如 IC 生产工艺的排风量较大，工艺设备更新快，一些设备的排风量不易精确确定，往往采用很保守的数据，运行时排风量的波动亦较大。排风量的增大必然会造成新风负荷的加大。

控制排风量，可采取的方法包括：

1）尽量采用变风量排风机；

2）采取密闭式排风罩在同等的排风效果下尽量减少排风量；

3）一组排风机组所带末端不宜过多，不同工艺设备需要的排风风压是不同的，是否共用一个系统，应经过经济技术比较确定；

4）所有排风支管的末端均应装设密闭性能好的调节阀。因排风系统工作时并不是所有的工艺设备均需排风，末端调节阀密闭性能不好，会造成较大漏风，这点在安装、验收时应特别关注；

5）除有毒、有害、易燃易爆等排风系统外，在一般排风系统的热回收也是重要的节能途径。

（5）工艺设备的发热量、空调参数

工艺设备的发热量只能通过工艺设备本身解决。空调参数的确定在满足生产工艺要求的前提下，不应过高过严要求，否则，其能耗会大幅度上升。另外负荷计算时安全裕量不应留有过大，否则设备的耗电会大大增加。

（6）空调系统各设备的效率及节能方式

洁净室的空调系统（包括冷冻水系统）能耗较大，因此采用高效率的风机、水泵、冷水机组及电机等具有明显的节能和经济效益。在选择设备时还要注意设备在运行点时保持较高的效率。

1）空调机组风机的变频控制

洁净室的空调机组通常是指空调机组（AHU）、新风机组（MAU）、循环机组（RAU），一般情况下，新风机组（MAU）应采用变频控制，空调机组（AHU）、循环机组（RAU）是否采用变频控制，应根据工艺生产特点、空调工况计算后经经济技术比较后作出。

在新风系统中，粗、中、高效过滤器的阻力是随系统投入运行时间变化的，在新风机组设计时其风机风压一般是按中、高效过滤器的终阻力来确定的。过滤器的终阻力通常按初阻力的 2 倍计算，这样新风机组在相当长的运行时间内系统的实际阻力远远低于所配风机的压头。如果没变频调节措施，只能靠关小新风系统总风管上的阀门来达到系统送风量，当系统运行一段时间后，由于空气过滤器容尘量的增加而阻力逐渐上升，系统送风量也会随之逐渐下降，为系统送风量满足维持房间洁净等级的要求，只能定期开大新风管上的阀门，这样不仅浪费能源，对运行管理也带来很大不便，故新风机组应采用变频控制，多采用根据洁净厂房的正压值控制风机转速以确保必需的新风量。

随着变频技术的发展和变频系统价格的下降，以及国家、社会、业主对节能降耗的重视，空调机组（AHU)、循环机组（RAU）也越来越多地采用变频控制，这不仅节省能源，同时也解决了不生产时低风量运行问题。

2）风机和电机采用直联

风机的驱动采用电机直联的方式，不仅风机的传动效率高（电动直联为100%，三角皮带传动为95%)，而且可以减少机组震动对工艺设备的影响。

3）直流式FFU的应用

FFU（风机过滤单元）从电源方面分为直流和交流两种形式，交流式一般设3～5档调节电压的方式来调节电机的转速，以满足FFU出风口风速的需要。由于控制元件为FFU自带，分布在洁净室吊顶各个位置，控制起来极不方便。直流式FFU配一个直流调速器，电机无电刷，噪声小，直流电机的转子是永磁的，节省了三相异步电动机的转子电流消耗。同交流FFU相比，直流式FFU电机功率更小，电机发热更少，减少无关能耗，也有效降低空调负荷。有资料表明，同交流式FFU相比，直流式FFU经过2年左右时间可将前期投入的差值拉平（按每台FFU每年运行350天，每天运行24h计)。

同交流式FFU相比，直流式FFU控制更为方便、简单，这一优点在大型的洁净工程中比较突出。

中低温冷冻水系统分别设置和采用带热回收式冷水机组：

在老的电子工厂中，通常只设置单一温度的冷冻水供应系统，为了保证新风机组的除湿，只能设置低温冷冻水系统。有的系统对冷冻水温度要求很是宽松，尤其是随着干表冷器越来越多的应用，对冷冻水的最低温度也提出要求，这就使中低温冷冻水系统的设置不仅成为可能，而且是必须。对于大型的电子工厂，冷冻水的供应可分成中低温两个系统，采用中温冷水机组的方式。中温冷水机组制冷性能优于低温冷水机组，如前所述：一般冷水机组出水温度提高1℃能耗降低2%，出力增加3%（需视具体机组情况而定)，这样采用12℃的冷冻水系统可使冷水机组运行能耗比5℃时节省15%～18%，节能效果明显。需要指出的是，为了达到最大程度的节能目的，一旦设置了中温冷冻机组，应尽量扩大中温冷冻水的使用范围，如新风处理系统的一级表冷，变配电所降温空调系统的表冷器，工艺冷却水系统，纯水系统的冷却等。

洁净室一年四季均需要冷水，同时，冬季电子工厂也需要大量的低热水，经经济技术比较后可采用带热回收式的冷水机组，以达到节能目的。

4）冷冻水、冷却水采用大温差

常规空调中，冷水机组冷冻水供回水温度为7℃/12℃；冷却水供回水温度32℃/37℃，均采用5℃温差。

如将冷冻水的供回水温度调整为7℃/14℃，采用7℃温差，则冷冻水流量约可减少为原来的71.5%。由于水泵的动力与流量成正比，因此能耗也为原来的71.5%（注意需核算空调机等的盘管面积)。

冷却水温度也可采用大温差的方式，如冷却水供回水温度32℃/40℃，但是冷却水温度的提高，冷水机组的COP性能有所下降，不过这种情况主要发生在夏季的白天，在夏季晚上，过渡季节，冬季和部分负荷运行时，冷却水回水温度一般不会达到40℃，冷水机组运行工况大部分时间没有设计工况严苛，对冷水机组性能影响不大。需要注意的是采用大温差的冷却水运行温度只适用于一年四季运行的冷水机组，单纯的舒适空调、公共建筑等的冷水机组采用这种方法意义不大，甚至更加耗能。

5）自由冷却系统的应用

所谓自由冷却系统，根据当地的气候特点，在冬季或过渡季节，利用自然环境的“冷量”供冷，即利用工程项目中的制冷系统，在冬季或过渡季节冷水机组不制冷，而用冷却塔循环冷却供冷。自由冷却系统阀门控制较多，宜采用全自动控制方式，以确保净化空调所需温度的冷水。

6）准确、有效、方便、快捷的控制系统

不论何时，准确、有效、可靠的自动控制系统是非常重要的，只有系统可靠运行，参数符合设计要求，才不会造成浪费，才能节能。

洁净室空调系统的节能是一个综合的系统工程，并不是所有的方式均适用。要根据项目的具体情况综合考虑一次投资和日常运行费用有选择地采用。

（四）电子玻璃行业

玻壳生产是耗能较大的工艺过程，采取有效的节能措施有着特殊意义。

1. 玻璃池炉的节能措施

玻璃池炉是玻壳厂耗能最大的关键设备，其能耗约占全厂总能耗的50%。

（1）纯氧燃烧技术介绍

近年来在玻璃窑上应用纯氧燃烧在欧美已成为一种趋势，应用范围覆盖各种玻璃产品和窑型。目前中国的深圳、长沙、马尾、安阳、石家庄等玻壳厂及部分日用玻璃厂都采用了全氧燃烧技术。

（2）池炉采用全氧燃烧的优越性

1）全氧燃烧时烟气量少，且烟气内 NO_x 含量大为减少（大约比空气助燃时降低85%～90%）。空间气氛中挥发组分浓度大大增多，抑制了配合料中挥发组分的挥发速度，故可适当减少挥发组分（如碱、硼）的用量，估计配合料费用可降低5%，粉尘排放量比空气助燃时减少70%～80%。因此，污染大为减少，符合环保要求。

2）因空气中氧气只占21%，空气助燃时79%的无用气体要被加热然后又被排放，因此热效率很低。而全氧燃烧时烟气量大大减少，其带走的热量相应减少。同时，全氧炉窑体无小炉、蓄热室，向外散热少。对普通钠钙料可节能20%～30%，对高硼料、高铅料节能将更多。

3）全氧燃烧产生高亮度、高辐射、低动量火焰。全氧燃烧时烟气成分中主要是 CO_2 和 H_2O，比空气助燃时烟气的黑度大得多。加上全氧燃烧时的火焰传播速度比空气助燃时的火焰传播速度快。故对玻璃液的传热量增多，熔化率可提高10%～20%。此外，烟气成分中水汽含量可达53%，玻璃液与水汽反应增强，玻璃液中的OH－量增多，导致黏度降低，这有利于玻璃的澄清和均化，可提高玻璃质量。

4）全氧燃烧窑结构近似单元窑，且比单元窑还要简单，可以不用金属换热器，实际上就是一个熔化部单体，占地小，建窑费用低。

5）全氧燃烧窑体内温度分布较均匀、稳定，加上该窑窑顶内表面温度通常比空气助燃时要低25～50℃，故炉龄可以延长。

6）全氧燃烧窑窑体简单，维修量小，尤其是换格子砖这种繁重的劳动没有了。

7）全氧燃烧窑没有换向，操作简单，故障率低，自动化程度高，工艺稳定，从而提高玻璃质量、延长窑炉使用寿命。

（3）全氧燃烧技术方案见图 3-1。

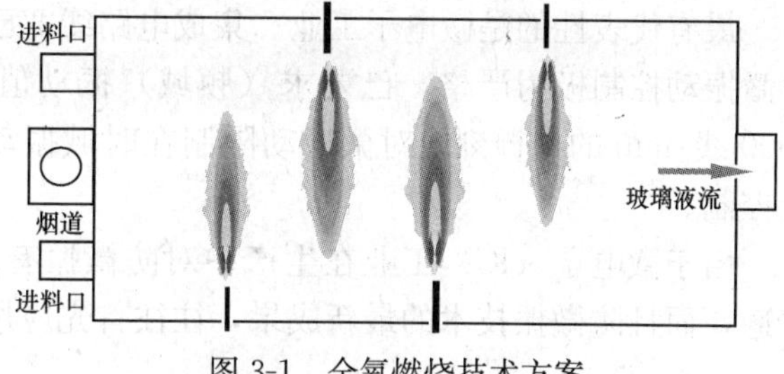

图 3-1　全氧燃烧技术方案

2. 其他生产设备的节能

（1）退火炉

退火炉也是能耗较大的设备，对炉体也加强了保温措施。

（2）模具、搅拌棒及耐火材料预热炉也是耗能设备，应采取有效保温和制定合理操作规程等措施并严格执行，达到节能的目的。

（3）动力设备的节能

1）为了减少电能的损耗，设计中采用节能变压器，并根据各车间负荷情况分散设置变电站，6kV 电源深入到负荷中心。

2）由于厂房面积大、层高高，照明耗电量相当可观。因此在设计中采用效率高、显色指数高、寿命长的金属卤化物灯，并采用合理的照明方案。

3）各动力站房拟采用计算机进行计量、监控和管理，确保动力系统运行合理化，从而达到节能的目的。

4）所有气体动力设备在设计中均选用高效节能产品，节约用电用水。

5）所有空调房间及空调管道均采取保温措施。

6）对蒸汽管道、热水管道、冷冻水管道均进行保温（冷）措施，低温管道采用真空绝热管，减少热（冷）损失。

7）所有动力管网在各分配点设计量装置。

8）加强各种水的回收和循环、重复利用。蒸汽凝结水设置凝结水回收装置，减少软化水和余热损失，做到节能节水、降低运行费用。预计全厂生产用水的重复利用率达 90%以上。

三、监理要点及注意事项

（1）应按设计的要求，把好进场设备、材料关，采用环保、节能的设备和材料，不应采用高能耗、不环保的设备和材料。

（2）应按设计，选用高效节能照明光源和灯具。照明光源应采用细管径直管荧光灯、紧凑荧光灯、金属卤化物灯、高压钠灯等（应采用电子镇流器或节能型电感镇流器），不应采用普通白炽灯泡。选用照明灯具的效率应满足设计要求，不应低于 55%，并应符合《建筑照明设计标准》GB 50034—2004 第 3.3.2 条的规定。

（3）凡使用目前尚没有国家、地方、政府部门或行业协会标准规定的新产品、新材料，应有由具备鉴定资格的单位或部门出具的鉴定证书，同时具有产品质量标准和试验要求。安装前应按其质量标准和试验要求进行试验或检验，还应提供安装、维修、使用说明等相关技术文件。

第四节　集成电路（IC）工厂建设的防微振技术

防微振技术在电子工程建设中应用面很广，如微电子（IC）、纳米、光导纤维（拉丝)、单晶硅、雷达、激光、红外线、液晶、光栅、增光片等的加工，以及精密机械加工、计量、理化实验等，都需要采用防微振技术。

最有代表性的是微电子工业。集成电路线宽已精细到纳米级，硅片加工中的光刻工序对微振动控制极为严格，已要求（频域）振动值不大于 1μm/s；在光栅刻线加工方面，3600 线/mm 的光栅刻线对微振动限制在时域振动速度不大于 10μm/s，需要对微振动进行控制。

由于微电子（IC）工业在生产中对防微振有较高的要求，其防微振技术的应用不仅普遍，而且防微振技术的最新成果，往往首先应用于 IC 工程。

一、IC 工厂场地选择和总平面布置

场地选择和总平面布置：在拟建场地的选择方面，应考虑选择在远离机场、铁路、公路干线且绿化条件较好的地块，该地块四周没有机械、纺织等有大型振动设备的工厂。在厂区总平面布置方面，主要生产厂房尽可能布置在厂区中央，单独建设的动力厂房与洁净厂房之间应留有足够距离。

二、IC 工厂平面布置和竖向布置

厂房的平面布置：工艺生产线布置在中间核心区，两侧布置空调、冷冻、纯水等站房以及工艺用泵房等，即在核心区（防微振区）周围有众多振源。

厂房竖向布置：顶层为空气洁净及送风层（上技术夹层），中间层为工艺生产层，底层为回风层（下技术夹层），顶层及底层都有较大的空间。

三、IC 工厂的微振动控制值

在 IC 的生产和检测过程中，许多设备均有很严格的环境振动要求，而且随着集成电路线宽的不断变小，类似于光刻机、检测电镜等精密设备对环境振动的要求也将越来越苛刻，尤其是光刻机，它是 IC 生产中最基本也是最关键的设备，解决好光刻机的环境振动问题，其余精密设备的环境振动要求相对来说就比较容易满足。

通常 IC 工程界所采用的和大部分制造商认可的“精密设备通用振动标准（VC）曲线及 ISO 室内人体振动标准”，按照集成电路线宽来确定振动控制值，该曲线基本上是能满足 IC 工厂设计和建造要求的，见图 3-2 和表 3-5。

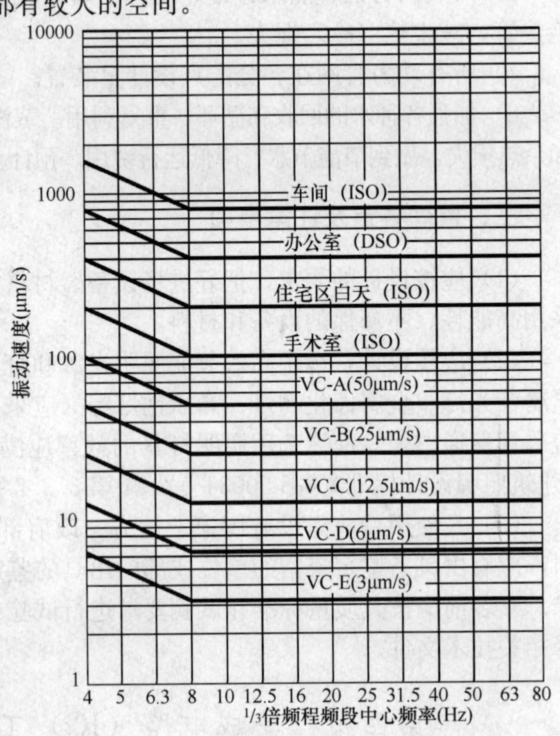

图 3-2 精密设备通用振动标准（VC）曲线及 ISO 室内人体振动标准

通用振动标准（VC）曲线应用及说明　　表 3-5

标准曲线见图 1	最大值① μm	详细尺寸② μm	适用范围
车间（ISO）	800	N/A	有明显感觉的振动，适用于车间和非敏感区域
办公室（ISO）	400	N/A	感觉得到的振动，适用于办公室和非敏感区域
住宅区 白天（ISO）	200	75	几乎无振感。大多数情况下适用于休息区域，也适用于计算机设备、检测试验设备以及 20 倍以下低分辨率的显微镜
手术室（ISO）	100	25	无感觉振动。适用于敏感睡眠区域，大多数情况下适用于分辨率 100 倍以下的显微镜以及其他的低灵敏度设备
VC-A	50	8	大多数情况下适用于 400 倍以下的光学显微镜、微量天平、光学天平以及接触和投影式光刻机等设备
VC-B	25	3	适用于 1000 倍以下的光学显微镜，线宽 3μm 以上的检验和光刻设备（含步进式光刻机）
VC-C	12.5	1	大部分 1μm 以上线宽检测和光刻设备的可靠标准
VC-D	6	0.3	大多情况下适用于要求最严格的设备，包括极限状态下运行的电子显微镜（TEM_S 和 SEM_S）和电子束系统
VC-E	3	0.1	大多数情况下很难达到的标准，理论上适用于最严格的敏感系统，包括长路径、激光装置、小目标系统以及一些对动态稳定性要求极其严格的系统

① 图中所示 1/3 倍频程频段中心频率范围 8～100Hz。

② 详细尺寸提供微电子制造中的线宽，医药研究中的微粒（细胞）尺寸等，提供数值参考了大量不同产品工艺线宽下振动要求的研究成果。

但随着 0.09μm 线宽尺寸集成电路的出现以及未来线宽尺寸的不断细微，以上标准已无法明确 0.1μm 以下 IC 制造的环境振动控制值，因此，美国国家标准和技术局（NIST）制定出两条更为严格的振动标准曲线，见图 3-3 和表 3-6，以满足像 IC 制造这样的先进实验室的振动控制要求，也使得 0.1μm 以下 IC 工厂的设计有了明确的环境振动控制目标。

频域速度谱通用振动标准应用及说明　　表 3-6

范围	标准	指　标
人体敏感	办公室（ISO）	400～800μm/s（16000～32000μin/s）
一般通用实验室	VC－A	50μm/s（2000μin/s），8Hz 以下要求降低
	VC－B	25μm/s（1000μin/s），8Hz 以下要求降低
高度敏感	VC－D	6μm/s（250μin/s）
	VC－E	3μm/s（125μin/s）
	NIST－A	1≤f≤20Hz，位移 0.025≤μm/s（1μin/s）20≤f≤100Hz，速度 3μm/s（125μin/s）或 VC－E 曲线
超敏感	NIDT－A1	f≤5Hz，6μm/s（250μin/s）5≤f≤100Hz，0.75μm/s（30μin/s）

说明：图中所示 1/3 倍频程频段中心频率范围 8～100Hz。

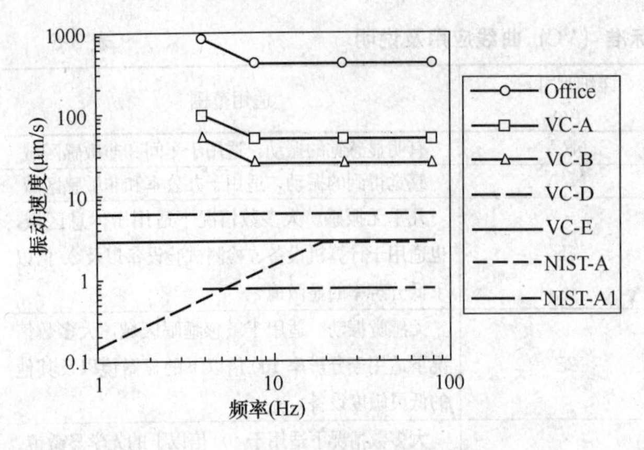

图 3-3　频域速度谱通用振动标准

四、IC 工厂的振动源

IC 工厂的振动源按其影响的范围可分为两类，即外部振动源和内部振动源。

外部振动源包括：交通运输工具，如汽车、火车等的行驶；厂区周围的其他厂矿企业，如运转的机器设备、施工中的建筑机械等。

外部振源具有离散性和随机性，通常情况下，若有可能尽量选择远离这些振源的场地建厂。当无法选择时，可在工程设计中通过提高厂房的地基基础和建筑主体结构等的刚度来抵抗这类随机振动。

内部振动源包括：生产的工艺设备；运行的内部动力设备；操作人员的行走等。

内部振源中的工艺设备和动力设备通常是周期性振动设备，可以采取主动隔振措施，隔除这类设备对周围环境的振动影响。

对于精密设备而言，不管是外部振源还是内部振源，也不论是随机振动还是周期性振动，最终均会通过厂房的地基基础、梁、板、柱等传递到设备的安装位置处，对于这类振动源可采用被动隔振措施，隔除传递到其安装位置的振动。被动隔振措施一般情况下既能隔除随机性振动也能隔除周期性的振动影响。

五、微振的分阶段测试

因此根据 IC 工厂的建设特点，综合工程实践经验，认为工厂建设过程中对环境振动应按以下四个阶段进行实测。

（一）场地环境的振动测试

主要调查拟建场地的环境振动参数。厂区周围公路、铁路等交通运输工具所产生的振动影响，评估拟建场地是否可行，并根据实测参数选择建筑结构形式，以抵御环境振动对主体结构的影响，保证所采用的结构形式使场地的环境振动在结构上不至于增大。

（二）厂房主体建筑竣工后的测试

厂房主体建筑竣工后，在厂房内各种设备未安装前进行环境振动对主体结构影响的测试。目的是了解建筑物自身的振动特性，验证结构方案，为厂房内各种振动设备的隔振提供技术资料。

（三）精密设备安装前的环境振动测试

厂房内除精密设备外，其他空调系统、动力系统等设备和工艺附属设备都已联机调试或进行试运转时，对精密设备安装位置的环境振动测试。调查了解该位置的环境振动是否满足精密设备振动控制值的要求，为精密设备是否进一步采取隔振措施提供依据。

（四）精密设备安装后的测试

精密设备安装完毕，进行试生产时，对整个生产线的最终验证，以保证产品的可靠性。

六、IC工厂的防微振采取的措施

只有深刻地从设计角度理解防微振的重要性和原理、方法，才能在施工及监理中把握质量控制的重点，并进一步在处理各专业变更及其他技术问题时充分考虑对防微振的影响。以下仅对设计中的防微振技术和方法进行介绍，监理工程师从中可以找到监理工作中的重点和理论依据。

有微振控制要求的洁净厂房，设计应考虑建筑结构的选型及地面（楼面）的构造做法，如增加基础及上部结构垂直及横向刚度，增加地面（楼面）刚度，能有效减小振动影响。此外，还应考虑隔振缝设置及其有效的构造措施，壁板与地面及顶棚采用柔性连接等，均能减小振动传递。即减小了对精密设备、仪器仪表的振动影响。

在洁净厂房设计中，应首先考虑对强振源采取隔振措施，以减小强振源对精密设备、仪器仪表的振动影响。在此基础上，精密设备、仪器仪表再根据各自的容许振动值采取被动隔振措施，就比较能够达到预定目的。

精密设备、仪器仪表的被动隔振措施，由隔振台座及隔振器（或隔振装置）组成。根据隔振设计计算需要，设定隔振台座为不变形刚体，为此应对隔振台座的形状、几何尺寸及材质选用等方面加以考虑，使之具有足够的刚度。

某些精密设备、仪器仪表在运行时，由于移动部件位置变化或加工、测试件的质量及质心位置变化，使各隔振器的变形量不相等，隔振台座发生倾斜，导致精密设备、仪器仪表难以正常工作。为此，应设置校正倾斜装置，使隔振台座保持原有的水平度，以保证精密设备、仪器仪表的正常运行。

隔振系统阻尼过小，会产生较大的自振，以及受外界突发干扰（如对隔振台座的冲击、室内气流的扰动影响等），造成隔振台座晃动，这种振动值有时会大于精密设备、仪器仪表的容许振动值，影响其正常运行。为此应增大隔振系统阻尼值，才能减小此类振动。通过多项工程实践，认为隔振系统阻尼比不小于0.15，是比较恰当的。

空气弹簧的垂直向、横向刚度很低，使隔振系统具有很低的固有振动频率，同时它具有可调节阻尼值的特性，隔振系统可获得需要的阻尼，因此，隔振系统具有良好的隔振效果。当配用高精度控制阀时，可自动校正隔振台座的倾斜。由于空气弹簧具有其他隔振材料及隔振器不可替代的优越性，已被我国及国际工程界普遍采用作为精密设备、仪器仪表的隔振元件。

用于被动隔振措施的空气弹簧隔振装置由空气弹簧隔振器、高精度控制阀、仪表箱及气源组成。由于空气弹簧隔振装置在校正隔振台座倾斜时，会排出气体（如压缩空气、氮气等）。因此对气源应进行净化处理，使其达到洁净室的空气洁净度等级，才能保证排出的气体不致对洁净室造成污染。

应着重考虑的若干问题：

（1）建筑上部结构——防微振结构。IC前工序厂房上部防微振结构形式多样，归纳起来为两类，即钢筋混凝土结构与钢结构。

钢筋混凝土结构可分为密助梁式平台、平板式平台、井字梁式平台。钢结构可分为型钢梁式平台、钢筋混凝土梁式平台。有时，在平台下的立柱之间，还设防微振墙或支撑，以减弱水平振动影响。通常做法是，精密设备可直接置于钢筋混凝土平台上，而不能放在型钢平台上，如结构设计为型钢平台，必须另设独立基础放置精密设备，并且与型钢平台脱开。

(2) 动力设备及管道的隔振措施。IC 前工序厂房内的动力设备，包括冷水机组、空调机组、空压机组、风机、泵等，都将是厂房内的振源，往往是精密设备振动影响的主要成分，因此，必须采取措施减弱其振动。其最主要的措施，是对这些设备采取高效能隔振措施，对于个别振动较大的动力设备，可采取双级隔振措施。根据经验，采用一级隔振方案，能隔除 80%～85%的振动，而双级隔振方案，能隔除 95%的振动。对于振动较大的管道，如风管，则应采用隔振吊架安装。

(3) FFU 往往也是一个振源，必须选用动平衡好、振动小的 FFU，并需严格控制安装误差，否则，将有可能成为洁净室的振动危害。

七、防微振设计新理念

由于高新技术的飞速发展，各种防微振新结构、新材料、新装置、新措施的不断涌现，IC 厂房防微振也必须更新理念。新理念主要表现在如下几点：

(1) 适当减弱建筑结构本身（底板及上部结构）的防微振措施，改变为了某些精密设备防微振而建造大范围（几乎全部）满足防微振要求的建筑结构的理念，由此可减少大量投资。

(2) 对某些要求高的精密设备采用高效、高可靠的隔振装置进行隔振。一般精密设备采用刚性阻尼板、高性能隔振平板等措施解决。对个别防微振要求极高的精密设备，采用主动控制系统。这些措施体现了区别对待突出重点，投资省，多受益的设计理念。

(3) 遵守边建造、边测试、边完善设计的阶段设计程序。

第四章 机电安装工程监理案例分析

案例一 BIM 技术在某卷烟厂机电安装工程中的应用

一、项目背景介绍

（一）某卷烟厂基本概况

中烟工业公司某卷烟厂为国内大型卷烟厂，占地面积 23.17 万 m^2，固定资产原值 10.60 亿元，净值 4.64 亿元（图 4-1）。拥有 13 台套高速卷包设备和 1 条 5000kg/h 制丝生产线，年生产卷烟 40 余万箱，产值 60 亿元。

图 4-1 某卷烟厂“黄山”精品卷烟生产线建设项目鸟瞰图

（二）“黄山”精品线项目背景

安徽中烟工业公司为加大品牌培育力度，对省内五家卷烟厂的卷烟产品统一整合，重点培育“黄山”品牌卷烟。

2009 年 3 月 10 日，国家局组织召开“黄山”精品线项目现场论证会。4 月 19 日，立项申请报告上报国家局。7 月 9 日，国家局投资会审议并原则同意项目立项。9 月 23 日，国家局正式批复同意实施。

（三）“黄山”精品线项目目标

1. 建设“技术一流、管理一流、产品一流”的现代化卷烟生产厂；

2. 以品牌为中心，建设突出“黄山”品牌“自然香、醇和味、甜润感”风格特色的精品卷烟生产线；

3. 运用系统化设计、柔性化生产、精细化加工、智能化控制等方式，高起点规划、高标准实施，进一步提升“黄山”牌卷烟的内在品质，加快技术创新成果转化，做精、做强、做大“黄山”品牌，努力建设“国际先进、国内一流”、拥有自主核心技术的“中式卷烟”高中档烤烟型卷烟生产基地。

(四)“黄山”精品线项目建设内容

规划设计年产50万箱卷烟，包括联合工房、物流、动力、生产指挥办公及辅助设施，并留有发展余地。其中：

1. 征地522亩。

2. 联合工房及配套设施，建筑面积92000m^2。

3. 全厂动力中心，建筑面积6130m^2。

4. 生产指挥中心及后勤服务设施，建筑面积16800m^2。

5. 综合库，建筑面积20500m^2。

6. 配套建设香精香料库720m^2、工业垃圾站990m^2、消防水池2200m^3，地下油库100m^3，污水处理站1600m^2、大门及传达室140m^2。

7. 建设厂区道路、停车、围墙、管线、绿化等设施。

本项目总建筑面积控制在138900m^2以内。

(五)“黄山”精品线项目建设完成期

预计2012年年中完工投入使用，目前项目正在实施阶段。

本项目在建设过程中采用了BIM技术，本案例主要介绍BIM技术在机电安装工程中的应用及对监理、项目管理工作的影响。

二、BIM技术在本工程中的应用

BIM在某卷烟厂项目中的应用主要由以下各部分组成：

(一) 初始建模

施工前期根据设计院施工图建立厂区各子项区域建筑单体及其设备、管线设施初始三维模型，并按照厂区统一坐标系组装出厂区三维模型。

各系统三维模型设计范围：

结构：桩基、墙体、屋面和系统支架的三维模型；

给排水、暖通、动力：管路、附件、配件和管路保护层的三维模型；

电气及智能与信息、自控和消防自控系统：管线、附件、配件和托架的三维模型。

设备：相关通用和工艺设备的基础模型及设备参数定义。

(二) 碰撞检查分析

在设计验证阶段和施工配合阶段，生成碰撞检查模型文件，涵盖硬碰撞检查（直接接触或交叉）与软碰撞检查（净空间距保障）。供项目部、施工方快速了解项目设计模型，在施工前真实地评估验证设计结果，及时发现问题，实现设计深化和优化。同时，利用各专业三维模型进行专业内部及专业间碰撞检查，生成碰撞分析报告提交某卷烟厂项目部与设计院项目组，以便对设计进行优化，最大程度减少施工现场错、碰、缺、漏现象。碰撞检查实施流程，如图4-2所示。

本项目设计单位和BIM设计单位不是同一家单位，BIM实施是在施工图纸设计完成后实施的。由于二维设计手段的局限性，在项目设计过程中不可避免会产生大量的错漏碰缺等问题。施工前期根据设计院施工图建立厂区各子项区域建筑单体及其设备、管线设施初始三维模型，并按照厂区统一坐标系组装出厂区三维模型。在该阶段，初始建模的过程也是一个设计验证的过程。在本项目通过模型碰撞检查，进行设计验证，及时反馈设计问题，进行设计优化，避免施工过程中错漏碰缺的发生，减少施工浪费，提高建设质量。

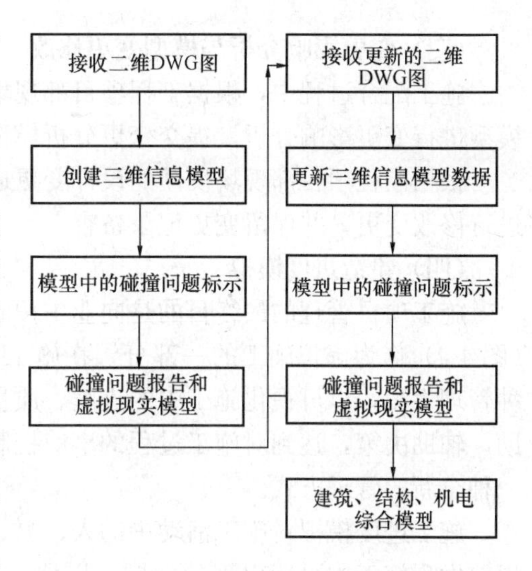

图 4-2　碰撞检查实施流程

自 2011 年 3 月～9 月，本项目已完成园区工程、联合工房、生产指挥中心及后勤保障综合楼、动力中心、综合库、香精香料库、工业垃圾站 7 子项，涉及建筑、结构、水道、暖通、热机、强弱电、工艺等专业，检查专业间及其内部冲突问题共计 591 处，设计验证图纸 584 张。

某卷烟厂碰撞分析阶段报告，如图 4-3 所示。

报告内容			
本阶段问题报告		*详见阶段报告问题汇总*	
联合工房（A区）	专业间冲突问题	53处	（相同位置有多次碰撞的按一处碰撞数统计）
联合工房（A区）	专业内部冲突问题	34处	
综合库	专业间冲突问题	17处	
综合库	专业内部冲突问题	2处	
本阶段建模进度		*详见建模及模型修改状态报告*	
	完成三维建模子项（区域）	4项	联合工房（A区）；综合库；香精香料库；工业垃圾站等子项的公用专业系统主干管道模型。
本阶段建模用设计图纸		*详见建模设计图纸清单*	
	设计图纸	563张	

说明：

一、本阶段交付子项设计模型为：联合工房（A区）、综合库、香精香料库、工业垃圾站等子项的公共专业主干管道系统模型，图纸版本；见《建模设计用图清单》。

二、联合工房（A区）专业模型经碰撞检测分析，共检测出87处碰撞点：

1.公用专业间系统主干管道碰撞检测分析，共有37处碰撞点。

2.公用专业系统主干管道与建筑结构专业碰撞检测分析，共有16处碰撞点。

3.公用专业内系统主干管道碰撞检测分析，共有34处碰撞点。

造成碰撞原因：专业间管道标高冲突；专业间管道缺少空间定位数据等。

三、综合库专业模型经碰撞检测分析，共检测出19处碰撞点。

1.公用专业间系统主干管道碰撞检测分析，共有15处碰撞点。

2.公用专业系统主干管道与建筑结构专业碰撞检测分析，共有5处碰撞点。

3.公用专业内系统主干管道碰撞检测分析，共有2处碰撞点。

造成碰撞原因：专业间管道标高冲突；专业间管道缺少空间定位数据等。

四、香精香料库、工业垃圾站专业模型经碰撞检测分析，无碰撞点

图 4-3　某卷烟厂碰撞分析阶段报告

（三）变更影响分析与模型变更修改

施工配合过程中，根据工程项目部现场反馈的设计变更验证申请及变更方案图纸进行模型进行变更影响分析，提交变更分析模型供项目部参考。

根据工程项目部现场反馈的设计变更通知单和实际施工安装数据、图片，对相应模型进行修改变更，并保留变更记录备查。

（四）建造进度模拟

施工项目管理的最终目的是向业主按时交付低成本高质量的工程产品。施工进度模拟（图 4-4）作为虚拟施工的一部分，在施工中不仅表现为一种技术手段，更多地表现为一种管理手段，以可视化施工中的进度、质量、成本、安全等管理内容为工程管理者提供帮助，辅助决策，达到对施工过程的事前控制和动态管理，以优化施工方案和风险控制，是一种全新的管理方式。

施工进度模拟对施工活动中的人、财、物、施工流动过程进行全面的仿真再现，用于提前发现施工中可能出现的问题，以便在实际投资、设计或施工活动之前就采取预防措施，从而达到项目的可控性，并降低成本、缩短工期、减少风险，增强施工过程中的决策、优化与控制能力。通过虚拟施工技术，业主、设计者和施工方在策划、投资、设计和施工之前能够首先看到并了解施工的过程和结果，提高项目的管理水平。

图 4-4　施工进度模拟部分截图

（五）三维管线综合

目前，在各专业二维施工图中缺少与其他专业相关管线的准确空间定位数据。项目机电安装施工阶段，各参建方仅了解本方负责的相关设计数据，缺少统一、系统、完整的管线综合设计数据，因此，在机电安装施工过程会出现施工工序混乱、管道碰撞打架、未考虑检修空间等情况，对项目的施工工期、质量、投资，以及后期运作均会造成影响。

为了解决上述问题，在本项目中，通过三维可视化的设计方式，在同一模型虚拟空间内将项目各专业管道设计数据直观地表现出来，对各专业的管道统一进行空间设计数据定位，在保证检修空间的基础上消除碰撞打架的情况，同时通过虚拟仿真技术，使项目各参与方在施工之前能够了解到项目管线综合设计的所有内容，进行仿真漫游操作、管道设计参数（名称、规格、标高等）的查看和空间数据测量（管道间的间距数据等），各方可在一个虚拟可视化数据平台中进行施工方案的制订、协调、分析，以保证项目的顺利实施。三维综合管线示意，见图 4-5。

（六）竣工建模

项目竣工后将会根据项目部确认的现场实际施工数据及图片对前期建立的三维模型进行修正设计，形成与实际建造情况完全对应的竣工模型，并建立相关的设备资产参数模

图 4-5　三维综合管线示意图

型，为后期实现固定资产管理提供基础。

三、BIM 实施对监理业务范围的影响

BIM 出现后对监理业务会带来新的变化，不但能基于 BIM 从事监理工作，还能开展 BIM 咨询服务，扩大监理工作的范围和阶段，为监理业务带来新的增值点。

BIM 的实施发起方可以是业主、设计院、项目管理及总承包单位、监理单位，每个发起方在介入项目的阶段不同，其对监理的业务也有不同的影响。

业主作为 BIM 实施发起人，在项目决策段开始介入项目。在决策阶段就可以实施 BIM 监理工作，打破传统监理单位基本只参与施工阶段的监理而在更能体现监理优势和作用的前期工作阶段很少介入的被动的监理局面，充分发挥监理工程师的主观能动性作用。在该阶段监理 BIM 咨询服务的主要业务切入点是利用监理自身集管理、技术、经济、金融、法律、环保、合同等为一身的综合性知识和丰富的工程项目经验在需求预测、设计方案、环保、投资、远景规划等方面给业主提供专业性指导。此时的 BIM 监理工作其实是 BIM 咨询业务。

设计院作为 BIM 实施发起人，在方案设计阶段开始介入项目，在此发起模式下开展的 BIM 监理服务主要是基于 BIM 的设计监理，对设计的进度、成本、质量等进行监督、控制。

工程项目总承包单位作为 BIM 实施的发起人，在项目设计阶段介入项目，从事设计及施工、采购一体化工作，在此发起模式下 BIM 监理工作在设计阶段介入，并包括施工阶段 BIM 监理工作，为项目设计、施工的投资、进度、质量等实施监督、控制。

项目管理单位作为 BIM 实施的发起人，在项目施工阶段介入项目，在此发起模式下 BIM 监理工作在施工阶段介入，为项目施工的投资、进度、质量等实施监督、控制。

监理方也可以作为 BIM 实施发起方，既可以承接项目全生命周期某个阶段的 BIM 监理工作，也可以承接基于项目全生命周期的 BIM 咨询服务。如开展基于 BIM 的绿色建筑性能分析、BIM 设计验证、施工安装指导、设备设施运维管理等咨询服务，拓展监理传统业务范围，增加监理业务新的增长点。

四、BIM 对工程项目管理和监理工作的影响

（一）建设工程质量管理

1. BIM 是建筑设计人员提高设计质量的有效手段

目前，建筑设计专业分工比较细致，一个建筑物的设计需要由建筑、结构、给排水、

电气、智能设备等各个专业的工程师共同协作来完成。由于各个工程师对建筑物的理解有偏差，专业设计图纸之间“打架”的现象很难避免。将 BIM 应用到建筑设计环节，由计算机承担起各专业设计间“协调综合”工作，设计工作中的错漏碰缺问题可以得到有效控制。

2. BIM 是业主理解工程质量的有效手段

业主是工程质量的最大受益者，也是工程质量的主要决策人。但是，受专业知识局限，业主同设计人员、监理人员、承包商之间的交流存在一定困难。当业主对工程质量要求不明确时，往往造成工程变更较多，成为建设工程有效质量控制的重要障碍。BIM 为业主提供更为形象的三维设计，业主可以更明确地表达出自己对工程质量的要求，如建筑物的色泽、材料、设备要求等，有利于各方开展质量控制工作。

3. BIM 是项目管理人员控制工程质量的有效手段

由于采用 BIM 设计的图纸是数字化的，计算机可以在检索、判别、数据整理等方面发挥优势。无论监理工程师还是承包商的项目管理人员，都不必拿着厚厚的图纸反复核对，只需要通过一些简单的功能就可以快速地、准确地得到建筑物构件的特征信息，如钢筋的布置、设备预留孔洞的位置、构件尺寸等，在现场及时下达指令。而且，将建筑物从平面变为立体，是一个资源耗费的过程。无论建筑物已建成、已经开始建设或已经备料，发现问题后进行修改的成本都是巨大的。为此，利用 BIM 模型和施工方案进行虚拟环境数据集成，对建设项目的可建设性进行仿真实验，及时发现在建设过程中可能存在的问题，从而可节约建设成本，提高建设质量。

（二）建设工程进度管理

BIM 技术在工程进度管理上有三方面应用：

1. 可视化的工程进度安排

建设工程进度控制的核心技术，是网络计划技术。目前，利用软件编制工程网络计划的技术已经十分成熟，但在我国利用效果并不理想。究其原因，可能与平面网络计划不够直观有关。而在这一方面 BIM 有优势，通过与网络计划技术的集成，BIM 可以按月、周、天直观地显示工程进度计划。这样一来，一方面便于工程管理人员进行不同施工方案的比较，选择符合进度要求的施工方案；另一方面也便于工程管理人员发现工程计划进度和实际进度的偏差，及时进行调整。

2. 对工程建设过程的模拟

工程建设是一个多工序搭接、多单位参与的过程。工程进度计划，是由各个单项单位工程的子计划搭接而成的。传统的进度控制技术中，各子计划间的逻辑顺序需要人来确定，难免出现逻辑错误，造成进度拖延。而通过 BIM 技术，用计算机模拟工程建设过程，项目管理人员更容易发现在二维网络计划技术中难以发现的工序间的逻辑错误，优化进度计划。

3. 对工程材料和设备供应过程的优化

项目建设过程复杂，参与单位多，而其中大部分参建单位都是同工程建设利益关系不十分紧密的设备、材料供应商。如何安排设备、材料供应计划，在保证工程建设进度需要的前提下，节约运输和仓储成本，这正是“精益建设”的重要问题。BIM 为精益建设思想提供了技术手段。通过计算机的资源计算、资源优化和信息共享功能，可以达到节约采购成本，提高供应效率和保证工程进度的目的。

(三) 建设工程成本管理

BIM另一比较成熟的应用领域是成本管理，也被称为5D技术。

1. BIM使工程量计算变得更加容易

在用CAD绘制的设计图纸中，用计算机自动统计和计算工程量必须履行这样一个程序：由预算人员告诉计算机它存储的那些线条的属性，如是梁、板或柱，这种“三维算量技术”实际上是半自动化的。在BIM平台上，设计图纸的元素不再是线条，而是带有属性的构件。也就不再需要预算人员告诉计算机它画出的是什么东西了，“三维算量”实现了自动化。

2. BIM使投资（成本）控制更易于落实

对业主而言，投资控制的重点在设计阶段。目前，设计阶段技术经济指标的计算通常不准确，业主投资控制工作的好坏更多需要运气。运用BIM技术，业主可以便捷地、准确地得到不同建设方案的投资估算或概算，比较不同方案的技术经济指标。同时，由于建设项目投资估算、概算比较准确，业主可以降低不可预见费比率，提高资金使用效率。同样，由于BIM可以较准确快捷地计算出建设工程量数据，承包商依此进行材料采购和人力资源安排，也可节约一定成本。

3. BIM有利于加快工程结算进程

在我国，工程实施期间进度款支付拖延，工程完工数年后没有进行结算，这样的例子并不鲜见。如果排除业主的资金因素，造成这些问题的一个重要原因在于工程变更多、结算数据存在争议等。BIM技术有助于解决这些问题。BIM有助于提高设计图纸质量，减少施工阶段的工程变更；如果业主和承包商达成协议，基于同一BIM进行工程结算，结算数据的争议也会大幅度减少。

五、BIM在机电安装工程协作协调模式的实践和探索

BIM促使我们重新思考传统的合同关系。虽然建模工具为个人用户提供了巨大的优势，但如果利用BIM仅仅为了实现“卓越个体”，则低估了BIM大规模提升行业整体水平的巨大潜力。美国总承包商协会的BIM论坛（www.bimforum.org）将这种二分法相对应地称为“孤独的B I M”与“社会性BIM”。令人欣慰的是，一种称作“一体化项目交付”（Integrated Project Delivery，简称IPD）的方法正在快速流行，即利用模型功能，促成相互协作的决策。IPD挑战传统的设计招标施工（DBB）模式、设计建造（DB）模式或者CM建设模型。IPD强调各方信息要共享，这样对合同管理模式发生了非常大的变化，逼着大家伙伴制，传统的FIDIC条款是对抗式的，不是信息的共享。

英国皇家特许工程师学会米杰夫先生举了一个生动的例子。一个水杯放在这儿，可能很危险。对于FIDIC来讲，关注这个水杯要掉下去，以后这个风险责任是谁的，这是你的风险，还是我的风险，我是索赔工期，还是工期加费用，还是工期加费用加利润？NEC第三版强调伙伴制，强调我们如何不要让这个水杯掉下去，把这个移进来，把风险规避掉，由规避风险产生的利润，大家来共享。如果是IPD的项目，就不再是固定估价了，节约部分大家进行共享，超出的部分大家分担，这是IPD非常简单的共赢模式。这样消除了业主与承包商之间的对立，让设计师、承包商和业主各方，包括分包商，让大家

共享项目的结余。

图 4-6 是美国建筑师学会 AIA 关于传统模式与 IPD 模式的对比。

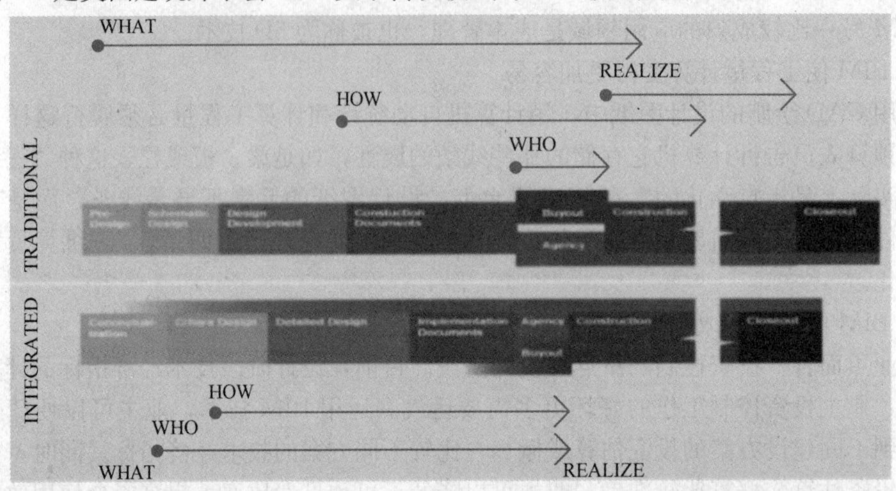

图 4-6　美国建筑师学会关于传统模式与 IPD 模式的对比

从图 4-6 可以看到，在传统的 DBB 模式下，我们在概念设计阶段开始定义我们需要什么（“what”），然后在施工文件阶段开始定义怎样实现（“how”），接着招标发现谁能做（“who”），然后承包商开始实现。但是在 IPD 模式下，这些模式被颠覆了。我们在项目的早期，就要几乎同时研究“what”、“who” 和 “how”。

BIM 对我们的日常项目管理流程也发生了非常重大变化。例如在 BIM 模式，如果召开会议，投影仪就是必不可少的工具了。各专业三维会现场，如图 4-7 所示。

图 4-7　各专业三维会现场

在某卷烟厂项目的实施过程中，也采用了这种工作模式，在项目建设期间，各使用方通过应用服务器访问系统获取信息和资源，在现场重新搭建网络环境，将三维综合交付系统部署在现场项目部（包括服务器和大部分的客户端）、某卷烟厂项目部办公地点以及设计院三维建模组三处，如图 4-8 所示。

利用基于 BIM 的综合信息交付平台软件，实现工程业主、施工方、监理单位和设计院的相互协作和信息共享。设计院设计的图纸和施工过程中的变更都要在三维模型里面进行验证并进行碰撞分析，经业主、监理单位和设计院三方一致确定后方案进行变更和实施。减少了设计变更的发生，提高了项目建设的质量和效率。

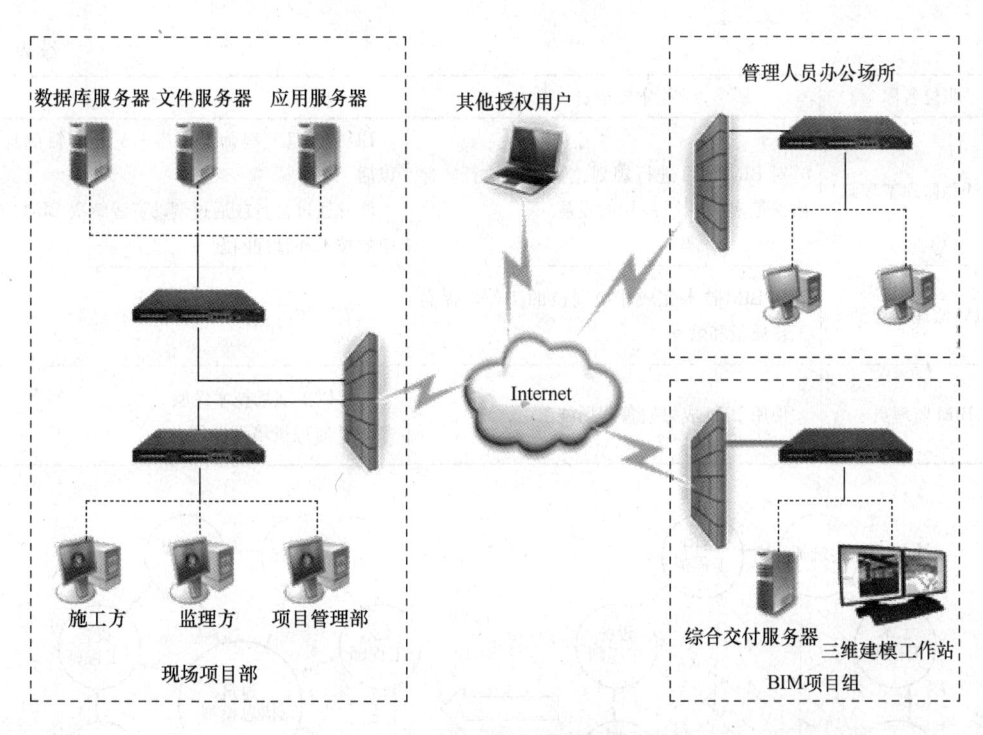

图 4-8　系统物理部署图

六、如何做好采用 BIM 技术工程的监理工作

BIM 新技术的出现势必对监理行业带来新的变化和影响，监理人员在工作过程中要把握以下工作重点以及注意事项。

（一）树立监理人员以 BIM 为核心的项目信息沟通理念

BIM 新技术的出现为建设行业带来了巨大影响，改变了项目参与各方的沟通方式和理念，监理人员作为建设行业监督控制的一个主体，一定要树立以 BIM 为核心的项目信息沟通理念，了解 BIM 为监理工作所带来的便利与收益。在新的建设项目的信息沟通中（图 4-9），BIM 成为核心，信息的传递和沟通都要以 BIM 为基础，并将建设过程信息的采集流程及模型数据的验证检查纳入到监理的日常工作中。这种理念又应至少包含两个层次的内容：首先是明确 BIM 的作用；其次是要认识到 BIM 和传统的 3D 模型的区别和联系，真正地使其发挥作用。同时，监理人员对 BIM 的应用所带来的好处要充分认识，以便更好地发挥其效能。

由于 BIM 新技术的开展，监理组织机制也要发生相应的变化，在项目团队里面增加 BIM 技术服务人员。监理企业 BIM 人才体系见表 4-1。

监理企业 BIM 人才体系　　　　**表 4-1**

职位名称	主要职责	需要条件
BIM 战略总监	负责企业、部门或专业的 BIM 总体发展战略，包括组建团队、确定技术路线、研究 BIM 对监理企业的质量和经济效益	监理企业各类技术主管 对 BIM 应用和价值有系统了解和深入认识 不一定要求会操作 BIM 相关软件

续表

职位名称	主要职责	需要条件
BIM 总监理工程师	对 BIM 项目进行规划、管理和执行，保质保量实现 BIM 应用的效益	BIM 监理工程师经过 3～5 个项目的应用以后 能够通过自行或通过调动资源解决 BIM 应用中的技术和管理问题
BIM 监理工程师	用 BIM 技术完成相应岗位的工作，提高工作质量和效率	具有一年以上技术岗位的工作经验
BIM 监理员	使用 BIM 成果监督现场施工	一年以上现场技术经验 BIM 监理员培训课程合格

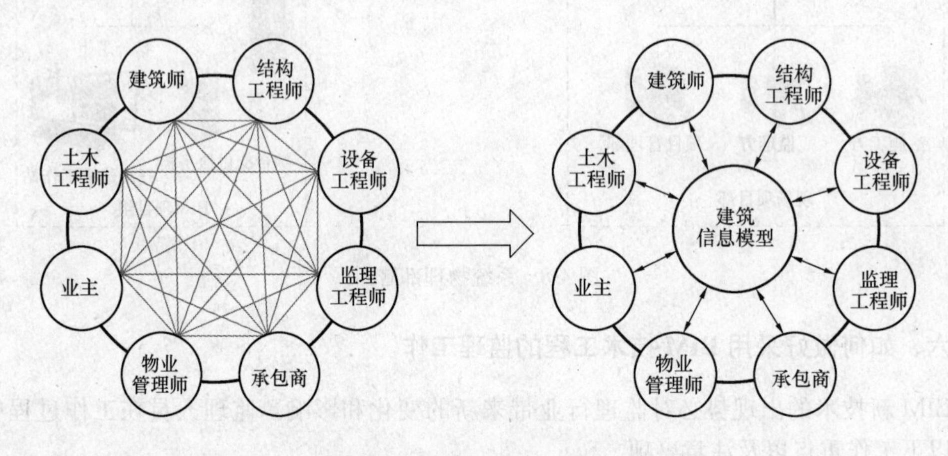

图 4-9　信息传递渠道的转变

（二）培养 BIM 技术人员，掌握与 BIM 相关的工具和技术

由于 BIM 成为信息沟通的核心和基础，因此，作为监理人员必须充分掌握 BIM 工具，同时，对应用 BIM 进行监理工作的相关技术也必须充分了解。从目前来看，主要的 BIM 解决方案有 Autodesk 的 Revit，Bentley 的 MicroStationTriForma 以及 Graphsoft 的 ArchiCAD 等。这些 BIM 解决方案各有特点且在工程实践中有广泛的应用。虽然这些解决方案主要是用来建立建筑、结构和 MEP 模型的，其与监理中所需要的模型存在着一定的差别，但这些 BIM 也可以作为指导监理相关工作的依据，同时也是建立应用于监理工作中的模型的基础。另外，也有部分产品可以用来建立施工等工作环节中应用的模型，如 Autodesk 的 Naviswork、Garphisoft 的 Constructor 施工系列软件，可以更好地服务于监理工作。在前述的案例中，项目各参与方就是以 Naviswork 作为基本工具使用的。BIM 软件和信息互用架构见图 4-10。

BIM 软件主要有核心建模软件、与 BIM 接口几何造型软件、可持续（绿色）分析软件、机电分析软件、结构分析软件、可视化软件、BIM 模型检查软件、深化设计软件、模型综合碰撞检查软件、造价管理软件、运营管理软件、发布审核软件等十一类（图 4-11），各类软件的主要组成软件见表 4-2。

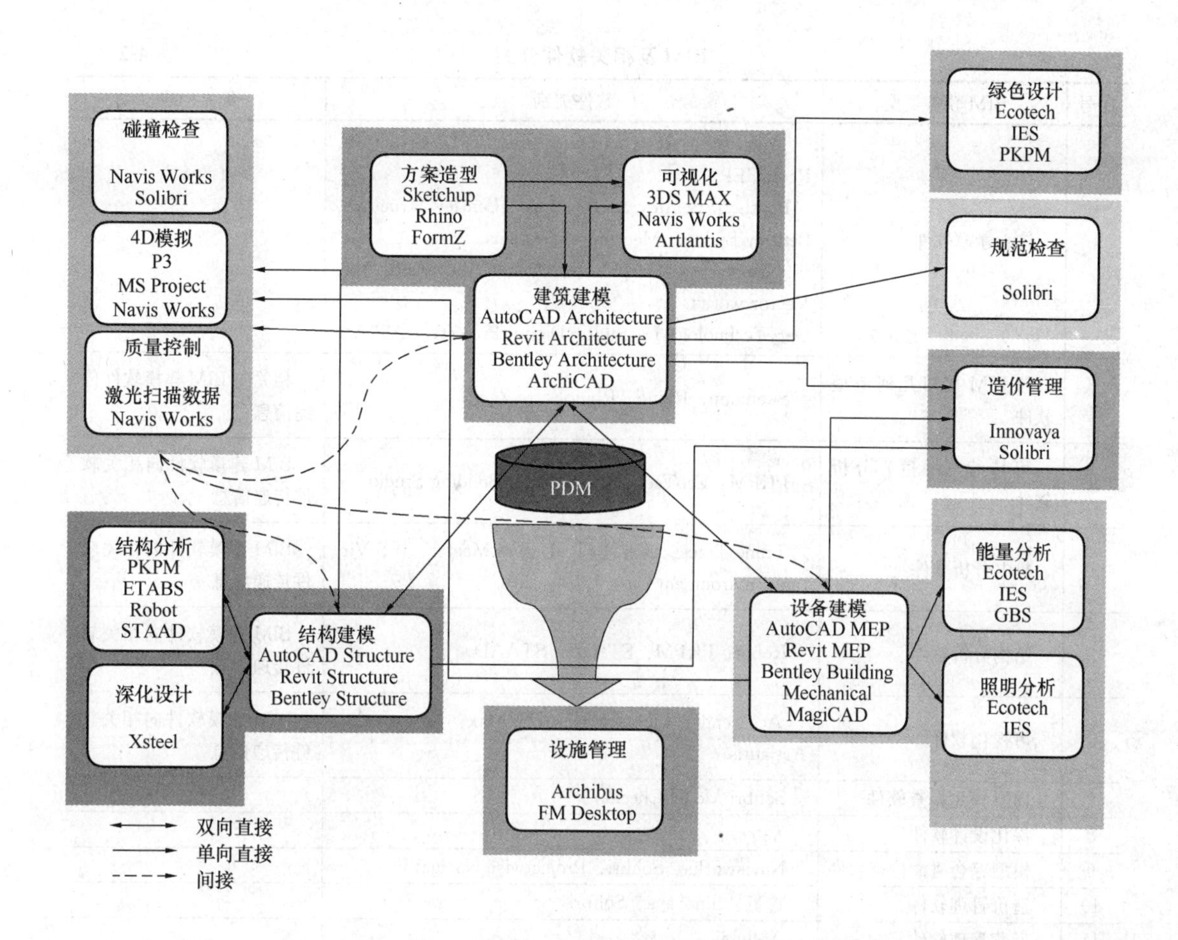

图 4-10　BIM 软件和信息互用架构图

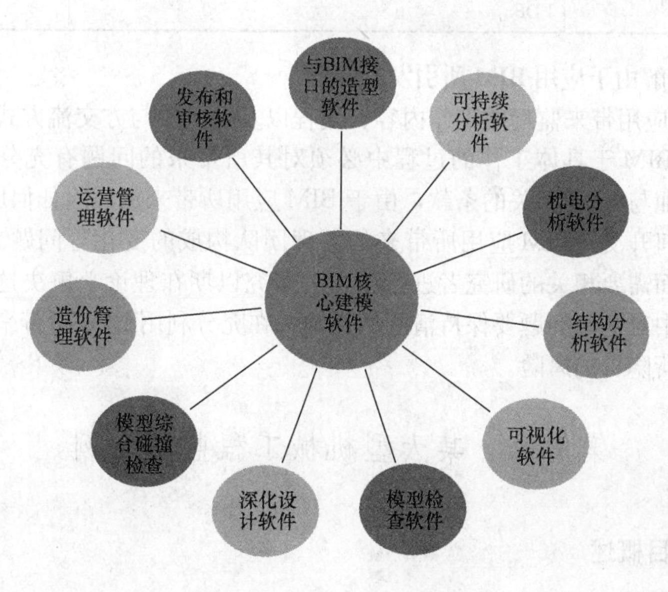

图 4-11　BIM 核心软件类型

BIM及相关软件介绍　表4-2

序号	BIM软件类型	软件类别	备　注
1	核心建模软件	Autodesk：Revit Architecture、Revit Structure、RevitMEP Bentley：Bentley Architecture、Bentley Structure、Bentley Building Mechanical Systems Nemetschek Graphisoft：ArchiCAD、AllPLAN、Vector works GeryTechnology Dassault：Digital Project、CATIA	
2	与BIM接口几何造型软件	Sketchup、Rhino、RhinoForm Z	相关向BIM建模软件传递信息
3	可持续（绿色）分析软件	PKPM、EcoTech、IES、Green Building Studio	BIM建模软件向相关软件传递信息
4	机电分析软件	Trane Trace、鸿业博超、Design Master、IES Virtual Environment	BIM建模软件向相关软件传递信息
5	结构分析软件	Robot、PKPM、ETABS、STAAD	BIM建模软件向相关软件传递信息
6	可视化软件	Accurender Lightscape、3DS Max、Navisworks、Artlantis	BIM建模软件向相关软件传递信息
7	BIM模型检查软件	Solibri Model Checker	
8	深化设计软件	Xsteel	
9	模型综合碰撞检查软件	Navisworks、Solibri、Projectwise Navigator	
10	造价管理软件	鲁班、Innovaya、Solibri	
11	运营管理软件	Archibus	
12	发布审核软件	Adobe 3D PDF、Autodesk Design、Review Adobe PDF	

（三）充分了解由于应用BIM所引发的问题

由于BIM的应用带来监理的工作内容、流程以及项目参与方交流方式的变化，因此，监理人员在应用BIM于具体工作的过程中必须对其所带来的问题有充分的了解。例如：如何在合同中增加与BIM相关的条款，由于BIM应用所带来的风险如何应对，BIM应用所带来的成本如何开支，BIM应用所带来的监理团队构成的变化等问题。由于这些问题比较复杂，一方面需要相关的研究者进行深入的研究以期在理论上解决这些问题，同时，监理人员在实践中对这些问题要保持清醒的头脑，在充分利用BIM所带来的便利的同时，也要关注到其中所隐含的风险。

案例二　某大型机械工程监理案例

一、工程项目概述

（一）新建工厂概况

某大型机械工厂新建大型起重机技改项目是省重点项目，也是国家发展与改革委员会

“十一五”重点产业规划纲要中重点发展的项目。项目建成投产后，将使我国大型履带式起重机产业形成三强带头、全面提高竞争力的示范格局，大大优化了国家产业结构，推动了我国工程机械从国内走向国际竞争优势局面的形成，具有很好的产业升级和优化的作用。

新工厂位于市经济开发区北部，紧邻104国道，交通运输便利，周边产业配套完整，开发区水电气配套到位，非常有利于工厂的滚动扩大发展。按照集团产业规划，项目总投资23亿元，分两期实施，一期产品为大型履带吊项目，二期为混凝土机械产业化基地建设。本次仅就一期工程项目的监理进行介绍，一期投资6亿元，其中工程建设投资为2.3亿元，厂区占地面积为400亩，建筑面积约9.1万m^2，主要包括装配分厂、结构分厂、整机涂装车间及配套的办公楼、食堂、气站、调试场及其办公楼、污水处理站、检测线站和2个门卫室、围墙等，形成一个从材料进场下料到产品调试、涂装出厂的完整的生产及管理实体。

（二）工程特点

1. 工程概况

本项目是在一片空地上建造的新型现代化工厂，从项目勘探、打试桩开始，直至厂区整体验收，监理在现场积极配合工厂和设计院，根据现场的特点提出积极的建议，供企业参考。并为实施中对设计意图的把握打下了好的基础，加深了对周边地下管线走向、埋深、口径，及地质条件的了解，使在施工中对施工方案的审查更加具有针对性和合理性，使施工过程少走弯路，并给工厂以后的改造、扩建预留了很方便的接口。项目的特点如下：

设计按7度抗震烈度设防，厂房的结构型式为多跨单层全钢门式刚架结构，附房部分为1～3层钢结构，厂房主体钢构件采用10.9级高强度螺栓（摩擦型）连接。厂房边柱柱间距为7.5m，中间柱间距为15m，装配分厂、结构分厂厂房为30m连跨设置，总宽度分别为120m和150m。厂房东西两侧分别有3层车间办公楼，厂房墙面、屋面采用C形镀锌钢板檩条，墙为夹50mm厚保温玻璃棉的双层彩板，屋面亦采用带100mm厚保温层彩钢板，屋顶设立了气楼、顺坡通风器和屋顶风机等通风换气设施。

2. 本工程监理特点

(1) 主要单体工程为钢结构厂房，长度、跨度都比较大，对钢结构的制作、安装要求高。

(2) 后期工艺设备、公用设备安装、地坪施工等交叉作业多、立体作业量大、专业多。

(3) 由于工期要求紧，网络计划的关键工作有很多交叉作业，相互间影响较大，如何保证质量、进度和安全是监理控制的要点。

(4) 节点（阶段）计划是总体进度计划的基础，进度跟踪动态控制和督促缩小偏差是计划保证的关键。

(5) 设备基础品种多、结构复杂、水电气管道预埋多、图纸分批零散，与设备安装配合多。

(6) 施工验收规范不限于一般工程使用的施工验收规范，还包含工业金属管道安装验收规范、机电设备安装验收规范等。政府监督管理部门不仅涉及质监站，还涉及质量技术监督局等政府主管部门。

二、监理机构设置及职能

(一) 现场项目监理机构的组织架构

1. 监理机构的设立原则

结合本项目的规模、性质、专业配备、目标要求、实施计划安排、监理工作内容和工程特点等，根据项目统一招标，分段实施的要求，首先开始装配、结构分厂 2 个厂房的桩基施工和调试场场地施工，再进行装配、结构分厂厂房和食堂、办公楼的土建、钢结构、设备基础施工的计划安排，按照招投标文件的要求，按照“满足要求，精明强干，职能明确，高效管理”的原则设置现场监理机构，总体采用直线式组织形式，结合职能式，即总监下设调试场、装配（含办公楼和食堂）、结构三个施工监理组，另外平行设立质量安全管理组、进度控制组、合同管理与投资控制组，为了保证工作效率和职能明确，职能管理组全部由施工监理组人员兼任，保证总监的指令垂直落实到底，职能明确，信息反馈快。区别于普通民建工程，监理需配备动力管道专业和机电设备安装专业的监理工程师。

2. 监理机构组织的建立

根据上述原则，结合工程特点和监理委托合同的要求，建立现场监理组织机构如图 4-12 所示。

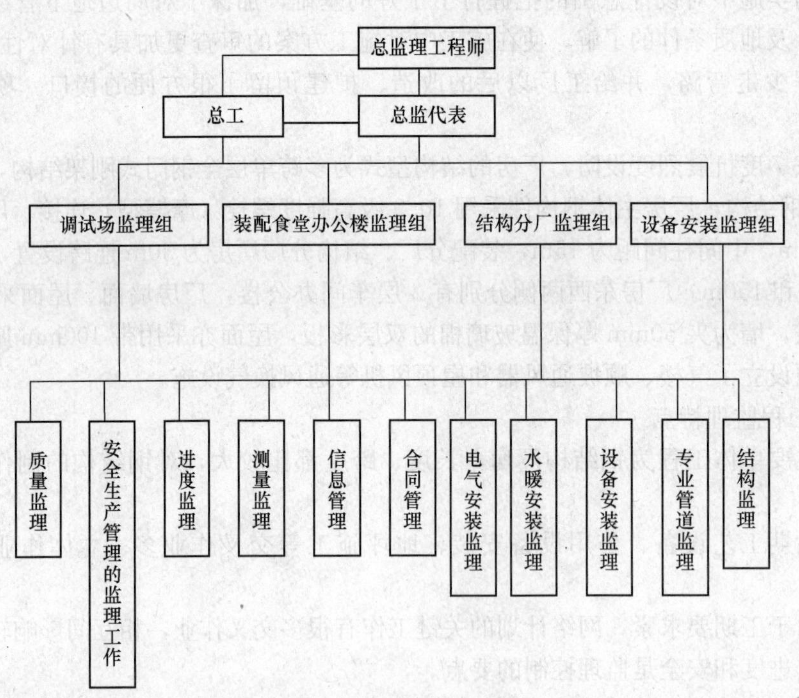

图 4-12 项目监理组织结构图

(二) 监理机构的各个岗位职责

1. 监理机构工作内容

按照监理委托合同规定监理单位的工作内容如下：工程质量控制、进度控制、投资控制、合同管理、信息管理、组织协调、安全文明施工监理。

2. 监理机构岗位职责

为了更好地做好整个项目的监理工作，根据监理合同和项目情况以及组织机构的特点，监理项目部制定了各个岗位职责：（基本同民建项目，详细内容此略）。

三、施工质量控制

（一）施工质量事前控制

施工质量事前控制抓住重点部位、重点工序，事前进行分析，采取预控措施，保证工序质量和结构安全。包括对施工组织设计或施工方案的审批，分包单位资质审核，施工测量放线质量控制，施工单位质量保证体系的审查和施工人员、材料、设备及工艺方法的审查批准，还包括对施工准备工作、施工条件、环境因素的审核，施工技术安全措施的审核等。施工前监理还要仔细熟悉设计图纸，组织图纸审查和图纸会审，及时组织设计单位进行技术交底，在熟悉图纸内容和要求的基础上，搞清楚工程的技术难点和主要质量控制点，并针对性地编制监理实施细则，提出需要事前控制的控制点和要求，并向施工单位进行监理交底和提出要求；然后再认真审核施工单位编制的施工组织设计和施工方案，提出质量、进度、安全方面的要求，督促施工单位提前采取质量保证措施，以保障工程施工的顺利进行。针对本项目监理认为地脚螺栓预埋精度控制和钢结构制作质量及安装质量的控制是本工程质量控制重点，也是质量难点。

1. 地脚螺栓预埋精度的质量风险分析及控制措施

本项目主要工程都是钢结构工程，土建单位负责地脚螺栓的预埋，按照规范混凝土中预埋件允许位移偏差为 3mm，高度偏差 10mm，考虑到混凝土振捣过程中可能造成螺栓位移产生偏差，除采取必要的措施外，监理对浇筑前预埋位移精度要求提高到 2mm，高度精度提高到 5mm，并且对每组螺栓都进行 100％抽样检查，确保螺栓精度。施工中采取以下措施：

（1）由于螺栓较大，8 个一组，每组重量达 500kg 左右，要求施工单位制作专门的钢板模具，开孔要求工厂划线钻孔，孔对中心线允许偏差要求 0.5mm，孔径每边大 0.5mm。保证了螺栓相对位置精度。

（2）要求现场测量采用全站仪进行放线、检查，误差 2″，并降低了系统累计误差。

（3）现场固定采用上下螺栓拧紧的方式进行初步固定，采用粗钢筋焊接固定于钢筋底脚，两个方向、上下两个位置进行可靠固定。固定好后请监理逐个复核。

（4）在浇筑混凝土后，初凝前再次进行模具中心点和对角螺栓的复查，发现偏差及时调整，保证预埋精度。

2. 钢结构制作质量的质量风险分析及控制措施

钢结构质量问题主要发生于制作过程中问题较多。钢结构的制作过程中可能出现的质量风险主要有：①原材料质量不过关，原因如厚度超差、钢号错误、材料内在和表面质量缺陷等；②焊接不合格，原因如焊条材料、牌号错误、焊条焊剂受潮、焊机出问题、焊接变形、焊缝高度不足、有夹渣气泡、焊缝开裂、焊渣飞溅、焊件尺寸错误、新工艺新材料未做工艺评定等，都会造成焊缝质量不合格；③构件尺寸错误，原因如工艺卡出错、制作者看错、料下错、拼接位置错误、未做预拼装等；④构件变形，原因如调运过程磁损、吊装吊点设置错误、吊具有问题、堆放问题、焊接工艺有问题等；⑤油漆问题，原因如油漆厚度不足、品牌错误、未干粘连、擦刮掉漆、污染等；⑥摩擦面问题，原因如抛丸机老化、抛丸力量不足、抛丸时间短、工序错误、抛后污染、上锈等。对于以上问题我们主要采取以下措施进行预控：

(1) 选择制造质量好的钢结构队伍，事前进行考察，从工艺、材料、质检、运输等方面写出考察报告，供建设单位选择。

(2) 认真审查分包单位的资质、业绩和口碑信誉，选择好的分包单位。

(3) 制作前对制作单位进行事前有针对性的交底，指出其不足，并派有经验的监理工程师驻厂监制。

(4) 加强原材料进厂检验，管好取样、送样检测关；加强对进厂材料的外观和尺寸检查；核对原材料出厂合格证及检验报告上的炉批号、代表批量、规格、品种等数据与报验资料是否一致，是否符合设计图纸要求，并按规范要求的频率进行现场取样、封样和送有资质的检测单位进行进场复试，复试合格后才能使用于工程；本工程曾出现原材料检验不合格情况，从数据看是材料等级出现错误，总监亲自去制作厂了解情况，发现因为现场同时有 2 个项目取样，试件拿混所致，对驻厂监理进行了处罚，原因是制作厂比较大，监理指定材料取样后就去其他地方巡视了，未全程盯住取样过程，加之厂家取样人员也未在现场看住，工人下完料就堆放在一起了，未仔细分开标记，搞清楚原因了，重新见证取样复试合格。

(5) 检查制作单位的质量保证体系是否完整，是否可靠运行，“三检”制度是否落实，质量检查员的检查是否规范、记录是否齐全等。

(6) 检查制作厂的焊接工艺评定的适用性，必要时要重做焊接工艺评定及试验，检查焊工上岗证，并加强督促执行，不得马虎。

(7) 检查焊条、焊剂品种、规格、合格证及烘焙记录。

(8) 检查施工放样，现场放样是否按放样图纸进行；检查是否规范进行构件的预拼装；坡口尺寸、位置是否符合要求；对重点部位进行旁站监理，严格进行焊接质量的外观检查和焊缝尺寸实测检查；加强对手工焊接质量的检查，对支座、挑耳、牛腿、加筋板、支撑连接板等焊接连接应重点检查，主要检查坡口留置、焊缝熔透性、夹渣、气孔、根部收缩、微裂缝、焊脚尺寸、变形、偏位、飞溅等，对较大的焊缝和较大构件必须要考虑焊接变形，对称焊接。

(9) 检查焊机是否符合工艺评定要求，焊接电流强度是否符合评定要求等；中间过程随机抽查焊缝高度；巡视检查焊缝情况，是否有气孔、夹渣、飞溅、焊瘤、缺肉等；监督制作按规范频率进行焊缝超声波探伤检查，对重要部位要求 100%探伤检查，把问题消灭在出厂前；构件进场也要按施工验收规范进行抽查检测。

(10) 检查中间运输过程，吊具是否安全可靠，吊点是否规范，是否符合操作规程。

(11) 检查抛丸、油漆是否符合设计要求，取同条件的抗滑移试件送有资质的检测单位试验检查，同时检测高强螺栓的强度和扭矩系数；测量干漆膜厚度等。

(12) 检查摩擦面的保护，严禁油漆、油污污染。

(二) 施工质量事中控制

1. 质量控制措施

(1) 制定现场巡视检查制度，对现场有目的地进行巡视检查，发现问题先口头通知承包单位改正，必要时书面通知承包单位，并将整改结果及时回复，监理部进行复查。

(2) 对施工过程的关键工序、特殊工序、重点部位和关键控制等应指派专人进行旁站监理。

(3) 针对本工程的特点，制定了旁站监理的范围、内容和程序如下：

1) 旁站监理范围：

① 基础工程：混凝土浇筑、土方回填、防水层细部构造处理及设备基础防水处理。

② 钢结构工程：钢构件制作（焊缝探伤、钢构件预拼装）、钢构件吊装、高强螺栓的连接、现场试验、屋面板安装。

③ 混凝土浇筑、关键节点或技术难点部位的隐蔽、现场试验。

④ 给水管试压、接地电阻、测试绝缘电阻。

⑤ 区域道路：管道敷设、试验、基层、路面混凝土浇筑或沥青摊铺。

⑥ 施工后不易检测的工序、部位，监理法律法规以及住房和城乡建设部规定的其他旁站内容。

2) 旁站监理内容：

① 检查施工企业现场质检人员到岗、特殊工种人员持证上岗以及施工机械、建筑材料准备情况；

② 现场跟班监督关键部位、关键工序的施工执行方案以及工程建设强制性规范条文执行情况；

③ 核查进场建筑材料、建筑构配件、设备和商品混凝土的质量检验报告等，并可在现场监督施工企业进行取样检验或者委托具有资格的第三方进行复验；

④ 做好旁站记录和监理日记，保存旁站监理的原始资料，要注重旁站记录的真实性。

3) 旁站监理程序：

在需要旁站的关键部位、关键工序施工前 24h，施工单位书面通知项目监理机构，项目监理机构安排人员进行旁站监理。

(4) 认真做好核查工程预检、隐检，分项、分部工程验收工作：

1) 预检、隐检应在承包单位自检合格后向项目监理部申报核查，合格后签认，否则应进行整改，整改合格后再重新报验。

2) 分项工程验收程序为：承包单位应在自检合格后，向项目监理部报验。监理工程师对报验的资料进行审查（包括施工试验材质证明、复试结果等），并到施工现场进行抽验、核查，合格后予以签认。如不合格由监理工程师签发《不合格工程通知》，由承包单位整改合格后再报验，监理工程师可重新签认。

3) 分部工程完成后承包单位应根据监理工程师签认的分项工程质量验收结果，进行分部工程的质量选编汇总评定，并对施工现场已完成的分项工程进行普遍自检，验证是否出现问题，确认无质量问题后，报项目监理部进行内外业审定和抽查，符合有关的规程和规范，监理方予以签认。

4) 凡分部工程完成后，应由总监理工程师组织阶段性验收，建设单位、承包单位、设计单位参加共同核查施工技术资料，进行现场工程质量验收，共同签认。基础工程应有勘察单位签章。

5) 无论是预检、隐检，还是分项、分部工程验收，未经验收合格并签认前，承包单位一律严禁进入下道工序。

6）建筑采暖、卫生与燃气、电气、通风与空调等工程的分项工程必须在施工试验、检测完毕，合格后进行签认。

(5) 严格执行设计变更、工程洽商制度。

(6) 强化对进场建筑材料、构配件、设备的抽查、复试及现场施工试验，有见证取样和送检制度。

(7) 定期召开监理例会和不定期质量专题会，分析研究和改进工程质量。

(8) 对不称职的施工管理人员、不合格的分包单位提出撤换建议。

(9) 施工过程中出现质量事故或较大质量问题，监理与建设单位沟通后，总监下达工程暂停令，督促落实整改，严重的上报当地建筑质量管理行政主管部门。

2. 工程质量控制重点和质量控制要点的控制

(1) 质量控制要点的设立

工程施工过程中质量控制主要注重两方面：一是工序质量验收；二是隐蔽工程的检查验收。对重点部位、关键工序和关键控制点要采取旁站监理进行全天候、全过程的质量控制。机械工厂建设中监理应设立质量控制重点，除增加动力管道试压、清洗、脱脂、吹扫等检验和设备基础防水处理外基本与普通钢结构工程相同，此略。

(2) 监理质量控制的措施

监理对质量控制的依据是设计图纸文件和施工验收规范，施工中要熟悉图纸要求和规范规定，有针对性地采取预控、过程控制措施，严格执行，认真耐心操作，才能取得满意的效果。针对本项目特点所设立的质量控制重点和类似项目的经验，监理部应有针对性地采取质量控制措施。

(三) 施工质量事后控制和质量事故处理

工序施工过程中事后控制主要是工序完成后验收，监理验收不合格，不得进行下道工序施工，影响到结构安全和使用功能要求的，坚决要求返工，对不符合验收施工规范的，要求认真整改，不要造成工程总体质量的不合格。项目建设整体质量的事后控制主要是对项目质量进行评判和处理，看是否能满足结构安全和使用功能的要求，是否能满足设计要求。一般对质量问题或质量事故分情况进行如下处理：

(1) 实体质量能满足设计图纸和规范要求，观感质量不能满足合同要求，准予验收，按合同规定处理。

(2) 实体质量不能满足设计要求，经设计验算，可以满足结构安全和使用功能的要求，准予验收，评定合格，按合同处理索赔。

(3) 实体质量不能满足规范要求，经设计验算需加固处理，按设计要求进行无偿加固处理，处理后不影响使用功能的，准予验收，评定合格，检测和加固费用施工单位自理，最后按合同处理索赔。若加固后能满足结构安全要求，但影响使用功能要求，则按合同商定的办法处理，降级使用，并按合同处理索赔。

(4) 实体质量不满足规范规定，经设计验算无法满足结构安全和使用功能要求，或加固后严重影响使用功能，则进行返工、拆除、重建处理，费用施工单位自理，并按合同进行索赔处理。

(5) 情况严重的质量问题和出现结构安全重大隐患的，监理要及时（口头后补书面、书面）上报建设单位和质量监督主管部门。

四、工程进度控制

工程进度控制是监理过程中最主要的任务之一，也是机械工厂建设中最受关注的问题。在仔细分析工期目标实现的可能性和人、材、机、环、法五要素的基础上，确定合理的工期目标，以保障合同工期为前提，对五个关键因素进行有针对性的要求，制定合理的、有保障的、有预见性的总进度计划。

（一）监理对进度控制

机械工厂技术改造新建厂区的建设实施过程中，影响因素很多，对工期影响最大的有：土地的取得和青苗补偿以及原有建构筑物的拆迁、施工单位的选择、设计文件的审查、设计变更的影响、外部环境的影响等，解决不好有可能导致工程停工或项目撤销；设备基础图纸经常不能按时完成，导致施工周期变短，甚至耽误设备安装进度；设备制造、运输、配套等原因导致设备进场迟、无法安装等。监理控制进度工作如下：

项目监理机构应根据项目的管理体系和各种具体情况建立一个可行性、适应性、科学性较强的进度控制体系，制定切实可行的各级各类进度计划，在项目实施过程中充分发挥组织者、策划者、执行者和检查者的作用。

1. 协助业主制定一级进度计划

协助业主确定合理的项目建设工期目标，制定项目的总体进度安排，即一级进度计划。此计划对项目的主要关键控制项目、重点协作配合事项和总的建设工期进行战略性部署，内容涉及资金筹备、设计图纸、工程招标、设备材料供应、现场施工和生产准备等整个项目建设周期的所有活动。一级进度计划是项目开展各项工作的基础和条件，监理公司积极参与到此项工作，充分发挥自己的知识和经验，对项目进行分析和研究，协助业主编制一套科学合理的一级进度计划，用于指导整个工程项目的建设。

2. 编制二级进度计划

监理工程师根据业主提供的一级进度计划，结合其他相关的工程信息，编制切实可行的二级进度计划。二级进度计划中要确立全局性进度控制点或里程碑，平衡各单项工程的施工进度，建立进度实物测量标志，同时计划中关键线路的工期应是整个项目实施阶段的工期目标。

3. 制定进度管理规程和里程碑考核制度

监理工程师须制定出适应本工程的进度管理制度。比如进度计划中作业的详细程度和应包括的信息（时间、工程量、完成投资和主要资源等），进度计划审批流程，对一些进度术语的理解，进度跟踪控制方法，工程计量的时间、区间，对进度分析采取的方法；又如对一些进度报表的要求（格式、上报时间、必须反映的信息），周、月计划的上报要求，需要反映的主要工程信息，进度计划更新的周期，都要进行明确的规定。

二级进度计划中里程碑的设置是保证整个项目目标实现的必要条件，要求各里程碑控制点必须不折不扣地正点到达。监理工程师必须制定里程碑控制点的考核制度，并在业主与承包商的合同中给予明确。

4. 建立具有符合性的项目进度管理体系

由于工程项目的复杂性，参建单位和人员较多，对项目本身而言，进度管理是一个体系，最上面有业主对项目的全局性、里程碑式控制，中间有监理二级进度计划，下面有各承包商的三级进度计划和各项作业计划，层层分解，逐级保障，形成一个层次分明的进度控制体系。

5. 督促承包单位编制各标段的总体进度计划（三级进度计划）

具体进度计划编制和执行的主体是各承包单位。监理工程师要督促承包单位根据二级进度计划和承包单位所采取的施工方法、施工措施、施工机械和劳动力等资源状况编制各标段三级进度计划。此计划反映承包单位对所承担的项目总体安排及满足其进度所需保证的条件。该计划要有较强的可执行性，是各标段实施阶段进度的基础，关系到项目总体目标能否由蓝图转化为现实。监理工程师要组织相关人员进行分析、讨论、审查，并对各计划之间进行协调、平衡。

（二）进度计划的实施跟踪和调整

进度计划的合理制定为项目的动态控制、事前控制奠定了基础。监理工程师更多的工作是要依据计划进行协调，适时对进度目标进行风险分析，制定防范措施，督促承包单位制定各项作业计划，现场跟踪、检查、记录进度状况，进行信息反馈，对进度计划作出对比分析，发生偏离计划时督促承包商采取措施，必要时每天进行计划的调整和检查落实。监理工程师的具体工作主要表现为以下内容：

（1）检查落实各承包单位劳动力、材料、施工机具等资源的进场情况；定期统计现场施工力量和施工机具，无法保证进度要求时，及时进行调整和增加。

（2）要求各承包商根据总体进度计划，编制阶段性作业计划（月、周四级进度计划），并按规定时间报项目监理部审批。必要时承包单位应制定各单项（单元）工程施工进度计划，用于指导具体的单项工程施工。

（3）现场落实、检查、记录计划的执行情况，掌握项目进度信息，进行计划进度目标与实际进度值的对比，分析偏差原因，制定纠偏措施，并对项目进度进行预测。项目监理每周监控进度“前锋线”的运行状况，每周通过工地例会进行分析偏差、偏差原因、需采取的纠偏措施等。

（4）参与工程计量，定期（每月一次）汇编各项计划的实际完成情况，按时编报工程年、季、月、周施工工程完成统计报表。

（5）审核施工单位的月统计报表，对施工单位的月进度款申请进行会审。

（6）参与会审和批准《工程暂停令》，评估工程暂停对工程的影响程度；参与会审与批复《复工指令》，落实复工条件。

（7）审核承包单位的《工程临时延期申报表》，并在《工程临时延期申报表》上签署明确意见，为总监正确决策提供依据。

（8）参与协调设计、采购及各专业进度计划和分包进度计划，确保各项计划的有机衔接。

（9）参与会审和批复承包商的施工组织设计、施工技术方案，在技术、措施上给进度以保证，并在计划管理、进度控制方面签署自己的意见。

（10）组织人员参加有关进度重要问题的处理与协调，协助总监对工程建设进度实行有效控制。

（11）做好工程综合进度目标的动态控制，全面掌握工程进度信息，负责进度方面的信息管理，定期编制进度信息报表，上报总监和业主作为各项决策的依据。

(12) 主持工程监理例会，参加有关工程的综合性会议，及时掌握有关进度信息，并对进度方面提出要求。

(三) 进度监理控制效果

项目从拿地到投产共2年时间，分两步完成12个单体、总建筑面积9.1万m^2厂房、办公楼和13万m^2调试停车场，期间生产设备的安装、调试、试生产、公用设施的增容开户运行等工作全部交叉进入工程施工期间完成，为项目当年完成10亿元工业产值、达产产值完成40亿元打下坚实的基础。

五、施工安全的监督管理

由于安全生产是关系到职工生命健康切身利益，在机械工厂建设监理过程中必须要把安全放在首要位置，否则除了造成人员伤亡、工程损失，还会导致监管部门的停工处罚。在施工前必须使监理人员和施工管理人员熟悉以下规范、规程，并作为管理依据。

(一) 安全生产管理的监理工作的依据

(1)《建设工程安全生产管理条例》(国务院令第393号);

(2)《危险性较大的分部分项工程安全管理办法》(建质【2009】87号);

(3)《施工现场临时用电安全技术规范》JGJ 46—2005;

(4)《建筑施工高处作业安全技术规范》JGJ 80—91;

(5)《建筑机械使用安全技术规程》JGJ 33—2001;

(6) 建设单位与施工单位签订的安全生产合同;

(7) 地方政府工程建设行政管理部门关于安全生产、绿色施工的有关规定。

(二) 安全生产管理的监理工作的主要内容和要求 (略)

加强日常管理和检查，牢固树立“安全第一，预防为主”的思想，认真审查施工方案中的安全技术措施是否合理，能否执行到位；工作中坚持每日碰头，每周检查总结，对于危险性较大的工程，监理应督促施工单位编制安全专项施工方案。

六、几点体会

在监理过程中还有合同管理、信息管理和协调管理、资料管理等方面，这些方面基本上大同小异，在此就不赘述了，请大家参考相关资料。

下面就大型机械工厂的新建和技改工程建设监理谈几点体会：

一般机械工厂企业的工程建设技术力量较薄弱，主要技术力量是机械方面的，对于工程建设方面力量很匮乏，所以就要求监理特别是总监要对机械工厂的功能要求必须吃透，要熟知全套设计图纸，把握工厂总的工艺布局。

(1) 工艺流程，摸清各工位设备情况和工件尺寸和重量很重要。

(2) 机械工厂的各类生产设备的公用接口很多很繁杂，要求总监对此有个比较清晰的了解，才能在施工中及时提醒建设单位提供相应的资料，以免返工浪费。

(3) 了解各设备的废弃物和处理要求，才能在设备基础施工时更好地把握设计意图，不至于出错。

(4) 仔细阅读地质详勘报告。由于设备基础很多，结构要求各异，要清楚地质条件和施工环境对基础施工的影响程度，才能较好地审查施工方案，采取可行的措施。比如我们在进行整机涂装车间施工时，了解到涂装生产线基础复杂、深度较大、防水要求较高，有针对性地要求施工单位根据当时施工天气情况、地质情况，采取了设备基础与厂房基础同时开挖、同步施工的要求，并根据当时处于雨季情况采取了先降水、后开挖，边开挖、边支护的方案，即节省了施工时间，又有效地保证了施工质量和结构安全。

(5) 应根据工程的具体情况，加强前期的施工技术准备，包括施工组织设计、施工方案的编制和审查，要有针对性。加强对技术交底的管理，防止出错；加强各类安全应急预案的审查和运行控制。

(6) 进度控制要求严格。企业技改一般都根据市场情况确立技改方向，所以一般要求尽快施工、尽快投产、尽快销售，这样对施工进度压力很大，经常是边规划、边设计、边施工，变更多、返工多，这就要求监理加强对设计变更的管理和准确计量，提前预见，及早提出，采取有效措施，实现进度控制目标。

(7) 工序交叉多，协调量大，特别是在后期，除了土建、钢结构安装和水电安装外，还有生产设备安装（包括标准设备安装、非标设备加工安装等），现场管理难度很大，施工质量、进度、安全管理需要较高的能力。

(8) 后期配合较多，验收项目多。除了建筑工程竣工验收外，还要进行非标设备试车验收，供电试车验收，消防验收，环境评价验收，项目整体验收等，牵扯主管部门多，要求资料必须完整。

(9) 加强合同管理和计量控制。由于工厂工程监理涉及面广，要求监理除熟悉各类规范和图纸要求，对质量、进度进行有效控制外，还要熟悉工业管道安装的计量方法、定额标准才能做好计量控制和合同管理。

(10) 协调与主管部门的配合，主要是建设主管部门：质监站、建管处和安监站；质量技术监督局：锅检所、电梯检验所等；消防大队等。按其管理规定进行现场材料抽检和现场实体检测工作。

(11) 安全监督十分重要，要放在管理中心，加强安全管理方面的细节检查，现在我公司监理的项目都要求每周进行专门的各专业联合安全隐患的检查和开会及时督促整改，并做好会议纪要，落实责任到人。

案例三　某机电安装工程项目管理案例

一、工程概况

此项目为高档商业建筑，建筑面积为 78180m^2，地上六层，面积 43108m^2，地下四层，面积 35072m^2。地下一层、地上一～六层为商业区，地下二、三层为汽车库，地下四层为设备用房及人防。商业区设置中央空调，空调末端采用吊顶式空调机组连接风管送风的空调方式。新风送风方式采用集中送风，每层设置新风机房，新风设备采用组合式新风机组。建筑物外区采用四管制，建筑物内区采用两管制，四管制即可送冷水也可送热水，两管制只能送冷水。

此项目分两期进行，一期工程由中铁集团负责土建、电气设备及管线、水暖设备、消防设施及管道的安装及施工。二期工程由弘高集团负责建筑物的高级装饰及水暖电设施的调整、改造及完善。我公司负责二期工程的项目监理及项目管理工作。

二、项目管理中的范围管理

(1) 明确责任与分工，界定各个分包的承包范围。

(2) 针对不同部门制定各自的职责，明确不同阶段的工作内容和义务。

(3) 正确处理好设计与施工之间、采购与施工之间、设计与采购之间的接口关系。

(4) 项目管理针对两个不同的施工总包在交接时的协调作用。

(5) 验收前期施工总包的资料。

(6) 组织前期总包与后期总包的第一次会议。

(7) 组织后期总包对前期总包的施工验收。

(8) 配合前期施工总包对存在问题的整改。

(9) 组织施工项目的交接。

本项目的参与单位较多，业主除委托了项目管理、监理（小商户区域精装修由业主自行管理）外，还委托了造价咨询单位。建设项目参与各方的职责分工见表 4-3。

××项目精装修工程工作职责界面划分一览 **表 4-3**

实施阶段	工作分解	参与方及相应职责						
		项目管理	造价咨询	监理	设计	总包方	开发商	商户
施工准备阶段	1. 收楼验收过程	参与				参与	组织	
	2. 现场接收、封闭及安全保卫	组织				实施	参与	
	3. 施工手续办理	组织	参与	参与		参与		
	4. 设计图纸报审	组织			实施	参与		
	5. 项目管理实施手册的编制	组织	参与	参与	参与	参与		
	6. 施工组织设计的编制及报审	批准		管控		实施		
	7. 现场临时办公的设置	组织				实施		
	8. 设计交底及图纸会审	组织	参与	参与	实施	参与		
	9. 施工总进度计划的编制和报审	批准		参与		实施		
	10. 发布工程开工令	协调	参与	审批	参与	实施	参与	
公共区域精装修阶段	1. 范围管理	管控	参与	参与	参与	参与		
	2. 进度管理	组织		管控		实施		
	3. 质量管理	组织		管控		实施		
	4. 安全及文明施工管理	组织		管控		实施		
	5. 成本管理	协调	组织	管控		实施		
	6. 合同管理	协调	组织	管控		实施		
	7. 变更管理	组织	管控	管控	参与	实施		
	8. 设计管理	组织		参与	实施	参与		
	9. 采购管理	组织		管控	参与	实施		
	10. 风险管理	组织	管控	参与	参与	参与		
	11. 沟通管理	组织	参与	参与	参与	参与		

续表

实施阶段	工作分解	参与方及相应职责						
		项目管理	造价咨询	监理	设计	总包方	开发商	商户
商户区域改造阶段	1. 平面布局调整的设计、报审	组织	参与	参与		实施		
	2. 结构改造及加固的设计、报审	组织	参与	参与	审核	实施		参与
	3. 成本管理	协调	组织	参与		实施		
	4. 质量管理	组织		管控		实施		
	5. 安全管理	组织		管控		实施		
	6. 交付标准	组织		参与			参与	
商户区域精装修阶段	1. 精装修施工指导手册	参与					组织	
	2. 精装修设计图纸的审批						管控	
	3. 施工管理协议	协调				参与	组织	参与
	4. 质量监督						管控	实施
	5. 安全及文明施工监督						管控	实施
	6. 沟通协调	协调				参与	管控	参与
竣工验收阶段	1. 工程竣工预验收	组织		参与	参与	参与		
	2. 工程资料归档	组织		参与		参与		
	3. 竣工图纸绘制	组织		参与	管控	实施		
	4. 竣工验收	组织		参与	参与	参与		
	5. 竣工备案	组织		参与		参与		
	6. 工程决算	协调	组织	参与		参与		
商场试运行阶段	1. 项目移交	组织				参与	实施	
	2. 项目试运营保驾	协调				参与	组织	
	3. 物业管理					参与	组织	
	4. 项目保修	协调				实施	管控	
	5. 项目后评估	参与	参与	参与	参与	参与	实施	

三、暖通空调设计中的问题

公司项目管理部正式介入施工管理时，一期工程已基本完成。我项目部工作人员组织协调了中铁和弘高两集团的项目交接工作。交接完成后，通过认真的核实暖通空调专业的图纸，发现原设计图纸有以下问题：

地下一层为商业区，设计院针对地下一层的空调设计只设计了两管制空调，也就是说地下一层只设置了夏季制冷，而没有设置冬季采暖，是按纯粹内区冬季无耗热量进行设计的。其实地下一层维护结构在冬季是有耗热量的，其冬季耗热量来自两个方面：第一，地下一层的地面耗热量。地下一层下方为汽车库，汽车库未设置采暖，通过楼面地下一层的热量向地下二层传递；第二，中庭的耗热量。整个建筑设置中庭，中庭由地下一层到六层贯通，地下一层通过中庭和户外相连，地下一层的热量会通过中庭向室外转递。因此地下一层冬季如果不设置采暖将无法保证冬季室内温度所要求的最低标准，况且地下一层在冬季由于烟灶效应（即温度垂直失调）也会造成室内温度过低。因此我方多次和设计院交涉，建议其修改图纸，对地下一层重新设置采暖。如果冬季室内温度达不到规范要求的最低标准，将影响地下一层商铺的对外租赁，也将直接影响到业主的经济效益。

我方和设计方通过电话和书面的多次沟通后，设计院对地下一层不设置采暖的解释为："地下一层虽有耗热量，但考虑到人体热负荷加上灯光热负荷能够与维护结构的热损耗基本平衡，因此可以不设置采暖。"其解释显然不符合规范及技术标准要求，对于负荷的计算，空调设计规范明确规定：夏季应把人体热负荷和灯光热负荷计入到冷负荷中，但冬季不应把人体热负荷和灯光热负荷计入到热负荷中。这样做的目的就是考虑到保持室内温度的稳定和在最不利环境条件下的室内设计温度满足要求。因此设计方对地下一层无采暖的解释，不符合规范要求，是说不通的。我方经过和设计院多次交流，设计方最后还是意识到设计上的差错，答应修改设计图纸，重新出图。

设计院重新出图后，直接把重新设计的地下一层的空调设计图纸发放给甲方。甲方拿到设计院的图纸后，认为设计院已做了修改设计，满足了冬季采暖的要求，就把此图正式发放给施工单位。施工单位为了赶工期，针对新的图纸以最快的速度，做出了施工总预算，其工程总造价为人民币 400 万元。随后根据新图纸和报价，施工单位马上进行了施工组织准备工作。

设计院为了解决地下一层冬季采暖问题，由原来的两管制制冷设计，改为现在的四管制供冷供热设计。因为四管制空调机组和两管制空调机组其内部结构是不同的，因此原来所有已安装就位的空调末端设备及管道都要作废，需要重新更换成四管制空调末端设备。这样整个地下一层的空调都将整体拆除，空调设备将全部重新订货，所有管道都要重新安装，因此如果按此图施工将会给甲方造成极大的浪费。

四、管理工程师在项目管理中的协调工作

对于施工单位来讲，他们的工作是按图施工，往往为追求效益最大化而扩大施工范围；作为甲方，因其现场技术力量薄弱，根本没有能力提出更优化的设计方案；作为管理公司，如果督促施工单位按图进行施工，施工中不出现质量问题，也算尽到了自己的职责。但是，如何做好甲方的智囊和高参，就体现在建筑工程在达到预定的使用功能的前提下，使其质量最优、价格最省、工期最短。要做到这一点，作为管理工程师除了要具备较高的专业知识和丰富的现场施工经验外，还要具备很好的组织协调能力和对法律、法规、规范的理解和执行能力。

在经过现场勘察和一些数据测试后，项目管理人员认为完全有必要利用原来的空调机组。如果要利用原来的空调机组，就要推翻现在的设计方案，设计方将再次重新出图，这需要再一次和设计院协商。经过和设计院多次协商，制定了一个双管制冬、夏季切换的方案，即冬季、夏季采用同一管道，进行冬、夏季的热水、冷水切换。此方案可以使原来的空调机组完全可以重新利用，只需根据建筑格局的变化进行一下空调机组位置的调整或根据新增加的建筑功能增加少量的空调设备即可满足冬季采暖、夏季制冷的要求。

设计院根据我方的意见再次重新出图后，施工单位根据新的空调设计图纸重新做出了工程总预算，其工程总造价为人民币 130 万元。这样甲方不仅节约了施工费用 270 万元，而且充分利用了原有空调机组，减少了惊人的浪费！

五、体会与总结

（1）管理工程师在施工现场所从事的项目管理工作，是一个可深可浅、可粗可细的弹性很大的工作。管理工程师要想取得甲方的信赖，真正做到甲方的智囊和高参，就要有过硬的专业知识和丰富的现场施工经验，让甲方感觉管理人员的专业知识能力和组织协调能力确实技高一筹，从而在重大问题的决策上形成对我们的依赖，增长我们在甲方、施工方心目中的地位和威信，使项目管理工作更加得心应手地进行。

（2）管理工程师在从事项目管理时，要以理服人，摆正自己的位置。监理工程师的工作具有服务性，这种性质决定了我们任何时候都要维护甲方的合法权益，但又不能损害施工单位的合法利益。要正确地摆正自己的位置，既不能把自己当成是甲方的附属，对甲方言听计从；也不能把自己当成是施工单位的上级，对施工单位指手画脚。而是要从管理的角度，用高超的专业知识为甲方提供优质的服务，否则，任何关系的损害都将对项目管理工作的开展带来难度。

（3）严格控制工程变更，正确执行变更。施工费用增加的原因，大部分是由工程变更引起的，只要严格控制工程变更就能更好地控制费用的增加，但有些变更又是必须的，如果监理工程师能够在施工过程中发现施工图纸的不合理及增加了过多的费用，管理工程师就要据理力争，协调各方关系，将更加合理、经济的方案推荐给甲方，说服甲方由设计进行合理的变更，这样的变更只能给甲方带来更大的经济效益。

（4）管理工作在进行项目管理时要提前介入，方能更好地进行控制投资。要做好投资的控制，管理工作最好在设计方案阶段就应该介入，只有在这个阶段介入，才能督促设计单位采用更加合理、经济的方案，而不是等设计图纸完毕后，再发现方案的不合理，再让设计单位更改设计。避免给设计方带来麻烦，也避免给自己的工作增加繁琐。大家都知道，虽然大部分费用都是投入在施工阶段，但节约投资的可能性却发生在方案阶段和初步设计阶段，如果要进行设计方案的优化，必须在初步设计以前进行最为合适，一旦进入施工图阶段，甚至是施工阶段，势必会造成施工图纸的改动，甚至是已施工的工程需要拆除。因此项目管理、监理工作进行全过程全方位的一体化管理具有十分深远的意义，也是项目管理、监理工作的发展方向。

案例四　某国际机场货物处理系统机电设备安装工程监理案例

一、项目概况及特点

（一）项目概况

某国际机场西货运区货物处理系统，是机场航空货运服务的专用设施，用于处理全货机（同时可停靠10架全货机）的国际进、出港及中转货物，其工程质量直接影响着枢纽机场国内、国际货运功能的发挥，设计为120万t的年处理量，是亚洲第一、全球第二的系统。这些设备分布在总建筑面积19.36万m^2的三个区域（图纸标识为A、B、C三个大区）。该系统的设备均为国产，但有不少重要部件为进口，钢结构高货架均为国产。承包商为深圳某空港设备有限公司。

系统设备布局：国际出港集装货物存储1区（A区，五层立体货库）；国际出港集装货物存储2区（B区，三层立体货库）；国际进港集装货物存储区（C区，五层立体货库）。具体分区及设备配置见表4-4。

货物处理系统设备分区一览　　表4-4

序号	具体分区	主要设备配置	设备台数	备　注
1	出港整板箱货处理区	20′升降式ULD装卸台/10′直角转向台/各种纵横向辊道输送机	103	
2	出港集装货物存储1区	20′升降式转运车ETV/辊道式货架/ULD外场交接台	721	
3	出港集装货物处理1区	20′升降分解/组合工作站/10′直角转向台/10′旋转直角台/各种纵横向辊道输送机	132	
4	出港直通货处理区	10′升降分解/组合工作站/各种纵向辊道输送机	69	
5	出港集装货物存储2区	20′升降式转运车ETV/辊道式货架/ULD外场交接台	255	
6	出港集装货物处理2区	20′和10′纵向升降式分解/组合工作站/纵向辊道输送机	13	
7	进港直通货处理区	10′升降式分解/组合工作站/各种纵向辊道输送机	65	
8	进港直通货处理区	20′升降式ULD装卸站台/20′转运车TV/各种纵向辊道输送机	33	
9	集装冷库区	10′旋转台/各种纵向辊道输送机	42	
10	冷库	出港散货冷库/进港散货冷库/集装冷藏库/危险品冷库及其制冷设备	4	套
11	其他配套设备	5t电子地秤/30t汽车衡/汽车调平台	55	
12	控制设备	设备控制系统/设备监控系统	1	套
	（合计）	（台套）	1493	

系统设备分为6个大类：集装货物存储系统设备；分解/组合系统设备；整板箱交接及转运系统设备；冷库系统设备；其他设备；设备监管控系统（货运管理系统（CMS)、设备监控系统（EMS)、设备控制系统（ECS)）。

（二）项目特点及质量进度目标

1. 该货物处理系统的特点：

(1) 系统设计年处理能力为1200000t航空货物，规模是亚洲最大。

(2) 系统设计寿命要求累计达120000h。

(3) 单台（套）设备体量均比较大，主要设备（单台）整台重量50t，载重量13.6t。

(4) 三个钢结构立体货库。

(5) 系统设备均为国产（部分关键部件为进口）。

2. 系统总体技术要求

所有输送设备的速度不小于18m/min。本系统所有的设备输送面标高为+0.508m（室内地坪为±0.00）。所有输送设备均为双向输送。消防联动：出港整板箱货处理区在1～3轴线上所有的门为防火卷帘门，设备控制系统可与货站的消防系统控制进行通讯，并在设备跨越防火门的位置设置传感器。设备控制系统在得到火灾事故报警信号后30s内，使跨越防火门的输送设备上的货物撤离，防火门落下。

3. 系统的质量和进度目标

合同要求，每个子系统运行均能达到全自动、半自动、手动随意切换运行，安全、准确、高效。确保该项目一次验收合格，并交付使用。

该项目于2007年8月1日开工，2008年3月30日竣工，在8个月的工期内完成了系统设备的安装、单机及系统调试、培训等工作，从而完成整个系统工程在合同规定的内容。

(三) 监理组织结构

根据货物处理系统的特点及监理项目的现状，监理组织结构设置如图4-13所示。

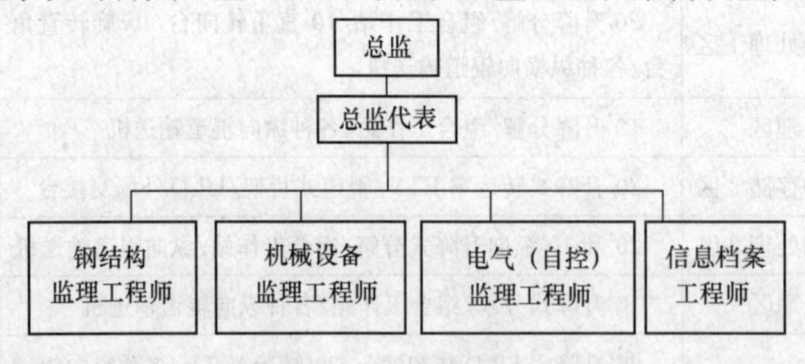

图4-13 监理组织结构设置

二、设备安装监理控制的方法和重点

(一) 货物处理系统分部分项工程的划分

监理根据货物处理系统的规模、安装工艺、分布状况、专业特点，会同承包商将该系统分为八个分部工程，其相应的分项工程划分如下：

(1) 立体货库安装分部工程（3个货库）。分项工程包括：测量放线；地面（基础）标高测定；轨道安装；混凝土浇筑；化学螺栓安装；钢货架吊装高强螺栓连接；辊道输送机吊装；平台栏杆楼梯安装。

(2) ETV（升降转运车）分部工程（7台ETV）。分项工程包括：设备底座（含驱动机构）组装；设备立柱、横梁吊装；安全锁紧机构安装；辊道输送机及控制室吊装；ETV滑触线安装；电气安装（箱柜、电缆、远程控制等）。

(3) 分解组合台、升降台分部工程（84台）。分项工程包括：设备基础测量放线；设备吊装就位调整；液压站安装、液压管路连接；防撞装置安装。

(4) 辊道输送机分部工程（1279台）。分项工程包括：设备基础测量放线；辊道输送机安装、调整（含标高）；基础灌浆。

(5) 冷库安装分部工程（4组冷库）。分项工程包括：冷库、设备基础测量放线；基础土建工程施工（垫层、防水层、保温层、基础结构层等）；冷库房安装（保温墙、固定门、活动门）；制冷机组及管线安装。

(6) 辅助设备分部工程（汽车调平台21台、电子秤30台、汽车衡4台、轨道4对）。分项工程包括：设备基础测量放线；设备就位、调整。

(7) 电气安装（含自动控制）分部工程（略）。

(8) 测试、调试分部工程（功能测试，空载测试，负载测试。略）。

（二）货物处理系统监理的质量控制及协调工作

在本案例中，监理部从进场开始，就首先紧紧围绕着配合设备基础及埋管、埋件施工、设备安装前期准备、设备制造监理三个方面展开质量控制工作。监理充分利用以往的工作经验，现场安装之前重点监控土建配合预留、预埋件。为了防止工艺设备（含管线、线槽、设备和货物运行空间）与公用设备（含管线、线槽、支架）和建筑结构（墙、柱、梁）等相互冲突，积极建议并促成了在业主的支持下，组织了工艺设计单位和承包商各专业设计（细化设计）负责人在工艺设备基础（含管线、线槽）施工之前进行的一次全面管线汇总，工艺设计人员积极配合、帮助承包商对细化设计进行细致的汇总工作，对汇总中分项的问题及时进行调整或修改，这样从设计层面上尽可能避免了常见的各专业设备"打架"现象的发生，也就尽可能避免了建安施工后出现返工现象。

在设备基础施工的过程中，监理敦促承包商协助和配合土建对62个设备基坑、8条轨道预留基坑的挖掘、模板支护等施工，在现场泥泞不堪的情况下，仔细复核其平面尺寸、标高，以及预埋管件的材质、数量、位置等。过程中发现的问题都及时得以解决，给后续的设备进场安装扫清了障碍。

机电安装承包商进场后，监理对承包商项目管理机构的质量保证体系进行了审核，要求承包单位建立健全了各项规章制度及项目质量运行记录、施工技术资料等，施工前做好对全体施工人员质量知识培训，还必须重视对各分包商的质量保证体系进行切实有效的管理。

严格审查施工组织设计及各类施工方案，是开工前监理的首要工作。在本工程中，监理首先会同建设单位严格审查了承包商的施工组织设计，提出了36条建设性意见，要求承包商进行了两次修改。然后，监理要求所有分部工程及重要的分项工程，承包商都要报批施工方案。所有方案，只有在监理审批同意后才可实施。监理共审批了施工组织设计、施工方案19份，提出意见和建议119条。在施工过程中，监理继续跟踪检查设备安装过程、检查设备安装的施工工艺是否按批准的方案进行，采用的技术标准、实体的质量水平是否达到安装合同和国家标准的要求。

按照《建设工程监理规范》GB 50319，监理对所有进场施工的分包单位、设备材料供货商的资质进行了严格的审查，对其技术条件、项目组织及人员配置进行核查，对生产进度计划和质量管理体系进行审核，本项目共审查分包单位5家。

坚持独立的平行检测，把好材料及施工质量关。在严格检查进场材料、设备的相关资料和质量证明文件的基础上，根据监理实施细则及有关技术规范，一方面对原材料、构配件进行现场的见证取样，另一方面监理委托当地具有资格的检测单位来现场抽样进行平行检测。在本项目中，总共进场原材料/构配件/设备70批次，完成平行检测和见证取样试验31组，如安装的化学螺栓的拉拔试验等，所有检测结果均满足要求。为了控制钢结构货架质量，监理部严把材料关，5次到加工厂对制作货架的主要受力型钢进行查验。其中有一次监理发现货架型钢有的批次混杂，有的标牌丢失，有的锈蚀严重，立即提出要实行见证取样试验。在这批520t型钢中取了9组试件进行复试，试验结果证明有一个型号的型钢抗拉强度不满足标准要求，紧接着双倍复试的结论同样证明不合格。最后在监理的见证下，承包商及时将此批不合格的型钢全部运出加工厂，承包商重新组织了符合设计要求的型钢进场。

监理实行以旁站和跟踪巡视相结合的方法控制工程质量。监理在严格执行控制程序的基础上，对工序质量及时进行查验、纠偏、签证。对于重要的工序均进行旁站监理，并及时形成旁站记录。在本工程中，共实行旁站监理 38 次，设备监造 9 人次，考察试验室 2 次，分项工程质量验评 158 批次。监理本着科学务实的态度，监督承包商施工、整改、测试过程中发现的问题，确保工程不留任何质量隐患。如在检查中发现由于设计缺陷导致钢结构货架安装的高强度螺栓长度不符合规范要求、高强度螺栓连接类型不明确，监理及时要求承包商进行更换。在 ETV 地轨二次灌浆（细石混凝土）旁站过程中，监理对混凝土质量控制严格，由于混凝土罐车被堵或其他原因，导致运输时间太长，当即要求施工单位将满载的三辆混凝土罐车退出现场，不能浇筑。

在监理过程中，对重点设备和重点工序、重点部位进行重点控制，如在 ETV 安装过程中，对其定位精度、功能、操作控制系统、安全保护系统进行了严密跟踪、检查、监控。整机（重要部件）安装时重点监控其定位画线是否准确。

及时运用监理指令实施质量控制，在整个货运系统的材料、设备进场、设备安装、调试过程中，监理充分运用了各种监理指令作为质量控制的手段，通过要求施工单位整改、停工等措施，确保工程质量始终受控。共签发监理工程通知单 4 份，监理工作联系单 34 份。监理工程师通知单、监理工作联系单均能得到施工单位的重视，对重要的工作联系单及每份监理工程师通知单承包商都进行了书面回复。

监理例会每周召开一次，承包商在会上提交上周的工作进展、下周的具体工作计划，以及遇到需要协调解决的问题；监理在会上对承包商的工作进行点评。在遇到比较重要或复杂的问题，监理及时组织专题会议来解决。所有会议监理均及时汇总整理成会议纪要并分发。通过监理组织的会议及时解决和协调处理了各项工作中出现的问题，对工程质量、进度的控制起到了重要作用。经统计，监理组织的工程例会 45 次，专题会议 5 次。及时解决了有关问题，使工程得以顺利进行。

（三）货物处理系统测试、调试的验收

1. 验收的依据

设备供货安装合同；承包商投标文件；细化设计的图纸；国家标准规范、行业标准；特殊设备质量标准（无国家标准、行业标准 ）。这类验收由承包商负责组织。

2. 测试、调试前的工作准备

(1) 要求承包商编制调试方案及有关技术文件报监理审查。方案必须包括以下内容：调试机构和人员组织安排；调试进度、程序及调试的步骤；调试技术要求，质量检查项目和内容，以及记录要求；操作规程、安全措施及注意事项。监理应掌握其程序和方法及安全技术要求。

(2) 对系统的主要设备和控制复杂的设备，监理还要求承包商编制专项调试方案。

(3) 检查核实承包商是否准备好了调试所需的工具、材料、安全保护用品和检测仪器等。

(4) 在调试的区域必须设置安全警戒标志或安全围栏，禁止非调试人员出入调试区域。调试现场清洁干净、道路畅通，设置好照明和配置足够的通讯设施（含对讲机)。

(5) 调试前，监理应敦促承包商对设备进行全面检查。高、低压供配电设备已安装完毕，并经监理验收合格，送电合格；相关设备及电机、电气单元安装完毕验收合格，单体调试方案所需能源介质系统已试运行合格，可以投入。调试的区域中和设备上，与调试无关的材料、设备、工具、垃圾等必须全部清除出去。

3. 测试、调试的程序

测试、调试的步骤是先空载、后负荷；先单机，后联动；先子系统，后全系统。单体设备调试是设备联动调试的基础，调试必须谨慎小心，认真仔细，以确保设备及人身的安全。为保证调试的顺利进行，必须严格遵循下列原则：

(1) 先手动、后电动。先手动盘车确认没有阻卡等现象，方可电动启动。

(2) 先点动、后连续。首次启动，应先点动（即随开随停的方式）；做数次实验，观察设备动作，确认无问题后方可连续运动。

(3) 先低速、后中高连续运转。运转先以低速进行，然后逐级增速直至高速为止。

4. 设备单体调试

机、电两专业相互配合，进行电气、机械设备的调整和调试。其主要工作有：

(1) 手动盘车应转动灵活，无异常声响，然后送电点动，确定电机运转方向和空载试运转，合格后再带机械空转。

(2) 配合机械调整制动器制动件间的间隙及制动力等。

(3) 由驱动程序带动相关机械、电气设备调试，确认动作逻辑、系统联锁、参数设定是否满足系统及工艺，并进行相关工艺数据的设定。

(4) 检查调整检测装置（行程位置等），保护装置（限位开关等），联锁装置（润滑系统的联锁等），信号装置（声、光等）动作可靠性及动作速度。

(5) 监测设备启动及运行时的电压、电流等值。

(6) 记录运转中出现的故障问题进行分析处理。

注意：当被试设备与其他设备有联锁，而试车需临时拆除或短接时，试车后必须及时恢复，并有记录。

5. 无负荷联动调试

无负荷联动调试是按系统功能将所有生产设备操作划分为若干功能化，进行系统联动，确认系统功能满足设计工艺要求，并达到各项技术指标。

为确保施工工期，施工人员将及早做好调试准备。设备安装后一旦具备条件后，就可进行设备单元调试。在电缆敷设接线工作完成后，就可进行系统调试。在此阶段内将按照施工网络的要求，将各系统单体调试工作全部完成，并配合自动化控制专业按生产工艺流程进行联动调试，将电气设备、机械设备调整至最佳状态。

各系统安装调试全部完成后（监理全部确认或有条件确认），承包商才能向监理申请按合同要求的监理方、建设方和最终用户的初步验收。

(四) 货物处理系统的初步验收

1. 验收的依据

设备供货安装合同；承包商投标文件；细化设计的图纸；国家标准规范、行业标准；特殊设备质量标准（无国家标准、行业标准 ）。这类验收由监理负责组织。

2. 验收前的准备工作

机场货物处理系统子系统较多，按设备特性又分成了八个分部工程，根据承包合同，各台套设备、各子系统都必须全部达到规定的技术指标。为了按照合同规定的“初步验收”（此项工作完成后，系统设备才可移交给最终用户试运行）工作的顺利进行，监理要求承包商事先提交相关系统的验收测试大纲，其内容必须包括：各子系统起始结束验收时间的安排（应精确到天、小时），验收的具体项目，需达到的技术指标或预期结果，准备的各类航空集装箱和板的数量、规格、重量，承包商相关负责人，配合测试的工人数量及分组、分工，配备的叉车、工具、检测仪器仪表，各验收项目的记录表格等。

监理会同建设单位对大纲进行详细的审查，如不满足要求，监理指令承包商修改或补充后再报审，直到监理审查通过后，才允许实施。本项目监理审查批准的验收测试大纲有：

(1) ETV（A、B、C区）验收测试大纲；

(2) 分解组合区（A、B、C区）验收测试大纲；

(3) 直通区验收测试大纲；

(4) 冷库（1、2、3、4组）验收测试大纲；

(5) 监控系统软件验收测试大纲。

3. 验收过程中的监理工作

监理将相关验收记录表格发至建设单位及最终用户。监理部各专业工程师做好分工，并明确各自的岗位、具体任务。在各项目的验收测试中，以监理为主导，承包商必须严格按监理批准的验收大纲实施，如遇到问题，必须在征得监理认可的条件下进行调整，承包商不得私自调整。每个项目（或子系统）的测试验收完成后，监理及时召开小结会，汇总测试过程中所有技术参数的达标情况，如有未达标或结果与预期的不一致的情况，承包商可进行解释，但也必须记录在案。

在所有测试验收全部完成后，监理负责整理相关验收记录，并出具评估意见。在本案例的实际验收过程中，第一次（共5天）的测试验收结果与预期的结果相差较大，经与建设方、最终用户及承包商协商，达成一致意见：给10天时间让承包商进行整改，然后监理再次组织一次为期5天的验收。这一次的验收结果监理评估为基本通过。

三、小结

本案例中，分部分项工程的划分独具特色，虽然划分的数量较多、较细，但在实施后证明比较可行，监理操作方便、到位，承包商配合起来按部就班、简单易行，而且过程中形成的报验资料文件分类完整，齐全有效。

质量控制的原理、方法和程序是监理人员众所周知的，但针对专业性较强的机电安装工程，监理必须监控到位、有效，承包商应明白、理解和配合，还得有具体的主张、手段、措施应用到所有的监理工作中去。应用得当的监理操作，不仅有利于监理进行质量控制卓有成效，还对提升监理的权威、承包商严格执行监理的指令起到较大的促进作用。

本案例重点介绍了机电安装工程测试、调试及相关验收的监理工作内容，这是所有机电安装工程必不可少的阶段，也是一个非常重要的阶段。承包商、监理前期所有的工作都是为这个阶段的顺利完成创造条件。实践证明，承包商前期的各项工作越到位，监理的检查验收工作越认真，把关越严格，那么，对这个阶段的顺利进行越有保障。我们以往监理过的几个机电安装工程的经验教训也充分说明了这一点。

案例五　某电子工厂洁净室建筑装饰工程施工监理案例

一、电子工厂洁净室建筑装饰工程介绍

电子厂房洁净室建筑装饰施工范围包括吊顶、墙、地面、门窗等，如图 4-14 所示。本文根据该工程的施工监理内容并结合分部分项质量验收内容、检验方法、检验数量以及施工监理的重点做介绍。

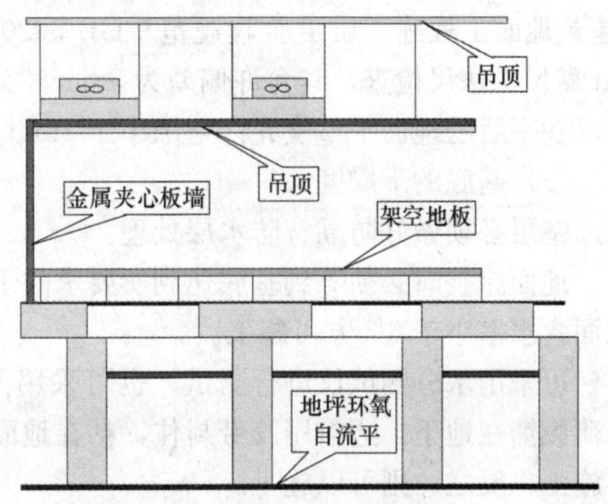

图 4-14　某电子工程洁净室建筑装饰工程示意图

（一）对装饰施工内容的分部分项划分

（1）按照《洁净室施工及验收规范》GB 50591—2010 规定，装饰内容进行分项验收，洁净室装饰施工的内容包括地面、墙面、吊顶、墙角、门窗、缝隙密封。

（2）按照《建筑工程施工质量验收统一标准》GB 50300—2001，房屋建筑工程中，装饰装修为一个主要分部工程，包括地面、抹灰、门窗、吊顶、轻质隔墙、饰面板（砖）、幕墙、涂饰、裱糊与软包、细部 10 个子分部工程。具体划分见《建筑工程施工质量验收统一标准》GB 50300—2001 表 B. 0. 1。

（二）洁净室装饰施工组织

某电子工厂洁净室装修包括：金属夹心板墙、吊顶（金属夹心板吊顶）、环氧自流平地面、PVC 地板及架空地板。

洁净室施工组织通常的施工顺序如下：主体结构施工完成后，由业主和监理组织办理移交手续，移交给洁净室的承包单位，四方签字办理正式移交手续。办理移交手续后，洁净室的区域管理权交给洁净室的承包商，由其进行洁净室范围内的施工。

洁净室装饰施工有两个工作面可以同时开展施工，即下夹层和上夹层，也就是华夫板的下面和上面同时施工。

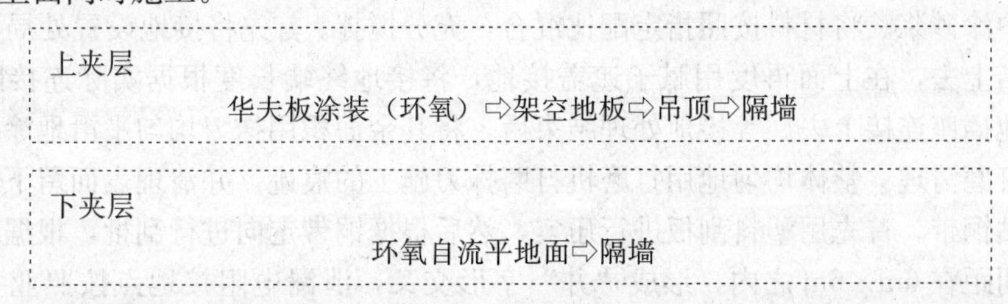

二、电子工厂洁净室建筑装饰工程施工监理

（一）环氧自流平地面

本项目环氧自流平地面部分为 2.0mm 环氧防静电地面。

1. 施工前的条件检查

（1）基底要求

经过表面处理后，地面要达到无油污，无松脱物，无明显灰尘。施工前建议用真空吸尘器吸去浮尘。

（2）基底平整度（遵照合同特殊要求）

进行涂装（底涂）的地面要求平整，无凹凸不平。

洁净室的地面平整度设计要求通常为用2m靠尺、塞尺检查，允许偏差2mm。根据《建筑地面工程施工质量验收规范》GB 50209—2010规定，水泥混凝土地面的平整度用2m靠尺、塞尺检查，其允许偏差为5mm。实际对于小于5mm的凹凸面采用环氧腻子找平，找平后的地面平整度允许空隙小于2mm。

（3）基底的干燥度

基层必须做好防潮、防水层处理。

地面涂装时必须等到基底达到所要求的干燥程度。通常要求新混凝土至少固化28天，地面含水率小于8%方可施工。

可采用水分测试仪进行测试，也可采用薄膜法进行检测，即用约$1m^2$见方的透明塑料薄膜铺在地下，边沿用胶带封住，粘在地面上，放置过夜，如薄膜内有大量水汽，则不得施工；反之，则可以施工。

（4）基底的强度

地面涂层的使用性能有赖于基层的表面强度，因此涂装前一定要检验地面的强度。需涂装地面的强度需符合《建筑地面工程施工质量验收规范》GB 50209—2010的规定，水泥混凝土面层强度不应小于C20，金属轮行走混凝土面层强度不应小于C25。

需要强调的是基底强度如果不符合要求，环氧地坪固化后产生的内应力会拉开基面，造成剥离，涂层越厚内应力越大，对地面强度的要求越高。

2. 施工监理要点

（1）基层处理。打磨前用3m靠尺对地面检查，整体均匀地用打磨机打磨表面，对凸出地面进行重点打磨并清理表面留下的灰尘。

（2）导电底涂施工。检查凹坑部分，并用铅笔作出修复数据提示。再将环氧树脂导电底涂（双组分）材料按照配比充分搅拌，均匀涂在素地上，保养12～24h。

（3）凹坑裂缝修补。用中涂砂浆修补提示的凹坑处，均匀涂在素地上保养12～24h。

（4）中涂砂浆。将材料按照指定配比混合，充分搅拌。首先将接地设置处局部涂抹并将接地粘结上去，在上面再度用腻子遮盖接地，将接地终端长度根据实际连接距离调整好，与接地插座连接上去。等接地处理结束后，将其余面积用抹刀均匀平滑地涂抹上去。

（5）打磨清理。整体均匀地用打磨机打磨抹刀施工的痕迹，并清理表面留下的灰尘。

（6）贴铜带。首先用塑料刮板进行压实，然后根据铜带走向进行刮批，根据现场的图纸结构，间距在6m×6m之内，形成“井”字形交叉，泄漏电阻接地点按照业主或甲方提供的接地点施工，一般选择$50m^2$一个接地点。接地点应为柱子、墙面接地盒旁或隐蔽处。为使目测表面看不出铜带痕迹，表面需修补导电腻子，且铜带粘结也会更加密实，检测导电数据达到10^4～$10^5\Omega$。

（7）面涂施工。将材料（环氧树脂溶剂性防静电面涂双组分），按照指定的配比混合，充分搅拌。用滚涂刷子或者刮片施工，24～36h后，确认固化后，按照与第一遍同样的方法再涂第二遍面涂，24～36h保养后，确认固化情况。

(8) 检测表面电阻。按照表面电阻检测程序规定检测。本项目为一级防静电工作区，表面电阻 $2.5\times10^{4}\sim1\times10^{6}\Omega$ 范围内为合格。

注意：施工完毕之后7天以内避免加外力冲击，并避免涂抹地板蜡。

3. 检查与验收

地面的施工检查与验收应按《建筑地面工程施工质量验收规范》GB 50209—2010及《洁净室施工及验收规范》GB 50591—2010的相关规定进行。粘贴与涂布面层的检验验收内容见表4-5。

粘贴与涂布面层的检验验收 **表4-5**

序号	验收内容	检验方法	检验数量
1	粘贴与涂布面层与下一层结合应牢固、无空鼓、无隆起、色泽均匀	观察检查，并用小木锤轻击检查	抽查30%面积
2	粘贴面层表面平整度允许偏差应为1mm。板、块面层接缝高差的允许偏差应为0.5mm	用塞尺和2m靠尺或钢尺检查	检查30%面积

(二) 防静电PVC卷材安装

1. 本项目选用PVC卷材种类：

(1) 防静电PVC卷材（低化学发挥性、耐荷载）；

(2) 防静电PVC卷材（低化学发挥性）；

(3) 防静电PVC卷材（耐荷载）。

2. 施工前的条件检查

(1) 安装PVC卷材的混凝土表面完成至少应达30天以上。混凝土表面应干燥且无油脂、油漆污染。高突之处应予磨平，破裂及低凹处则以水泥浆或地坪整平剂填补。对黏胶及底涂料有害的物质应清除。

(2) 安装PVC卷材前，应依PVC卷材制造商的指标做黏着及水分试验，未达标准前不得施工。

(3) 若无特殊规定，PVC卷材安装前至少72h内，及安装后至工程验收前，施工场所的温度应维持在21℃以上。

3. 安装过程中的质量控制

(1) 按设计图纸及详细施工图所示的每一房间、场所或地区所选定的材料、颜色、设计及图案进行安装。

(2) 安装接地铜导线或铜箔，检测达到设计规定的电阻值，并将铜导线与地面接地端接妥（适用于防静电型地面）。

(3) 涂布混凝土层底层涂料，并待涂料完全干燥后方得涂布黏胶。

(4) 使用凹痕镘刀将黏胶涂布至均匀厚度。

(5) 安装PVC铺面材料时，应使两边地砖切割为等宽度，并将墙面之间的地面完全铺满。地板突出物周围、墙边及门槛下方的地砖应予切割贴合。地砖与地面间的气泡、空隙及皱褶均应消除，并以滚轮压实。

(6) 地砖间的接缝应平整且互为垂直。

（7）地板铺面与墙边接触的接缝处应予挤实。

（8）多余的黏胶及材料应依专业厂商的方法清除。

（9）相邻的地砖花色应交错排列，且同一花色走向的地砖应分开与其他花色混合，以使颜色及花样的配合均匀。

（10）卷材地面接缝应尽可能隐蔽，并注意焊缝及切口质量。

4. 验收与检查

安装完成后地砖地面应按 PVC 卷材的施工验收按《建筑地面工程施工质量验收规范》GB 50209—2010 及地板材料制造商建议的方式加以检验测试，具体如表 4-6。按《洁净室施工及验收规范》GB 50591—2010 规定，粘贴与涂布面层的检验验收内容见表 4-5。

防静电 PVC 地面的检验验收 **表 4-6**

序号	验收内容	检验方法	检验数量
1	塑料板面层所用的塑料板块和卷材的品种、规格、颜色、等级应符合设计要求和国家现行标准的规定	观察检查和检查材质合格证证明文件及检测报告	
2	面层与下一层的粘结应牢固，不翘边、不脱胶、无溢胶	观察检查和用敲击及钢尺检查	注：卷材局部脱胶处面积不应大于 $20cm^2$，且相隔间距不小于 50cm 可不计；凡单块板块料边角局部脱胶处且每自然间（标准间）不超过总数的 5% 者可不计
3	塑料板面层应表面洁净，图案清晰，色泽一致，接缝严密、美观； 拼缝处的图案、花纹吻合，无胶痕；与墙边交接严密，阴阳角收边方正	观察检查	
4	焊缝应平整、光洁，无焦化变色、斑点、焊瘤和起鳞等缺陷，其凹凸允许偏差为 ±0.6mm，焊缝的抗拉强度不得于塑料板强度的 75%	观察检查和检查检测报告	
5	镶边用料应尺寸准确、边角整齐、拼缝严密、接缝顺直	用钢尺和观察检查	
6	塑料板面层的允许偏差应符合《建筑地面工程施工质量验收规范》GB 50209—2010 表 6.1.8 的规定		

（三）架空地板安装

本项目选用产品为铝合金高架地板，此高架地板系统包括结构梁上 H 型钢梁、可调整高度之基座桁架、消音垫片活动面板、通风调节片及系统性静电接地工程等项目。

1. 施工步骤

（1）结构梁上 H 型钢安装、校平。

（2）基准线确认，放样检查。决定地板铺设位置并设定基准经始线：经始线即十字基准线，亦为开始铺设地板的基准线，不论铺设地板的地面形状如何经始线必须是互相垂直的十字线。经始线可以利用激光仪在地面上标出，同时须在四周墙壁上用激光仪标出经始线所在的垂直面与墙壁的截交线。设定经始线位置时，须注意配合环境状况并需考虑如何施工，方便往后收边工作容易施工。

（3）H型钢清洁后，基座安装

（4）地板铺设

1）规定地板铺设完成后地板表面的高度：地板表面的高度是依据空间的使用目的，而决定此一高度之后，即可用激光仪在四周墙壁上标示出此一高度的水平面与墙壁的截交位置（亦即二者的截交线），以备施工期间作为检查地板表面高度的基准。

2）沿纵向（或横向）的基准经始线开始铺设第一排地板，首先将第一片地板的四片垫片用无尘室专用胶沿基准线贴在地面上（此种树脂须经48h完全凝固，在24h内，有必要时仍可将垫片作小量移动），并将第一片地板安装于四片垫片上，此时务须将此片地板外侧的两边确定位于纵横基准经始在线，以使地板的表面高度及水平度均能符合要求。

3）沿基准经始线铺设第一排第二片地板，在第一片地板的下方位置放置两片垫片然后再将第二片地板安装于垫片上，此时应特别注意，务须将此片地板的外侧边缘确实定位于基准经始在线。

4）实施接地处理。

5）依上文说明继续铺设第一排第三片以后的各片地板，直至到达其收边前的最后一片为止。

6）收边处理。

7）地板检查调整。认真检查第一排地板的外侧边缘是否确实成一直线，并且与基准经始线一致，高度与水平度是否符合要求（上述三项检查重点如未符合要求，应即重新加以调整）。

2. 保护

塑料地板革或牛皮纸全面覆盖，作为临时性保护，经验收后再将其移除。

3. 检查验收

按照《洁净室施工及验收规范》GB 50591—2010，检查验收内容见表4-7。

架空地板的检查验收 表4-7

序号	验收内容	检验方法	检验数量
1	架空地板的开孔率和格栅通风面积应符合设计要求	尺量和计算，并检查产品合格证	抽查30%面积
2	架空地板表面平整度允许偏差应为1mm，接缝高差的允许偏差应为0.4mm，板块间隙的允许偏差应为0.3mm	尺量和计算，并检查产品合格证	抽查30%面积，且不少于5m²
3	架空地板支撑立杆与建筑地面的连接或粘接应牢固，金属杆应作防锈处理	观察和用小木锤敲击检查	抽查30%面积
4	表面应平整，色泽应一致，漆（涂料）层应光滑、无反光现象	观察检查	全部

（四）吊顶

1. 龙骨材料规格及要求

（1）骨架系统（CEILING GRID），材质为铝合金挤型，尺寸为1200mm×1200mm

符合 AL6063T5 需求，表面经阳极处理 10μm 以上。天花板骨架荷重施压 300kg 时，挠度小于 3mm，残余变形量不得大于 0.03mm。

（2）下槽抗拉不得小于 1200kgf。

（3）吊筋螺栓使用 M10 规格，两端须有螺槽以利调整水平高度，外表需电镀处理，吊件厚度 2.0mm 以上。

（4）十字接头可配合加装消防喷淋头及电线接头，十字接头抗拉不得小于 880kgf。

（5）可轻易安装 HEPA、FFU、灯具等设备，防烟垂壁、自动化输送系统的搭配安装。

（6）盲板底材采用热浸镀锌钢板，依 JIS G3312 Z10 以上处理，双面表层采用烤漆处理，漆膜厚度至少 80μm 以上。

（7）盲板中心荷重施压 100kg，量测挠度不得大于 10mm。

2. 龙骨施工要求

（1）悬吊梁螺杆须垂直。

（2）原则上吊梁每点距离不得大于 1.2m 或详见设计图。

（3）T 悬吊梁间须平行。

（4）铝材遭受任何变形或敲打痕迹不能投入使用。

（5）悬吊梁下方不可以拉钉将梁及天板固定，其施工方法应按施工大样图。

（6）天板接缝线宽度应一致（与大梁垂直），且应连成一直线。

（7）吊顶水平度应符合要求，规范为 2mm。

3. 金属铝蜂窝板吊顶天花工程材料规格及要求

（1）采用总厚 t=40mm 于工厂预制成型组合金属库板，四边以 t=0.8mm 铔板框材密封，板与板间用 t=0.6mm ⊓ 形铔板成型骨材崁合，每@900mm/1200mm 放置一支做连接固定。

（2）金属库板双面外覆总厚度至少 t=0.5mm 以上彩色钢板，材质符合以下各项要求。

（3）采用镀锌冷轧钢板，符合 JIS G 3312 CGLC 规定。

（4）镀锌层至少 50g/m^2（双面）符合 ASTM A90 规定。

（5）烤漆：正面采用二涂二烤 PE 聚酯面漆，至少 20μm 以上。背面采用一涂一烤 EPOXY 漆，至少 10μm 以上。

（6）库板中芯材质采用不燃铝蜂巢填充。

（7）金属库板表面抗静电处理表面电阻值（需求值 106～109Ω）配合图面位置装置。

（8）金属库板采用标准宽度 900mm/1200mm，长度详见设计图。

（9）金属库板传热系数 3.26W/（m^2·℃）以下。

（10）金属库板需符合耐燃二级的要求，引用标准 CNS6532。

（11）库板于出厂前须在烤漆钢板表面贴 PE 保护膜，以防污损烤漆钢板表面。

（12）金属库板符合 Outgassing-ASTM-E-595-93 测试。

（13）天板吊梁采用铝挤型，符合 AL6063 T5 需求，底部总宽 50mm，供金属库板置放用，并用天板固定片将金属库板与吊梁固定，详见设计大样图。

4. 金属铝蜂窝板吊顶天花施工规范技术要求

吊梁每点距离按设计图布置，原则上不得大于 1.5m，其他要求见龙骨施工要求。

5. 吊顶施工要求

(1) 吊顶施工应在完成基底打磨与清理的粉尘作业、现场清洁、表面涂界面剂和涂刷涂料后进行。

(2) 送风和回风静压箱空间，暴露表面的钢筋混凝土宜采用清水混凝土。

(3) 吊顶宜按房间宽度方向按设计要求起拱，吊顶周边应与墙体交接严紧并密封。

(4) 吊顶的吊挂件不得作为管线或设备的吊架，管线和设备的吊架不得吊挂吊顶。

(5) 轻质吊顶内部的检修马道应与主体结构连接，不得直接铺在吊顶龙骨上，不得在吊顶龙骨上行走和支撑重物。

(6) 吊顶饰面板板面缝隙允许偏差不应大于 0.5mm，并应用密封胶密封。

(7) 吊顶内悬挂的有振源的设备，其吊挂方式应满足建筑结构和减振消声的相关规范要求。

吊顶施工示意图见图 4-15。

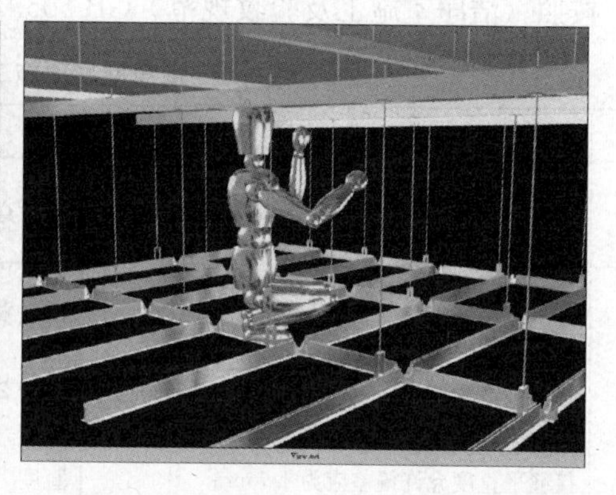

图 4-15　一次天板及二次天板施工示意图

6. 验收与检查

安装完成后吊顶按照《建筑装饰装修工程质量验收规范》GB 50210—2001，具体要求见表 4-8。

吊顶的施工检查验收　　**表 4-8**

序号	验收内容	检验方法	检验数量
1	吊顶标高尺寸，起拱和造型应符合设计要求	观察、尺量检查	
2	饰面材料的材质品种规格图案和颜色应符合设计要求，当饰面材料为玻璃板时应使用安全玻璃或采取可靠的安全措施	观察、检查产品合格证书、性能检测报告和进场验收记录	
3	饰面材料的安装应稳固严密，饰面材料与龙骨的搭接宽度应大于龙骨受力面宽度的 2/3	观察、手扳检查、尺量检查	
4	吊杆龙骨的材质规格、安装间距及连接方式应符合设计要求。金属吊杆、龙骨应进行表面防腐处理，木龙骨应进行防腐防火处理	观察、尺量检查、检查产品合格证书、进场验收记录和隐蔽工程验收	
5	明龙骨吊顶工程的吊杆和龙骨安装必须牢固	手扳检查、检查隐蔽工程验收记录和施工记录	

续表

序号	验 收 内 容	检验方法	检验数量
6	饰面材料表面应洁净、色泽一致，不得有翘曲裂缝及缺损，饰面板与明龙骨的搭接应平整吻合，压条应平直、宽窄一致	观察、尺量检查	
7	饰面板上的灯具、烟感器、喷淋头、风口箅子等设备的位置应合理美观，与饰面板的交接应吻合严密	观察	
8	金属龙骨的接缝应平整吻合，颜色一致，不得有划伤擦伤等表面缺陷。 木质龙骨应平整顺直、无劈裂	观察	
9	明龙骨吊顶工程安装的允许偏差和检验方法应符合《建筑地面工程施工质量验收规范》GB 50209—2010 表 6.3.11 的规定		

按照《洁净室施工及验收规范》GB 50591—2010，检查验收内容见表 4-9。

洁净室吊顶施工的检查验收 **表 4-9**

序号	验收内容	检验方法	检验数量
1	吊顶骨架材质、尺寸应符合设计要求，并经防腐、防锈处理	检查图纸，观察检查	抽查 30%面积
2	吊顶饰面板应无明显缺陷，特别应无踩踏痕迹。马道铺设应合理、可靠	观察检查	抽查 30%面积
3	吊顶饰面板表面平整度的允许偏差应为 1.5mm，接缝高低的允许偏差应为 0.3mm，接缝平直度允许偏差应为 1.5mm	用 2m 直尺和塞尺检查平整度和接缝，用 5m 拉线和塞尺检查平直度	抽查 30%面积

(五) 金属墙板及顶板施工

1. 金属夹心板墙的施工顺序

准确放线—竖向及水平龙骨的安装（方钢管龙骨）——金属夹心板墙板施工——板缝处理——去掉保护膜、打胶处理——清洗。

2. 材料进场验收

(1) 材料进场报验要求承包商出具产品合格证、材质检验报告及相关技术文件。

(2) 检查彩钢板出厂前所采取的保护措施（如贴膜），材料外表面是否擦伤。

(3) 装配式金属夹心板的钢板名义厚度不应小于 0.5mm，与整体充填材料粘贴牢固，无空鼓、脱层和断裂。

(4) 金属夹心板墙面的内部填充材料应使用难燃或不燃材料，不得使用有机材料。

(5) 材料进场存放：要求存放在洁净干燥清洁的临设库房内，用架管搭设铝合金型材货架，货架上分层铺设木板后，再放置铝合金型材，并在材料上挂牌，标志产品名称、规格型号。

(6) 彩钢板到场放置在室内平整的地坪上，并用纸板或 6～10mm 聚苯乙烯先铺设在地面，再把彩钢板按规格大小整齐堆放在一起，高度不得超过 1.5m，外表用彩条布覆盖。彩钢板存放时，应在堆放处标明使用部位。

(7) 零配件应用编织袋分类存放，标注名称、规格。

(8) 顶板加固措施用的碳型钢材应单独存放在其他有防雨措施的库房内。

3. 施工准备阶段的质量监理

施工前监理工程师要做好技术交底。

4. 确定施工步骤及方案，跟踪检查施工过程质量

(1) 依图面及现场实测尺寸使用精密仪器（激光水平垂直仪）放样，务求精准。

(2) 放样顺序：①地面隔间线；②吊梁吊点。放样完毕监理进行检查验收确认。

(3) 地轨按隔间样线每 6m 设置一支，每 1m 用 6 号火药钉（RC 地面）固定。地面不平时，需以 PVC 垫片垫于地轨下方调整平整度，地轨衔接处需平顺密合。地轨内部应用吸尘器清洁干净后方可上板。

(4) 天轨安装于结构物或库板天花板下时，则每@1000mm 用自攻螺钉或击钉固定安装。

(5) 地轨及天轨切割需注意角度（45°或 90°），监理检查确认接合处是否密合。

(6) 立板缝隙于每片库板接合时，使用铝压条平切于天地轨接合处，内压条与坎材使用 8 号自攻牙螺钉固定（每 300mm 一支），使铝压条及坎材与库板面平整，待隔间完成后再以 1m 长的护木水平放在库板板面及铝压条外饰板上，以橡胶槌敲击护木，使铝压条与库板面平整。

(7) 收头力求整齐一致，连接处要求无缝隙。在天轨及转脚接口处尤其注意，更要做到无缝隙，每隔 60cm 以自攻螺钉固定于墙壁或柱子。

(8) 立板安装需注意下列问题：应满足抗静电需求，留意安装方向是否正确；库板颜色需一致；立板缝隙是否上下一致，规范为 4±1mm。

(9) 金属夹心板施工安装时，应首先进行吊挂件、锚固件等与主体结构和楼面、地面的预埋件固定。所有这些金属件都应做防腐、防锈处理。

(10) 金属夹心板安装前应严格画线、编号，墙角应垂直交接。

(11) 安装过程中不得剥离金属夹心板表面保护膜，不得撞击板面。

(12) 正压洁净室应在金属夹心板正压面用中性密封胶密封缝隙。当负压洁净室不能在负压面密封时，应在缝内嵌密封条挤紧，并应在室内面涂密封胶。

(13) 金属夹心板不宜在现场开洞。板上各类洞口应切割方正、边缘整齐，对其中的填充材料的切割边缘应用密封胶均匀镶嵌密封。

(14) 金属夹心板墙面的金属面与骨架之间应有导静电措施。

5. 检查与验收

安装完成后，吊顶按照《建筑装饰装修工程质量验收标准》GB 50210—2001 进行检查验收。具体要求见表 4-10。

金属墙板和吊顶施工的检查验收 **表 4-10**

序号	验收内容	检验方法	检验数量
1	隔墙板材的品种、规格、性能、颜色应符合设计要求。有隔声、隔热、阻燃，防潮等特殊要求的工程，板材应有相应性能等级的检测报告	观察；检查产品合格证书、进场验收记录和性能检测报告	每个检验批应至少抽查 10%，并不得少于 3 间；不足 3 间时应全数检查

续表

序号	验收内容	检验方法	检验数量
2	安装隔墙板材所需预埋件、连接件的位置、数量及连接方法应符合设计要求	观察；尺量检查；检查隐蔽工程验收记录	每个检验批应至少抽查10%，并不得少于3间；不足3间时应全数检查
3	隔墙板材安装必须牢固。现制钢丝网水泥隔墙与周边墙体的连接方法应符合设计要求，并应连接牢固	观察；手扳检查	
4	隔墙板材所用接缝材料的品种及接缝方法应符合设计要求	观察；检查产品合格证书和施工记录	
5	隔墙板材安装应垂直、平整、位置正确，板材不应有裂缝或缺损	观察；尺量检查	
6	板材隔墙表面应平整光滑、色泽一致、洁净，接缝应均匀、顺直	观察；手摸检查	
7	隔墙上的孔洞、槽、盒应位置正确、套割方正、边缘整齐	观察	
8	板材隔墙安装的允许偏差和检验方法应符合《建筑装饰装修工程质量验收标准》GB 50210—2001表7.2.10的规定		

按照《洁净室施工及验收规范》GB 50591—2010规定，分别进行分项验收，检验方法和检验数量见表4-11。

洁净室墙板和顶板施工的检查验收　　表4-11

序号	验收内容	检验方法	检验数量
1	各类墙面表面平整度允许偏差应为2mm，立面垂直度允许偏差应为2mm，阴阳角弧度允许偏差应为2°	尺寸偏差用塞尺和2m直尺，弧度用量角器	抽查30%面积
2	隔墙骨架、基层板、面板的安装和粘接应牢固，基层板与面板粘贴应无空鼓、脱层	轻敲、手扳、尺量	抽查30%面积
3	墙面压条应平直、压紧。直线度的允许偏差应为2mm，压紧无可见空隙	拉线，用塞尺和直尺检查	抽查30%面积

(六) 门窗安装

1. 门窗安装要求

(1) 门窗构造应平整简洁、不易积灰、容易清洁。

(2) 门窗表面应无划痕、碰伤，型材应无开焊断裂。

(3) 成品门、窗必须有合格证明书或性能检验报告、开箱验收记录。

(4) 当单扇门宽度大于600mm时，门扇和门框的铰链不应少于3副，门窗框与墙体固定间距不应大于600mm，框与墙体连接应牢固，缝隙内应用弹性材料嵌填饱满，表面应用密封胶均匀密封。

(5) 门框密封面上有密封条时，在门扇关闭后，密封条应处于压缩状态。

(6) 悬吊推拉门上部机动件箱体和滑槽内应清洁，门扇关闭时与墙体应无明显缝隙。

(7) 安全疏散门如设有关闭件，应按在方便打开的明显位置。安全门如为需要临时破开的结构，破门工具必须设于明显位置，并应牢靠放置、取用方便。

(8) 门上的把手如突出门面，不得有锐边、尖角，应圆滑过渡。

(9) 窗面应与其安装部位的表面齐平，当不能齐平时，窗台应采用斜坡、弧坡，边、角应为圆弧过渡。

(10) 窗玻璃应用密封胶固定、封严。如采用密封条密封，玻璃与密封条的接触应平整，密封条不得有卷边、托槽、缺口、断裂。

(11) 固定双层玻璃窗的玻璃应平整、牢固，不得松动，缝隙应密封。安装玻璃前应彻底擦净内表面和夹层空间。

(12) 双层玻璃窗的单面镀膜玻璃应设于双层窗最外层，双层或单层玻璃窗的镀膜玻璃，其膜面均应朝向室内。窗帘或百叶，不得安装在室内。

(13) 门框需确实固定以防止摇晃，若为气密门则四方框不可只固定三方。

(14) 门的安装方向、门镇方向需正确。

(15) 门弓器压力应调整适当，并在送风后作二次调整。

(16) 安装玻璃不可以硅胶密封，需在铝制压条内衬橡胶。

(17) 窗口的安装，需注意玻璃的特性并对照设计图纸进行重复确认后（如：强化、钢丝、黄光、抗静电等）方可施工，以免误用。

2. 检查与验收

门窗安装的检查验收见表 4-12。

门窗安装的检查验收 **表 4-12**

序号	验收内容	检验方法	检验数量
1	门窗边框、副框与墙体之间的缝隙允许偏差应为1mm，并应用密封胶均匀密封，装饰效果显著	观察检查	
2	活动门扇不得刮地，开关应灵活	观察检查	
3	玻璃夹层空间应清洁，玻璃表面应明亮	观察检查	抽查 30%
4	门窗槽口对角线长度的允许偏差应为 3mm，门窗横框水平度的允许偏差应为 2mm，推拉自动门门梁导轨水平度的允许偏差应为 1mm	对角线用钢尺检查，水平度用 1m 水平尺和塞尺检查	抽查 30%

案例六　某电子工厂大宗气体管道安装工程监理案例

一、项目概况

(一) 概述

该项目为液晶面板（TFT－LCD）生产工厂，工厂内设有生产厂房、综合动力厂房、大宗气体站、特气站、化学品库等建筑。

液晶面板生产厂房为三层结构，工艺生产区设在二层，有洁净、防静电、防微振等要求。

（二）系统描述

大宗气体管道包括 CDA、GN_2、PN_2、PO_2、PH_2、PHe、PAr。

1. 压缩空气系统（CDA）

在大宗气体站内设置空压机，向生产线提供所需动力无油干燥压缩空气。管道与设备、阀门、附件的连接采用法兰或 VCR，直径≥6″的管道，连接采用手工氩弧焊，<6″的采用自动焊接。

2. 普通氮气系统（GN_2）

在大宗气体站内设置制氮机，向生产线提供所需普通氮气。管道与设备、阀门、附件的连接采用法兰或 VCR，直径≥6″的管道连接采用手工氩弧焊，<6″的采用自动焊接。

3. 工艺氮气系统（PN_2）

来自大宗气体站，经过生产厂房内的纯化器后向生产线提供所需工艺氮气。管道与设备、阀门的连接采用焊接或 VCR 连接，管道连接全部采用自动焊接。

4. 工艺氧气系统（PO_2）

来自大宗气体站，经过生产厂房的纯化器后，向生产线提供所需工艺氧气。管道与设备、阀门的连接采用焊接或 VCR 连接，管道连接全部采用自动焊接。

5. 工艺氢气系统（PH_2）

来自大宗气体站，经过生产厂房的纯化器后，向生产线提供所需工艺氢气。管道与设备、阀门的连接采用焊接或 VCR 连接，管道连接全部采用自动焊接。

6. 工艺氦气系统（PHe）

来自大宗气体站，经过生产厂房的纯化器后，向生产线提供所需工艺氦气。管道与设备、阀门的连接采用焊接或 VCR 连接，管道连接全部采用自动焊接。

7. 工艺氩气系统（PAr）

来自大宗气体站，经过生产厂房的纯化器后，向生产线提供所需工艺氩气。管道与设备、阀门、附件的连接采用焊接或 VCR 连接，管道连接全部采用自动焊接。

管道压力试验合格后，采用 PN_2 吹扫，吹扫气压不得超过管道系统设计压力。检测合格后，对于不及时投入运行的管道系统应充氮保护，充氮压力 0.2MPa。本工程各类管道的系统压力和设计压力见表 4-13。

各类管道的设计压力、系统压力 **表 4-13**

气体名称	设计压力 MPa	系统压力 MPa	管道材质	备注
普通氮气（N_2）	1.1	0.74	SUS316L BA 管	
压缩空气（CDA）	1.1	0.74	SUS316L BA 管	
工艺氮气（PN_2）	1.1	0.74	SUS316L EP 管	
工艺氧气（PO_2）	1.1	0.74	SUS316L EP 管	
工艺氢气（PH_2）	1.1	0.74	SUS316L EP 管	
工艺氩气（PAr）	1.1	0.8	SUS316L EP 管	
工艺氦气（PHe）	1.1	0.8	SUS316L BA 管	

（三）气体品质

大宗气体管道末端所有观测点测试品质、杂质含量，必须满足表 4-14 的要求。

气体品质要求 **表 4-14**

气体名称	颗粒度 0.3μm 以上	H_2O	N_2	O_2	H_2	CO	CO_2	CH_4	NH_3
	个/cf	℃	volpm	volppm	volppm	volppm	volppm	volppm	volppb
普通氮气(N_2)	≤10	≤实测值+1	—	≤实测值+0.05	≤实测值+0.05	≤实测值+0.05	≤实测值+0.05	≤实测值+0.05	—
压缩空气(CDA)	≤100	≤实测值+1	—	—	—	—	—	—	—
工艺氮气(PN_2)	≤10	≤实测值+1	—	≤实测值+0.05	≤实测值+0.05	—	≤实测值+0.05	≤实测值+0.05	—
工艺氧气(PO_2)	≤10	≤−90	—	—	—	≤0.01	≤0.01	≤0.01	—
工艺氢气(PH_2)	≤10	≤−80	≤0.05	—	—	≤0.05	≤0.05	≤0.05	—
工艺氩气(PAr)	≤1	≤−90	—	≤0.1ppb	≤0.5ppb	≤0.1ppb	≤0.1ppb	—	—
工艺氦气(PHe)	≤1	≤−90	—	≤0.1ppb	≤0.5ppb	≤0.1ppb	≤0.1ppb	—	—

二、EP 管简介

高纯气体管道的材质、内表面处理方式、阀门的选择对使用效果的影响非常大。材料的渗透性、吸附性、材料中不纯物的含量、管道内表面粗糙度，均会极大影响高纯气体在管路中的输送质量。由于高纯气体在输送过程中，会受到外部灰尘和杂质的渗透，或被吸附在管道内壁的粒子、杂质释放后污染，使得气体在使用点的质量降低，严重时将不能到达生产要求，因此，高纯气体管道材质、内表面处理方式、阀门的选择至关重要，主要应遵循以下几点原则：

1. 选用渗透性小、出气速率低、吸附性差的材料

一般选用低碳不锈钢如 SS316L。氧气、水分等杂质会从分压力高的外侧渗透到分压力低的管道内部，对所输送的高纯气体造成污染；材料晶格内部或晶格间存在杂质，如氮、碳氢化合物等，会在高纯气体输送过程中缓慢释放出来污染高纯气体；另外吸附在管道内表面的水分、灰尘等杂质也会对高纯气体造成污染。不锈钢在渗透性、出气速率、吸附性等几方面都能较好满足高纯气体输送的要求，是目前最合适的材料。

2. 内表面进行处理

内表面处理的目的是降低粗糙度，减少杂质的吸附和释放，从而减少对高纯气体的污染。高纯气体管道一般采用光亮退火（BA）或电抛光（EP）。

3. 阀门要求密封性好

高纯气体管道所用的阀门材质应为与管材相一致的不锈钢，阀门形式一般为隔膜阀及波纹管阀或球阀。波纹管阀与隔膜阀由于结构上的因素，没有沿阀杆的外泄露，因此密封性好，隔膜阀还具有阀体死，体积小、易吹除且不易积存污染物的特点，所以更适用于气体纯度高、工艺要求极严格或危险性大的气体；球阀的密封性相对较差，所以一般用于压缩空气和一般氮气系统，材质一般也相应采用 SS304 不锈钢。

EP管之间的连接以及与阀门之间的连接采用自动轨道焊，与阀门的连接也可采用密封好、不易泄露的连接件如VCR等。

从前述本项目介绍中，我们知道高纯气体的输送管道均采用了EP管。EP管的含义是电抛光（electro-polish）管，一般为不锈钢（SS304，SS316L）材质。其特点是：表面清洁、光滑，粗糙度很小（内表面Ra<0.7μm）；去除了表面污染物；表面积小；表面应力低；表面形成铬氧化物层，抗腐蚀能力强。不锈钢EP管用于大规模集成电路及TFT前工序中高纯气体的输送。以下着重谈一下本工程中EP管安装施工监理。

三、EP管安装施工监理

（一）安装前准备阶段监理

1. 参加技术交底与图纸会审

参加设计技术交底及图纸会审，并组织本专业设计技术交底及图纸会审。会议由业主、安装单位、监理等有关本专业人员参加，对于各方提出的问题达成共识均应以书面纪要形式形成正式文件，作为施工及质量控制的依据。会议上，就洁净管道的走向、安装顺序、标高、避让原则达成一致，由监理监督实施。本项目EP管及隔膜阀采用进口产品。

2. 掌握并熟悉本专业设计图纸和设计说明书

EP管施工不同于一般管道，支管与干管连接采用预制三通，不允许现场开孔。鉴于工艺设备布置处于调整变化中，监理专业工程师建议：施工单位可先以现有设计图纸为依据订货，并考虑一定富余量，在工艺设备布置最终确定后，由施工单位根据最终工艺设备布置图对洁净管道系统进行二次设计，即根据现场测量结果绘制管道系统分解图，作为管道预制加工的依据。监理工程师除熟悉设计单位的图纸外，还应及时审查此预制加工图。重点审查：与施工图设计是否一致；图纸上是否明确标注介质、管径、管段节点间的长度；焊口是否逐个编号。

3. 人员、场地检查

根据EP管道施工的特殊要求，专业监理工程师首先审核施工人员的资质和能力。除了审核项目经理、工长、焊工的上岗证、资质证书外，监理工程师还会同业主考察了本工程施工人员施工现场焊接考核，对其焊接质量、手段、设备进行现场了解。通过考察，对施工人员的各方面能力有了较深入了解，监理工程师和业主认为，该工程施工人员经验丰富，具备完成本工程的条件。

在预制场地方面，要求在洁净的室内场地进行，专门为此搭建1000级洁净焊接预制间，以供项目高纯管道切换和焊接预制。预制间共分管道切割区和焊接预制区，总面积约为400m^2。在小洁净室的外围进行初级的洁净防护，保证小洁净室的进风质量。监理工程师会同业主对预制间进行了洁净度检测，符合施工要求。焊接预制间的要求见表4-15。

洁净焊接预制间的要求　　表4-15

序号	项　目	要　求	检查方法
1	存放场地	室内、洁净、干燥、温度变化小、无霜冻	目测、巡视、温湿度计检测
2	预制场地	洁净度不低于1000级	仪器检测
3	人员	专业焊工，持证、有此类焊接经验、接受过培训	查验证书及培训记录、试焊

EP 管焊件样品，如图 4-16 所示。

4. 到货检查

在订货前，业主对洁净管道和阀门的供货商进行了考察，确定了供货品牌和供货能力，供货商有能力满足该工程的供货要求。

对 EP 管和附件进行了上述现场检查外，还进行了内壁粗糙度抽样检测，送具备检测资质的监测单位监测合格，因此准予在本工程中使用。EP 管的进场检查见表 4-16。

图 4-16 EP 管焊件样品

EP 管的进场检查 **表 4-16**

序号	项 目	要 求	检查方法	备注
1	外包装	无破损、原厂包装、有洁净证明	目测、查验证明书	
2	抛光形式	电抛光	目测、查验证明书	
3	表面粗糙度	符合设计要求	目测、查验证明书必要时仪器检测	
4	内表面其他处理	脱脂、氧净	目测、查验证明书	
5	阀门	型号、内表面质量符合设计要求，材质与介质接触部分应电抛光	目测、查验证明书	
6	椭圆度	符合国家标准要求	卡尺检测	抽查
7	壁厚	符合设计要求及国家标准要求，且壁厚均匀	卡尺检测	抽查
8	材质证明、合格证书、质量保证书	齐全有效（进口产品须查验报关单及商检证明）	查验	

进场材料外包装检查，如图 4-17 所示。

图 4-17 进场材料外包装检查

5. 机具及辅材检查

机具包括：不锈钢脉冲全自动氩弧焊机、氩气钢瓶、过滤器、三角支架、割管器、带锯、平口机、夹钳、活扳手、内六角扳手、手电筒、钢丝刷、平锉刀、螺丝刀、气体流量计等。

辅材包括：高纯氩气（纯度 99.999%）、洁净胶带、洁净布、洁净塑料袋、高纯酒精、超纯水、安全眼镜、乳胶手套、洁净服、水平尺、角尺、钢卷尺、梯子等。

监理工程师对机具及辅材进行了检查，设计有要求者，其规格、型号符合设计要求，有出厂合格证及质量检测证书。检查合格后准予使用，并对个别无检测证书的机具作了退场处理。机具检查，如图 4-18、图 4-19 所示。

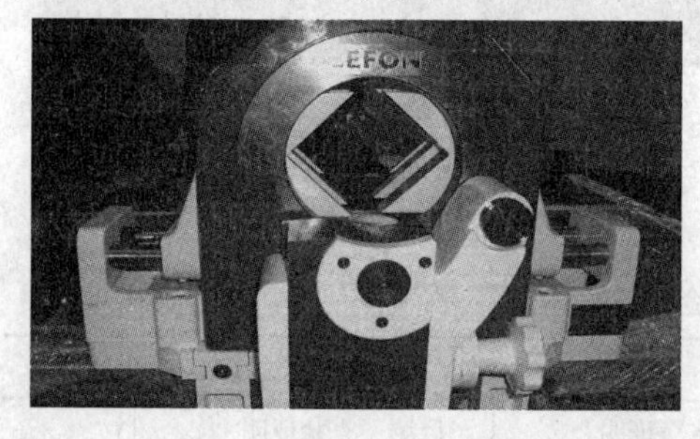

图 4-18　机具检查 1

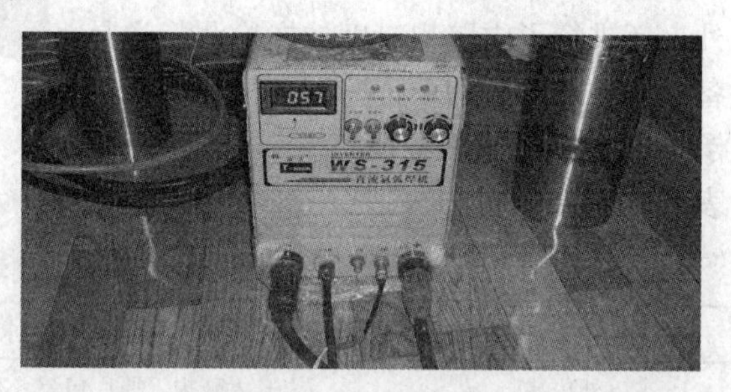

图 4-19　机具检查 2

（二）管材切割预制阶段监理

（1）管道切割预制在洁净小间（Clean-Booth）内执行。

（2）切割前确认配管表面无有害痕迹、破损。

（3）配管切割时使用不锈钢专用切割器或专用手动割刀缓慢进行切割（不可以用砂轮锯），管径大于 25A 时，须保持切面直度（90°±0.5°）。

（4）管道横放水平固定，防止切屑进入管内。

（5）配管切割后以 Air Gun 用洁净的气体清除，切割面位于下流方向。

（6）切割后如管上附有切屑或其他杂质，用无尘布料（Lint-Free Cloth）沾 IPA（异丙醇）擦拭干净。

（7）切割后用专用的切面加工器处理切面，使端面平整。

（8）进行切面加工时，为防止切屑进入管内，使加工面处于下流，从下流冲放洁净的气体。加工后，使切面朝下，从上方敲打几次，去除切屑杂质。

（9）切面加工完成后，确认切面处理是否良好。若检查合格，用高纯度工业用氮气清除配管外表。

（10）确认配管内外无杂质或异常现象后，于两端加盖封密。

（三）试焊监理

每天正式施焊前或者焊接中任何一个参数（气流、管径、环境）发生变化时，都必须进行试焊。

试焊的步骤为：

选择规范参数——选择焊头——调节转速及电流——选择钨棒及钨棒与管子表面的垂直距离——试焊。

焊接前，应仔细检查气源和电源等各种管线的连接，保证连接正确、牢固、接触良好；对电源电压等级尤其应注意，保证与焊机相匹配；焊接用气体管路应采用同等级的

EP 管或洁净的 PFA 管，气体管路上应设过滤器，保证气源洁净不受污染；接头拧紧保证不漏气；然后送电，进入工作状态。

(1) 选择规范参数：根据焊接形式，EP 管的管径和壁厚，选择相应的规范参数。

(2) 选择焊头：焊头的种类较多，一般来说，根据所焊 EP 管的管径，以方便灵活为原则来选择焊头。如焊接直径为 1/2 英寸、3/4 英寸的小口径管道，可选择体积小、质量轻的焊头。

(3) 调节转速：焊机的转速决定于所焊 EP 管的管径和壁厚。控制转动延迟时间，使得钨棒能够垂直穿透管壁，薄壁官的延迟时间一般为 0.1～1.0s，管道壁厚较大时应适当延长。焊接时脉冲时间一般设为 0.1～0.3s，根据焊接波纹重叠程度作适当的调整。一般来说，应保持波纹重叠 60%～80%为宜。脉冲时间缩短时波纹重叠程度增加，脉冲时间加长时波纹重叠减少。施工时，应反复调试选择，达到合适的转速，然后才能施焊。

(4) 选择钨棒：根据焊机的型式、管道尺寸选择钨棒直径和钨棒尖头直径。

(5) 选择钨棒与管子表面垂直距离：钨棒与管子表面垂直距离越大，电弧越长，焊接越不稳定，穿透能力越弱，容易造成未焊透、熔合差、焊穿等外表面缺陷；钨棒距管道表面的垂直距离取决于管道壁厚，该距离的选择可通过专用工具校验。

(6) 试焊：上述步骤完成后便可开始试焊，试焊的样品应剖切检查（施工单位自查，监理工程师复查）合格后方可正式施焊；若不合格，应调整参数，直至合格。监理工程师对试焊样品的检查要点为：焊缝必须均匀、美观；不允许有未焊透、未熔合、表面内凹、气孔、错边、颜色发黑等缺陷；焊口波纹应重叠 60%～80%。试焊时监理工程师应全程旁站监理，并在试焊样品合格后签署证明文件。未经监理工程师签署，不得正式施焊。由于本工程施工人员素质和水平较高，试焊比较顺利，几乎每次试焊都是 1～2 次就能达到要求，保证了施工进度和质量。

(四) 焊接过程监理

(1) 所有 EP 级 316L 管道的焊接只能使用 TIG/GTAW（钨极针惰性气体保护焊）方式，氩气保护，内部管道吹扫。使用自动环形对接焊电焊机，对焊机进行专门的编程，以保证焊条的运行速度不超过转速的 3/8。自动氩弧焊接条件确认后，自焊口上流侧进行焊接。

(2) EP 管现场安装，管内冲氩是关键。安装一条管道，从第一根管子启开塑料密封盖立即冲氩开始，白天安装作业，管内必须达到规定的冲氩要求［所有焊接（包括点焊）均要求在高纯氩气（99.999%以上）保护下进行，应在管子一端通高纯氩气并控制气流量。1 英寸或 1 英寸以下管道流量不能小于 15L/min，1 英寸以上管道通气流量不能小于 20L/min。晚上停止作业，管内仍要不间断地冲氩 2～3L/min，以始终保持管内正压。直到这一条管道全部安装完毕时，先密封出气口再关进气源，使管内保持纯氩，为此，长条管道安装中，应使用液氩。当一瓶液氩用完时，先密封出气口，后换液氩，防止在更换液氩过程中空气进入管内污染。

(3) 预制好的 EP 管运到现场后，应立即抬上支架，装上卡环。启开管端塑料密封盖要轻、要慢。一旦启开，管内必须冲氩，同时检查确认管口质量和管内洁净度合格后即与下一根管子组装、密封，待这根管内空气置换干净进行点固焊，然后采用合格的焊接工艺参数进行焊接。

(4) 焊接程序结束即卸下焊头，趁热用柔软不锈钢丝刷或专用工具将管外面的氧化膜彻底除尽。不能伤及管道。

(5) 焊口检验：焊口实施外观全检。编写这条EP管现场安装的焊口顺序号，填写焊口检验表，经检验员检查合格后在检验表上签字确认。

(6) 每完成一个焊口后，惰性气体保护应再持续20～30s，以将焊口氧化变色的风险降至最小。

EP管焊接时的气体保护，见图4-20。

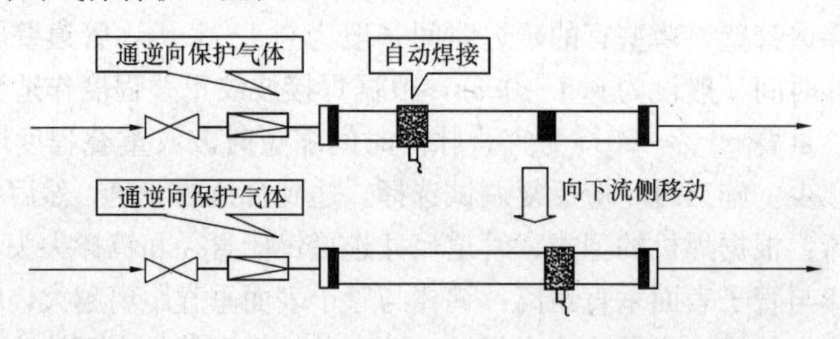

图4-20 EP管焊接时的气体保护

(五) 焊接质量检查

(1) 指定的检查人员应对焊口进行全面检查。对每个焊口应有相应记录，对不合格焊口必须在焊口上作明显标识，焊工可以先检查焊口，但不能在焊口检查表上签字（监理应要求施工单位每天填写日常焊接记录，对焊接记录每日进行检查）。

(2) EP管的焊接为自熔全焊透焊缝，管内外焊缝平整光滑，焊波整齐美观。焊缝如有凹凸部分，最多不准超过管壁厚度的10%。

(3) EP管焊焊缝应焊趾整齐，焊波均匀，焊缝宽度基本一致，焊缝如有宽窄，应不超过±0.008英寸（即：±0.2mm）。管内焊缝表面宽度为外缝表面宽度的60%左右。

(4) 不能有溶渣或其他内含物。不能有裂纹、裂缝、凹疤、表面气孔、针孔、碳化物、氧化或咬肉。

(5) 如因惰性气体保护不当造成焊口变色，则不合格，淡黄色为合格。对于高级别管道应以无颜色为标准，绝不允许有蓝色或黑色。

(6) 不完全焊透、焊缝凹陷或焊缝不连续的焊接可以返工，但要在焊接记录中进行特殊记录。只允许返工一次。

(7) EP管焊缝的波纹形状是焊缝质量的直接反映，其关系如图4-21。

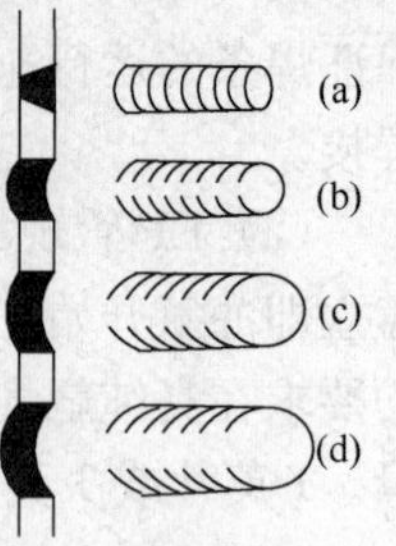

(a) (b) (c) (d)

图4-21 EP管焊缝质量

(a) 最好，波纹圆弧线清楚，内外焊缝平整光滑；(b) 尚好，波纹圆弧线中部不清楚，内外焊缝较平整光滑；(c) 不好，波纹稍尖，圆弧线中部脱节，上部外表稍低，内缝稍高稍宽，下部外表稍高，内缝稍低稍宽；(d) 最不好，波纹尖形，中部无圆弧线，上部外表宽低凹，内缝宽高，下部外表宽高，内缝低凹。

(六) 管道试验监理

安装施工完毕，按照规范及设计文件要求做强度试验、气密性试验、泄漏量试验及氦检漏试验，各项试验要求及监理要点见表4-17。

管道试验要求　　　　表 4-17

序号	项　目	要　求			监理方法	备　注
		试验介质	试验压力	试验时间		
1	强度试验	高纯氮气	1.15P	10min	旁站、目测	
2	气密性试验	高纯氮气	1.0P	30min	旁站、目测	
3	泄漏量试验	高纯氮气	1.0P	24h	旁站、目测	
4	氦检漏试验	高纯氮气	1.0P	视实际情况而定	旁站、目测	

注：P 为管道设计压力。

本工程中，试验用氮气采用瓶装高纯氮气，纯度 99.999%。试验时氮气管路上加装了 0.01μm 气体过滤器。监理工程师对上述试验的全过程实行了旁站监理，试验结果全部符合规范和设计要求。值得注意的是，作压力试验时，不能只看压力表刻度是否下降，应同时组织人力检查每一道焊缝，以压力不降、焊缝无泄漏为合格。

（七）管道吹扫监理

本工程采用高纯氮气，从气体入口端向用气端进行吹扫，沿气流方向轻敲外壁，重点是弯头和阀门和附件位置，每个阀门应反复开关几次后再常开，吹扫流速不低于 20m/s，吹扫流速应有变化，连续吹扫 24h 以上。吹扫完毕，进行各种纯度测试。

监理工程师审查了施工单位的管道吹扫方案，实施了跟踪旁站监理，确保每一处干管和支管均吹扫到，保证吹扫效果良好。

（八）纯度测试监理

（1）本工程设计文件要求的纯度测试内容为：含水量、氧杂质含量、微粒浓度。

（2）纯度测试用的气体的纯度及杂质含量不应低于设计气体质量要求。

（3）抽取不低于 30% 数量的用气点进行纯度测试观测点，观测点应选择最远处或不易吹扫干净的场所。

（4）纯度测试合格标准为：测试过程中被测气体流经管路系统后杂质含量的测得值小于设计要求的该气体杂质含量。

（5）应根据被测气体的压力、受控微粒粒径选用合适的粒子计数器。粒子计数器承压能力应能满足被测气体压力要求；检测粒径≥0.2μm 时宜选用光学粒子计数器；检测粒径为 0.003～0.1μm 时应选用凝聚核粒子计数器。根据本工程的实际情况，选用了凝聚核粒子计数器。

（6）微粒浓度测试合格标准为：规定粒径浓度的测试值小于设计值。

（7）监理工程师应会同设计、业主讨论制定纯度测试方案，制定纯度测试要求和标准，严格检查测试仪器及测试管路、阀门、附件和连接，核验其合格证书和质量检测证书，核验测试人员或机构的资质证书，并对测试过程进行全过程旁站监理，合格后签署有关证明文件。

经检测，本工程的各种纯度测试均符合设计文件规定。

（九）EP 管安装施工的监理重点

（1）EP 管进场检查（外包装完好无损、国外产品报关单及商检证明、粗糙度检查）；

（2）焊接过程检查：焊缝检查；充氩保护氩气的检查；

(3) 测试检查：强度试压、颗粒度及水氧含量测试、氦检漏。

案例七　某液晶面板工厂电气施工监理案例

一、项目概况

该项目为液晶面板（TFT-LCD）生产工厂，工厂内设有110kV变电站、纯废水站、生产厂房、动力中心、模组厂房、大宗气体站、特气站、化学品库等建筑。

液晶面板生产厂房为三层钢结构，工艺生产区设在二层，有洁净、防静电、防微振等要求。液晶面板生产厂房占地约82万 m^2，建筑面积约25万 m^2，其中洁净部分约17万 m^2，最高洁净度等级为4级

电气工程包括：配电盘工程、桥架工程、电缆敷设工程、设备配电工程、照明插座工程。

监控系统工程：监控仪表安装、安装配线工程、PLC控制器安装、PLC控制器程序编写及系统测试工程、监控计算机软件编写及系统测试工程、FFU计算软件编写及测试工程、FMCS界面整合。

本文对本项目电气工程施工监理作介绍。

二、工程特点

(1) 本工程为新建洁净大开间厂房，对洁净度要求较高，最高等级为0.1μm 4级，需要满足洁净室施工的要求。

(2) 范围较广泛，交叉作业和配合较多，各分包协调管理工作较难。

(3) 大开间厂房，施工作业面广，工种交叉多。

(4) 工程量大，工期较短，施工强度极高。

三、监理依据（略）

四、监理重点

(1) 认真做好图纸会审工作，领会设计意图和特殊的设计要求，根据设计要求和相关的施工验收规范编制施工监理细则，指导监理人员开展工作。

(2) 把好进场材料验收关，要求承包单位材料进场后入库前通知监理单位人员进行检查。监理主要检查外观质量和规格型号等，外观质量不符合要求的不许进场。

(3) 做好施工质量交底工作。针对洁净室的要求和设计要求，召开施工质量交底会，要求承包单位项目经理、技术负责人、质量员等参加，针对承包单位的施工方案提出审核意见，并提出质量监理要求。

(4) 要求按照洁净室的施工管理要求进行施工，进入洁净室的材料要清洁，不在洁净室内进行材料切割、加工。

(5) 加强巡视检查，按照承包单位的施工计划，针对性地进行巡视检查，及时发现问题。

(6) 要求承包单位做好工序交接检查，监理检查合格后进入下一个工序施工。

(7) 按照规范要求进行检测，合格后进行验收。

五、监理难点

(1) 施工作业面大，多区域、多楼层同时施工，要掌握施工进度状况，安排合理巡视计划，及时发现问题，立即纠正施工质量问题。

(2) 层高较高，施工难度大，容易发生安全事故。监理要求承包单位搭设移动平台时，要有计算书并经公司技术负责人批准。搭设的移动平台要先搭设样板，要对样板进行堆载试验，合格后方可按此方案搭设。最好使用移动式升降机。要求承包单位编制安全操作方案，并监督其执行，确保不发生安全事故。

(3) 由于现场有多家承包商，各自均需要与其他专业承包商密切配合，如何合理协调和配合并满足工期要求，也是本工程实施的难点。监理参加管理公司组织的空间协调会，要求承包单位按照设计单位审核确认的图纸进行施工，防止返工。

六、电气工程质量监理

电气工程质量监理，应严格按《建筑电气工程施工质量验收规范》GB 50303—2002第3.2节的要求把好进场材料、设备的质量关。施工过程和验收中，监理人员应按规范中的主控项目、一般项目认真控制施工质量。现结合本项目的特点，介绍几项分项工程的监理过程。

（一）洁净室施工及验收规范对电气工程的规定

《洁净室施工及验收规范》GB 50591—2010对配电系统的施工和验收做了规定，在施工监理过程中，监理单位除按照电气工程等施工质量验收规范来验收外，还要针对《洁净室施工及验收规范》GB 50591—2010进行检查验收。具体要求如下：

穿过维护结构的电线管应加设套管，并用不收缩、不燃烧材料将套管封闭。进入洁净室的穿线管口应采用无腐蚀、不起尘和不燃材料封闭。有易燃易爆气体的环境，应使用矿物绝缘电缆，并应独立敷设。

接地线穿越维护结构和地坪处应加钢套管，套管应接地。接地线跨越建筑物变形缝时，应有补偿措施。

洁净室所用100A以下的配电设施与设备安装距离不应小于0.6m，大于100A时不应小于1m。

洁净室的配电盘（柜）、控制显示盘（柜）、开关盒宜采用嵌入式安装，与墙体之间的缝隙应采用气密构造，并应与建筑装饰协调一致。

配电盘（柜）、控制盘（柜）的检修门不宜开在洁净室内，如必须设在洁净室内，应为盘、柜安装气密门。

盘（柜）内外表面应平滑、不积尘、易清洁，如有门，门的关闭应严密。

洁净环境灯具宜吸顶安装。吸顶安装时，所有穿过吊顶的孔眼应用密封胶密封，孔眼结构应能克服密封胶收缩的影响。当为嵌入式安装时，灯具应与非洁净环境密封隔离。单向流静压箱底面上不得有螺栓、螺杆穿过。

洁净室内安装的火灾检测器、空调温度和湿度敏感元件及其他电气装置，在净化空调系统试运行前，应清洁无尘。在需经常用水清洗或消毒的环境中，这些部件、装置应采取防水、防腐蚀措施。

洁净室配电系统分项工程验收的主控项目，见表 4-18。

洁净室配电系统分项工程验收的主控项目 **表 4-18**

序号	内容	检查方法	抽查比例
1	电气线路与电气设备穿越维护结构的连接处，均应密封并和建筑装饰协调一致	观察检查	按房间抽查 30%
2	用于三项 380V 的配线和用于单相 220V 的配线，其绝缘层应有明显区分的颜色	观察检查	按房间抽查 30%
3	接线盒或配电盘（柜）应在线管外有足够余量的线、缆	观察检查	按房间抽查 30%
4	配电安装时留下的可见洞眼均应密封	观察检查	按房间抽查 30%
5	接地体埋深应大于 0.6m，地上接地体与地面之间距离宜大于 250mm，垂直接地体之间距离宜大于 2 倍接地体长度，水平接地体之间距离大于 5m，跨接结构缝时应有补偿措施	观察检查，尺量	全部

（二）电气工程导管质量监理

本工程动力、照明系统的线路配管均采用镀锌钢管，按要求沿墙、沿梁明配，连接方式为套接紧定式连接。由于电气配管是电气安装工程的基础性工作，其质量好坏直接影响到整个电气安装工程的优劣，而线管镀锌的好坏又影响着洁净室的环境，因此监理对材料进场应严格检查，对镀层完整性进行检查，看有无漏铁现象，不符合要求应要求施工单位退场处理。

1. 导管材料验收

按批查验合格证，查验规格是否符合设计要求、镀锌层厚度是否符合设计要求；

外观检查：钢导管无压扁、内壁光滑。镀锌钢导管镀层覆盖完整、表面无锈斑；绝缘导管及配件不碎裂、表面有阻燃标记和制造厂标；

按制造标准现场抽样检测导管的管径、壁厚及均匀度。对绝缘导管及配件的阻燃性能有异议时，按批抽样送有资质的试验室检测壁厚。

监理检查导管及配件质量，如图 4-22～图 4-24 所示。

图 4-22　监理检查镀锌导管表面镀层质量

图 4-23　监理抽样检测导管管径、壁厚及均匀度

2. 导管施工质量监理

所有配管工程必须以本工程设计图纸为依据，不得随意改变管材材质、设计走向、连接位置。根据现场情况，如果需改变位置走向的，应及时取得相关方认可，办理有关变更手续。

图 4-24 监理检查接线盒表面镀层质量

在配管施工过程中应沿最近路线敷设，尽量减少弯头数量，节省管材，也便于穿线。穿线管应避开预留的洞口、竖向通道、设备基础、竖向的立管及线路密集的位置。穿线管离预留洞口的距离不小于 20cm，避免洞口修整移位时破坏穿线管。当必须穿过设备、建筑物的基础时，应采取保护措施。

镀锌钢管的弯曲处，不应有折皱、凹陷和裂缝，管内应无铁屑及毛刺，切断口应平整，管口应光滑，且弯扁度≤0.1D（钢管的外径）；明配管时，只有一个弯时，弯曲半径≥4D，有两个弯时，弯曲半径≥6D。

管路超过表 4-19 长度时，管路中应加装接线盒。加装接线盒的位置应便于穿线和检修，不宜设置在潮湿有腐蚀性介质的场所。

管路加装接线盒的要求 **表 4-19**

序号	加装接线盒对管路的要求	序号	加装接线盒对管路的要求
1	管长每超过 30m，无弯曲	3	管长每超过 15m，有两个弯曲
2	管长每超过 20m，有一个弯曲	4	管长每超过 8m，有三个弯曲

套接紧定式钢导管管路弯曲敷设时，弯曲管材弧度应均匀，焊缝处于外侧。不应有折皱、凹陷、裂纹、死弯等缺陷。切断口平整、光滑。管材弯扁程度不应大于管外径的 10%。

套接紧定式钢导管管路垂直敷设时，管内绝缘电线截面应不大于 50mm^2，长度每超过 30m，应增设固定导线的拉线盒。

套接紧定式钢导管管路明敷设时，管材的弯曲半径不宜小于管材外径的 6 倍。当两个接线盒间只有一个弯曲时，其弯曲半径不宜小于管材外径的 4 倍。

套接紧定式钢导管管路明敷设时，支架、吊架的规格，当无设计要求时，不应小于下列规定：

圆钢：直径 6mm。

扁钢：30mm×3mm。

角钢：25mm×25mm×3mm。

套接紧定式钢导管管路水平或垂直明敷设时，其水平或垂直安装的允许偏差为 1.5‰，全长偏差不应大于管内径的 1/2。

套接紧定式钢导管管路明敷设时，排列应整齐，固定点牢固，间距均匀，其最大间距应符合表 4-20 的规定。

固定点间的最大距离　　表 4-20

敷设方式	钢导管直径（mm）	固定点间的最大距离（m）	
		厚壁钢导管	薄壁钢导管
吊架、支架或沿墙敷设	16～20	1.5	1.0
	25～32	2.0	1.5
	40	2.5	2.0

套接紧定式钢导管管路明敷设时，固定点与终端、弯头中点、电气器具或盒（箱）边缘的距离宜为 150～300mm。

套接紧定式钢导管管路进入落地式箱（柜）时，排列应整齐，管口高出配电箱（柜）基础面宜为 50～80mm。

套接紧定式钢导管管路进入盒（箱）处，应顺直，且应采用专用接头固定。

套接紧定式钢导管管路与其他管路间最小距离，应符合表 4-21 的要求

与其他管路间最小距离（mm）　　表 4-21

管路名称	管路敷设方式		最小间距
蒸气管	平行	管道上	1000
		管道下	500
	交叉		300
暖气管、热水管	平行	管道上	300
		管道下	200
	交叉		100
通风、给排水及压缩空气管	平行		100
	交叉		50

注：1. 对蒸气管路，当管外包隔热层后，上、下平行距离可减至 200mm；

2. 当不能满足上述最小间距时，应采取隔热措施。

（1）管路连接质量监理

1）套接紧定式钢导管管路连接的紧定螺钉，应采用专用工具操作。不应敲打、切断、折断螺帽。严禁熔焊连接。

2）套接紧定式钢导管管路连接处，两侧连接的管口应平整、光滑、无毛刺、无变形。管材插入连接套管接触应紧密，且应符合下列规定：

① 直管连接时，两管口分别插入直管接头中间，紧贴凹槽处两端，用紧定螺钉定位后，进行旋紧至螺帽脱落；

② 弯曲连接时，弯曲管两端管口分别插入套管接头凹槽处，用紧定螺钉定位后，进行旋紧至螺帽脱落。

3）套接紧定式钢导管管路连接处，紧定螺钉应处于可视部位。

4）套接紧定式钢导管管路，当管径为 ϕ32mm 及以上时，连接套管每端的紧定螺钉不应少于 2 个。

5）套接紧定式钢导管管路连接处，管插入连接套管前，插入部分的管端应保持清洁，

连接处的缝隙应有封堵措施。

6）套接紧定式钢导管管路与盒（箱）连接时，应一孔一管，管径与盒（箱）敲落孔应吻合。管与盒（箱）的连接处，应采用爪形螺纹帽和螺纹管接头锁紧。

7）2根及以上管路盒（箱）连接时，排列应整齐、间距均匀。不同管径的管材，同时插入盒（箱）时，应采取技术措施。

8）套接紧定式钢导管管路敷设完毕后，管路固定牢固，连接处符合规定，易进异物的端头应封堵。

线管标识和现场布置，如图4-25、图4-26所示。

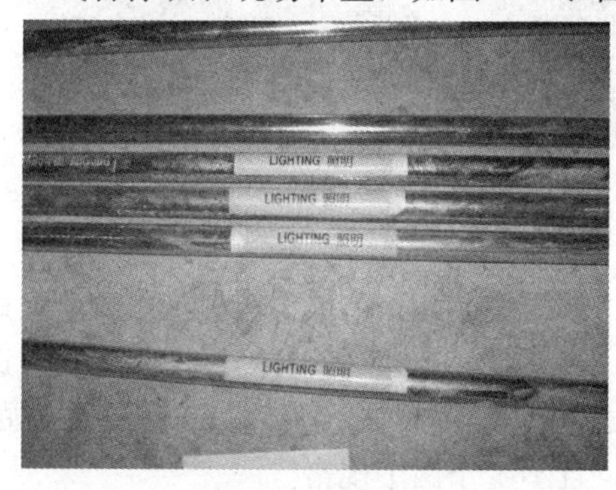

图4-25 线管标识

图4-26 现场布管

（2）管路接地质量监理

1）套接紧定式钢导管管路及其金属附件组成的电线管路，当管与管、管与盒（箱）连接符合《套接紧定式钢导管电线管路施工及验收规程》CECS 120：2007第四章管路连接规定时，连接处可不设置跨接接地线。管路外壳应有可靠接地。

2）套接紧定式钢导管管路与接地线不应熔焊连接。

3）套接紧定式钢导管管路，不应作为电气设备接地线。

（三）电缆敷设

1. 电缆进场质量监理

（1）电线、电缆应符合下列规定：

1）按批查验合格证，合格证有生产许可证编号，按《额定电压450/750V及以下聚氯乙烯绝缘电缆》GB 5023.1～5023.7标准生产的产品有3C认证标志和3C认证证书；

2）外观检查：包装完好，抽检的电线绝缘层完整无损，厚度均匀。电缆无压扁、扭曲，铠装不松卷。耐热、阻燃的电线、电缆外护层有明显标识和制造厂标；

3）按制造标准，现场抽样检测绝缘层厚度和圆形线芯的直径；线芯直径误差不大于标称直径的1%；常用的BV型绝缘电线的绝缘层厚度不小于表4-22的规定。

BV型绝缘电线的绝缘层厚度 **表4-22**

序号	1	2	3	4	5	6	7	8	9	10	11	12	13	14	15	16	17
电线芯线标称截面积（mm^2）	1.5	2.5	4	6	10	16	25	35	50	70	95	120	150	185	240	300	400
绝缘层厚度规定值（mm）	0.7	0.8	0.8	0.8	1.0	1.0	1.2	1.2	1.4	1.4	1.6	1.6	1.8	2.0	2.2	2.4	2.6

(2) 应对电缆进行绝缘摇测或耐压试验。

(3) 监理对进场电缆、电线进行质量检查，如图 4-27～图 4-29 所示。

图 4-27　监理对进场电缆进行质量检查

图 4-28　监理对进场电缆绝缘检查

图 4-29　监理对进场电线进行质量检查

(4) 应按《建筑节能工程施工质量验收规范》GB 50411—2007 的要求进行见证取样送检，送检数量为同一厂家各种规范总数的 10%，且不少于两个规格。

2. 桥架内电缆敷设质量监理

(1) 电缆敷设严禁有绞拧、铠装压扁、护层断裂和表面严重划伤等缺陷。

(2) 桥架内电缆敷设应符合下列规定：

1) 大于 45°倾斜敷设的电缆每隔 2m 处设固定点；

2) 电缆出入电缆沟、竖井、建筑物、柜(盘)、台处以及管子管口处等做密封处理；

3) 电缆敷设排列整齐，水平敷设的电缆，首尾两端、转弯两侧及每隔 5～10m 处设固定点；敷设于垂直桥架内的电缆固定点间距，不大于表 4-23 的规定。

电缆固定点的间距（mm）　　**表 4-23**

电缆种类		固定点的间距
电力电缆	全塑型	1000
	除全塑型外的电缆	1500
控制电缆		1000

(3) 电缆的首端、末端和分支处应设标志牌。

(4) 监理对电缆敷设质量检查，如图 4-30～图 4-33 所示。

3. 电线、电缆穿管和线槽敷线施工质量监理

(1) 三相或单相的交流单芯电缆，不得单独穿于钢导管内。

(2) 不同回路、不同电压等级和交流与直流的电线，不应穿于同一导管内；同一交流回路的电线应穿于同一金属导管内，且管内电线不得有接头。

图 4-30　监理对电缆敷设完毕后防火封堵质量逐个检查

图 4-31　监理检查绑扎施工质量

图 4-32　电缆穿夹心板吊顶时应用 PVC 管做保护，便于封堵

图 4-33　柜内接线，要挂标识牌

(3) 爆炸危险环境照明线路的电线和电缆额定电压不得低于 750V，且电线必须穿于钢导管内。

(4) 电线、电缆穿管前，应清除管内杂物和积水。管口应有保护措施，不进入接线盒（箱）的垂直管口穿入电线、电缆后，管口应密封。

(5) 当采用多相供电时，同一建筑物、构筑物的电线绝缘层颜色选择应一致，即保护地线（PE 线）应是黄绿相间色，零线用淡蓝色；相线用：A 相——黄色、B 相——绿色、C 相——红色。

(6) 线槽敷线应符合下列规定：

1) 电线在线槽内有一定余量，不得有接头。电线按回路编号分段绑扎，绑扎点间距不应大于 2m；

2) 同一回路的相线和零线，敷设于同一金属线槽内；

3) 同一电源的不同回路无抗干扰要求的线路可敷设于同一线槽内；敷设于同一线槽内有抗干扰要求的线路用隔板隔离，或采用屏蔽电线且屏蔽护套一端接地。

(四) 接地装置安装

人工接地装置或利用建筑物基础钢筋的接地装置必须在地面以上按设计要求位置设测

试点。

测试接地装置的接地电阻值必须符合设计要求。

接地模块应集中引线，用干线把接地模块并联焊接成一个环路，干线的材质与接地模块焊接点的材质应相同，钢制的采用热浸镀锌扁钢，引出线不少于 2 处。

配电屏（箱）及各种用电设备，因绝缘破损而可能带电的金属外壳、电气用的独立安装的金属支架及传动机构、电缆的金属外皮、插座的接地孔，均应与专用接地线可靠地连接在同一接地装置上，且所有的连接应在全长上与接地装置有良好的电气通路，其接地电阻值应不大于设计图纸规定的允许值。

接地汇接箱安装：箱体底边距地 300mm，同一室内成排安装的接地汇接箱的高差不大于 0.5mm。电梯机房内的接地汇接箱采用嵌墙式安装，其他混凝土柱上的接地汇接箱采用明装方式安装。设备的保护接地和低压配电系统的保护接地合用接地体，但弱电设备的保护接地应设专用保护接地干线，直接引到接地体，配电屏（箱）或不间断电源装置的机柜与弱电设备的机柜无电气接通时，二者的保护线不宜相连。

屏蔽及防静电接地与弱电设备的保护接地共用接地箱和接地干线，需要进行屏蔽接地和防静电接地连接的金属有：弱电设备的屏蔽外壳，防静电地板及系统配线的连续性屏蔽层。

保护线或保护中性线的连接应采用焊接、端子连接、压接等方式，接线端子应刷锡。

高架地板下防静电铜线施工，如图 4-34 所示；接地箱安装，如图 4-35 所示。

图 4-34　高架地板下防静电铜线施工

图 4-35　接地箱安装

(1) 母线在绝缘子上安装要求

1) 金具与绝缘子间的固定平整牢固，不使母线受额外应力；

2) 交流母线的固定金具或其他支持金具不形成闭合铁磁回路；

3) 除固定点外，当母线平置时，母线支持夹板的上部压板与母线间有 1～1.5mm 的间隙；当母线立置时，上部压板与母线间有 1.5～2mm 的间隙；

4) 母线的固定点，每段设置 1 个，设置于全长或两母线伸缩节的中点；

5) 母线采用螺栓搭接时，连接处距绝缘子的支持夹板边缘不小于 50mm。

封闭、插接式母线组装和固定位置应正确，外壳与底座间、外壳各连接部位和母线的连接螺栓应按产品技术文件要求选择正确，连接紧固。

(2) 水平母线安装要点

1) 在支吊架安装完成后需要整体对母线支吊架进线调平调直，从而更好地为母线安装带来便利。

2) 封闭插接母线应按设计和产品技术文件规定进行组装。组装前应对每段进行绝缘电阻的测定，发现绝缘不良立即整改，测量结果应符合设计要求，并做好记录。

3) 在支吊架调平调直的基础上进行调平调直的，母线平直度的好坏主要是在该阶段控制。

4) 在完成上述工序后应及时通知厂家技术人员赴现场进行实地测量，厂家技术人员根据现场安装的具体尺寸测量预留处的母线长度，及变配电室的母线终端单元的尺寸以便最后的母线贯通。

5) 预留处母线安装：剩余母线到货后进行最后部分的连接贯通。需要注意的是中间段母线安装时应保证首尾两处的连接紧密可靠。

6) 在拐弯处、直线段每 15m 均加装防晃支架，以确保带电运行时的安全。

(3) 垂直母线安装

1) 母线比较重，在安装垂直母线时应注意母线的固定位置及方法。垂直母线的固定系统应与各厂家母线的规格及型号匹配。

2) 母线与母线之间的连接须保证在一条直线上，不得弯曲、变形。

3) 母线安装过程中应注意各种液体的溅入。

(4) 绝缘摇测

1) 封闭插接母线应按设计和产品技术文件规定进行组装。组装前应对每段进行绝缘电阻的测定，发现绝缘不良立即整改或不安装。测量结果应符合设计要求，并做好记录。

2) 在安装三段母线以上，每安装一节母线，都要进行绝缘摇测，防止在安装过程当中处理不当影响绝缘，在后来检查发现后不好查找。

3) 通电试运行。母线连接贯通之后逐一检查包括绝缘、规格型号、路线、安装质量等，检查无误之后方可送电，并检查电源电压是否正常。

案例八　某微电子厂房华夫板施工监理案例

一、项目概况

某微电子厂房工程包括主要生产厂房、动力厂房、废水处理站、大宗气体站、中央变电站等单体建筑，其中主厂房为具有高洁净要求的微电子生产车间，主体结构为钢结构排架体系，单层面积 36872.64m2；华夫板厚度为 700mm，设计在华夫板设纵横 7 条后浇带。

华夫板模版采用 FRP 加工而成，空距，孔径为 350mm，具有质量轻、比强度大、抗老化、防腐性能好不褪色、美观等优点。华夫板 FRP 模板见图 4-36。

图 4-36　在场地内堆放的华夫板 FRP 模板

图 4-37　碗扣脚手架搭设

二、施工方法

（一）模板工程

（1）华夫板支撑脚手架采用碗扣式脚手架，顶部方木为顶托，顶部采用 1.2mm 的木模板为底模，铺设要求其平整误差不超过 2mm，这样可以保证 FPP 浇筑完成后的平整效果。这种支撑体系，便于安装及拆卸、运输，而且整体稳定性较强，便于控制标高。由于华夫板平整度要求较高，因此采用此支撑体系。工艺流程：碗扣脚手架搭设（图 4-37）→木模板铺设（图 4-38）→FRP 模板铺设（图 4-39）。

图 4-38　木模板

图 4-39　FRP 模板铺设

1）华夫板支承架立杆设置间距 900mm（梁下加密为 600mm）。

2）碗扣式脚手架纵横向水平杆步距为 1.2m 标准步距。在支承底部和上部分别设置下托和上托，上托托口放置 150mm×100mm 方木，方木上搁置 50mm×100mm 方木格栅，格栅间距为 250mm，梁下加密为 200mm。

3）框架梁两侧立杆和 FRP 每跨纵横向设置剪刀支撑，用活机件与立杆连接牢固。

（2）模板铺设：

1）针对排架校正水平，满铺建筑模板，建筑模板采用新木质模板，建筑模板接缝处要对齐，不能高低不平，整体水平差度≤5.5mm。

2）FRP 模板及异型板的固定，FRP 模板进行铺排时采用固定卡具及螺钉连接两块相邻模板。

3）FRP 模板确定位置后，模板与模板之间应设法固定定位，以防止相互位置变动，定位用卡具连接固定，一定要保证下边平齐，以免错位形成高低不平。

4）FRP 模板板间填缝：FRP 模板间缝隙，先用玻纤布覆盖，后用密封胶来填充，将密封胶注入硅胶枪，沿缝的方向边注边拉，将缝填死，然后反复 2～4 层；在异型板与墙和柱子相连的地方，用胶带纸来密封；FRP 模板固定的同时即可进行填缝的动作；补缝要贴合 FRP 模板，不得遗漏。

FRP 模板板间填缝剖面如图 4-40 所示。

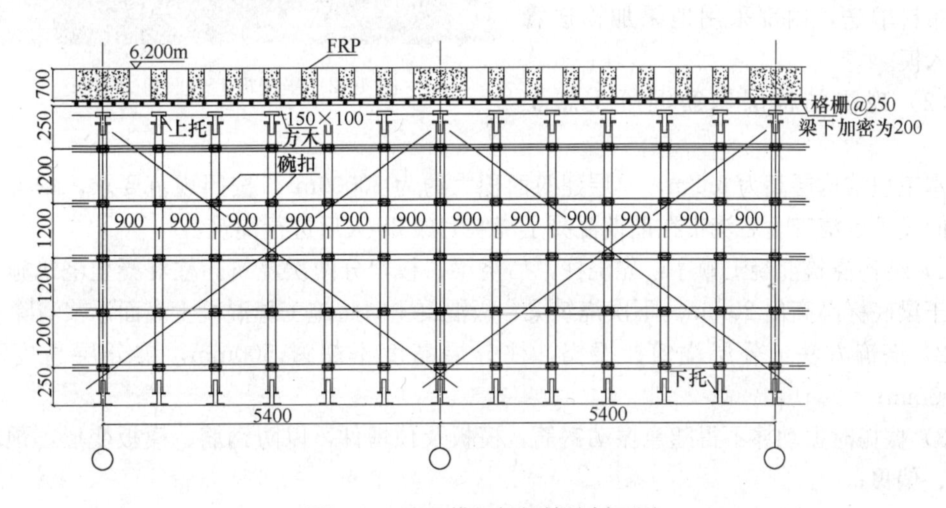

图 4-40　FRP 模板板间填缝剖面图

（二）钢筋工程

1. 工艺流程

主次梁纵向钢筋绑扎→主次梁横向钢筋绑扎（当主次梁纵向钢筋绑扎施工开展一段时间后同步进行）、FRP 横向钢筋绑扎→FRP 纵向钢筋绑扎（FRP 横向钢筋绑扎开展一段时间后同步进行）→钢筋绑扎完成，见图 4-41。

2. 施工技术措施

图 4-41　钢筋绑扎完成后

本工程钢筋配筋量大，主筋上下各 9 根Φ 32HRB400 级钢，梁钢筋密度高，梁中心间距 600，钢筋交叉层数多。

（1）主梁主筋与钢柱连接技术措施

1）南北向上层钢筋应设置弯钩，焊接于钢柱中心钢板上，焊接长度为 $5d$，双面焊接。

2）东西方向两侧采取 1000mm 长钢筋设置弯钩先焊接于柱腹板上，后与横向（东西向）主梁主筋双面 $5d$ 焊接。

（2）钢筋连接

梁主筋及柱筋连接方式主要是套筒直螺纹连接。

钢筋绑扎时应做好 FRP 模板的保护工作，以木模板和方木作为护垫，用 ϕ48 钢管支撑梁钢筋，确保 FRP 模板在钢筋绑扎施工时不受损坏，见图 4-42。

图 4-42　华夫板上表面剪力钢筋

(三) 混凝土工程

(1) 华夫板混凝土采用现浇混凝土，框架柱、FRP 层梁板的混凝土等级为 C50，四周混凝土浇筑采用混凝土汽车泵直接布料输送，内部采用地泵加输送管输送入模。

(2) 现浇结构层钢筋混凝土施工方法

本工程结构层高为 6.2m，单层建筑面积大约为 50000m^2。按照规范要求，华夫板两个方向设了后浇带。后浇带在前期混凝土浇筑完成 28 天后进行浇筑。

1) 结构浇筑混凝土顺序：先浇柱，后浇梁、板，分两次浇筑。柱混凝土浇筑施工缝留设于梁底标高高出 20mm。下次浇筑梁、板混凝土时将施工缝混凝土表面浮浆清除；

2) 浇筑方法：分层浇筑、振捣，柱分层高度不超过 500mm，梁分层高度不超过 300mm；

3) 振捣时振动棒不得随意振动钢筋、模板及预埋件，以防钢筋、模板变形，预埋件脱落、偏移；

4) 混凝土浇捣后，由于华夫板孔洞多，人工多次拍实压浆抹平；

5) 要求混凝土表面原浆一次性收光（图 4-43），且平整度要求满足设计要求。

(四) 后期施工

1. 上表面混凝土处理

华夫板混凝土终凝后，采用手持式磨石机进行洞口四周打磨（图 4-44），磨去混凝土浮浆和模板四周毛刺。后续环氧施工时只要打磨掉混凝土上表面的浮浆就可以进行环氧涂料的施工。

图 4-43　混凝土浇筑完成表面收光完成

图 4-44　洞口边打磨后照片

2. 下表面及洞口内处理。

模板拆除后（图 4-45），要对孔内壁模板表面和下部模板表面进行清洗，清除灰浆和杂物。

图 4-45 拆出底模后华夫板下表面

三、几点体会

（一）FRP 模板施工

（1）要求混凝土浇筑完成时底表面无漏浆，因此在铺放 FRP 模板时要尽可能固定，而且接缝处要逐个检查，避免漏补。

（2）模板拼缝紧密，拼缝处用玻纤布覆盖，用密封胶涂刷，然后上面再复一层玻纤布，如此反复作业 2～4 次；FRP 与异形柱连接处用双面白粘胶布塞缝，不允许漏浆。

（3）要保持支撑模板表面清洁，无砂粒等硬物或其他任何凸起存在。

（4）支撑模板与 FRP 模板之间应采用隔离薄膜（塑料膜）隔离，以防止 FRP 模板表面受污染。

（二）钢筋绑扎

（1）框架梁间距 4800～5400mm，配筋为上下各 9 根Φ 32 的 HRB400 级钢，纵横向小梁间距 600mm，上下各 2 根，另外柱顶、剪力墙竖向钢筋伸至板顶，而且顶部还有水平剪力筋呈 45°交叉分布在板上部，共 8 层钢筋，绑扎难度高，钢筋密集，空隙小，尤其是梁交叉处及节点处。钢筋绑扎前要做好施工交底工作，避免返工。

（2）由于工期短，钢筋绑扎施工人数多，为了保护 FRP 模板及防止上层钢筋的下陷，应在作业区域铺设方木或木模板做保护。

（三）混凝土表面找平

（1）由于华夫板开孔多而密，故施工找平必须人工做，而夏季施工表面失水严重，要求找平施工人数要安排合理，且边润湿，边找平；

（2）找平施工时，既要保证内部不受污染，又要保证混凝土表面与 FRP 上口持平，故找平施工难度大。

（四）成品保护问题

由于华夫板上部装饰面层为 0.3mm 的环氧涂料，为保证以后环氧涂料的施工质量，应保证混凝土表面的光洁度及平整度。为防止凝固过程中下雨出现麻面或者被人踩踏破坏，因此混凝土浇筑后应及时采用塑料薄膜覆盖保护，并设围栏，同时派专人看管。

参 考 文 献

[1] 《起重设备安装施工及验收规范》(GB 50278—2010).

[2] 朱德康，邹胜. 起重机创新设计展望. 北京：起重运输机械，2007(2).

[3] 王首成，现代冶金起重机的发展趋势. 谢榭，起重机中变频器使用的若干问题.《起重运输机械》2006 年第 12 期.

[4] 邵卫平　顾梅英. LD 型电动单梁起重机大车车轮水平偏斜和垂直偏斜的控制. 赵建文，YZR 电机误接线事故原因分析、沈杏林，起重机双吊钩同步机构. 起重运输机械，2006(8).

[5] 程红星，陈珍春. 关于起重机接地形式的现场检验. 起重运输机械，2006(6).

[6] 《锻压设备安装施工及验收规范》(GB 50272—2009).

[7] 中国机械工程学会锻压学会主编. 锻压手册(第 2 版). 北京：机械工业出版社，2002.

[8] 机械工业第一设计研究院编写. 锻压设备手册.

[9] 《绿色工业建筑评价导则》2010. 8.

[10] 中国城市科学研究系列报告. 绿色建筑 2010.

[11] 中国城市科学研究系列报告. 绿色建筑 2011.

[12] 陆耀庆. 实用供热空调设计手册(第二版)[K]. 北京：中国建筑工业出版社，2008.

[13] GB 50019—2003 采暖通风与空调设计规范[S].

[14] GB 50189—2005 公共建筑节能设计标准[S].

[15] NBIMS(2006). National Building Standard Purpose，US National Institute of Building Science Facilities Information Council，BIM Commmitee.

[16] NBIMS(2007). National Building Information Modeling Standard Part—1：Overview，Principles and Methodogies，S National Institute of Building Science Facilities Information Council，BIM Commmitee.

[17] IFC Model. Industrial Foundation Classes，International Alliance for Interperability，2008.

[18] 清华大学软件学院 BIM 课题组. 中国建筑信息模型标准框架研究. 土木建筑工程信息技术，2010，2(2)：1-5.

[19] 赵红红，李建成. 信息化建筑设计——Autodesk Revit[M]. 北京：中国建筑工业出版社. 2005.

[20] 齐聪，苏鸿根. 关于 Revit 平台工程量计算软件的若干问题的探讨[J]. 计算机工程与设计. 2008，29.

[21] 张泳，付君，王全凤. 建筑信息模型的建设监理[J]. 华侨大学学报：自然科学版，2008，29(3)：424-426.

[22] 丁士昭等. 建设工程信息化导论[M]. 北京：中国建筑工业出版社，2006.

[23] 李建成. 建筑信息模型与建设工程监理[J]. 监理技术，2006(1)：58-60.

[24] 何关培. BIM 基本原理和在施工企业中的应用.

[25] 何关培. 那个叫 BIM 的东西究竟是什么？[M]. 北京：中国建筑工业出版社，2011.

[26] 谢尚贤. BIM 发展趋势论坛及技术应用. 2009. 12. 25.

[27] 麦格劳-希尔建筑信息公司. 建筑行业的协同设计. 2007.

[28] 麦格劳-希尔建筑信息公司. BIM 建筑信息模型在中国市场的研究报告. 2009.

[29] 张新，张洋，张建平. 基于 IFC 的 BIM 三维几何建模及模型转换. 第二届工程建设计算机应用创新论坛论文集，2009. 9-17.
[30] 张泳，张云波. BIM 及其对工程项目管理人员的影响[J]. 项目管理技术，2009(9).
[31] www.chinabim.com.
[32] www.bimtime.cn.